四川省"十四五"职业教育规划教材

高等职业教育**智能建造专业**系列教材

课书房
新/形/态/教/材

U0587465

智能建造施工技术

ZHINENG JIANZAO SHIGONG JISHU

主　编◎邓　林　黄　敏
副主编◎王　娜　温兴宇
主　审◎卢昱杰

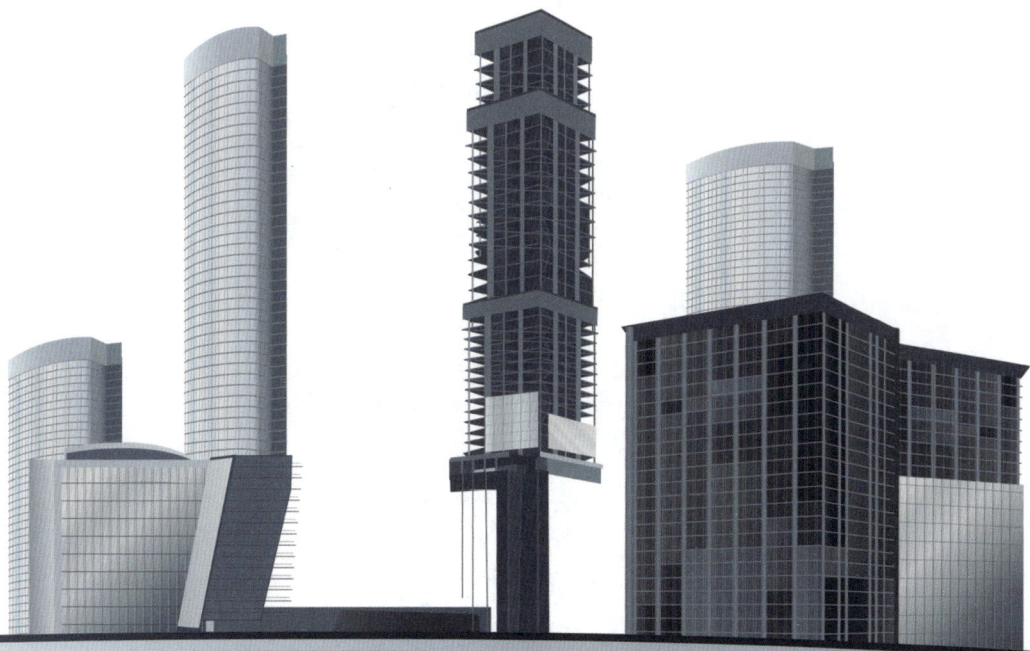

重庆大学出版社

内容提要

本书依据《高等职业学校专业教学标准》中"高等职业学校智能建造技术专业教学标准"和"实训导则"编写而成，紧贴当前高等职业教育的教学要求，将新技术、新材料、新工艺、新规范纳入教学标准和教学内容，以智慧化工地建立、智慧设计、智慧化建筑基础施工、智慧建筑主体以及装配式装修施工为主线，理论和实际现场工作内容相结合。

本书可作为高等职业教育智能建造技术、装配式建筑工程技术、建筑工程技术专业教材，也可作为相关专业工程技术人员培训和自学参考用书。

图书在版编目(CIP)数据

智能建造施工技术 / 邓林，黄敏主编. -- 重庆：
重庆大学出版社，2024.8(2025.6 重印)
高等职业教育智能建造专业系列教材
ISBN 978-7-5689-4470-0

Ⅰ. ①智… Ⅱ. ①邓… ②黄… Ⅲ. ①智能技术—应
用—建筑工程—高等职业教育—教材 Ⅳ. ①TU74-39

中国国家版本馆 CIP 数据核字(2024)第 102183 号

高等职业教育智能建造专业系列教材
智能建造施工技术
主 编 邓 林 黄 敏
副主编 王 娜 温兴宇
主 审 卢昱杰

责任编辑：肖乾泉 版式设计：肖乾泉
责任校对：关德强 责任印制：赵 晟

*

重庆大学出版社出版发行
出版人：陈晓阳
社址：重庆市沙坪坝区大学城西路 21 号
邮编：401331
电话：(023) 88617190 88617185(中小学)
传真：(023) 88617186 88617166
网址：http://www.cqup.com.cn
邮箱：fxk@cqup.com.cn(营销中心)
全国新华书店经销
重庆金博印务有限公司印刷

*

开本：787mm×1092mm 1/16 印张：16.75 字数：420 千
2024 年 8 月第 1 版 2025 年 6 月第 2 次印刷
ISBN 978-7-5689-4470-0 定价：59.00 元

前言
FOREWORD

2020年7月，住房和城乡建设部联合国家发展改革委等13部门印发《关于推动智能建造与建筑工业化协同发展的指导意见》，深入贯彻落实习近平总书记关于高质量发展和建设人才强国的重要论述，提出建立智能建造人才培养和发展的长效机制，打造多种形式的高层次人才培养平台；同年8月，住房和城乡建设部等9部门联合印发《关于加快新型建筑工业化发展的若干意见》，提出发展智能建造等重点工作。一方面，建筑业未来发展的重点是智能建造；另一方面，智能建造对人才的需求量大，要求高。2022年，住房和城乡建设部发布《关于公布智能建造试点城市的通知》，选取24个智能建造试点城市，各城市先后发布智能建造试点城市实施方案、应用技术目录、智能建造评价标准等。特别是2024年10月，住房和城乡建设部发布《智能建造技术导则》（征求意见稿），明确了智能建造是贯穿于建筑的全生命周期的信息技术与工程融合的新型建造方式，包含勘察、设计、生产、施工、运维等，但是对人才的需求又主要集中在智能化施工技术管理岗位群。因此，培养智能化施工技术管理的人才是行业所急需，编制相应的教材、服务于人才培养是必须尽快解决的问题。

本书依据《高等职业学校专业教学标准》中"高等职业学校智能建造技术专业教学标准"和"实训条件建设标准"编写，融入党的二十大精神，紧扣教育、科技、人才三位一体战略部署，紧贴建筑业转型升级，有机融入"四新"，基于智能化施工技术管理岗位群专业核心能力，聚焦智能化施工过程，内容包括智慧工地建设、智能化深化设计、智能化测量、智能化施工、智能化检测等，对接生产过程，选取近年最具代表性的真实生产项目为教学案例。内容上循序渐进，图文并茂，充分融入数智技术，兼顾教师讲授和学生自学需求。本书注重培根铸魂、启智增慧对学生职业素质养成的作用，与"1+X"证书制度相融通。同时，重视信息化教学资源的开发应用，在教材中提供了范例教学内容；在内容编排上，做到了从简单到复杂、单一到综合，结合工种培训实践的要求，有助于教师授课与学生自学。

在教学过程中,建议加强对学生独立收集信息、独立制订计划、独立实施、独立检查、独立工作能力的培养;可采用多样化的教学手段,如与施工现场教学、教学模型、教学多媒体、教学录像、实地参观等方式相结合,有效调动学生的主动性。

本书为四川省职业院校"双师型"装配式建筑工程技术专业名师工作室物化成果,由四川建筑职业技术学院邓林、黄敏担任主编,由四川建筑职业技术学院王娜、温兴宇担任副主编,由同济大学卢昱杰担任主审。具体编写分工如下:项目1由四川建筑职业技术学院邓林、黄敏编写,项目2由四川建筑职业技术学院温兴宇、孟小鸣和成都职业技术学院杨敏编写,项目3由四川建筑职业技术学院潘柏宇、白林和四川铁道职业学院周太平编写,项目4由四川建筑职业技术学院石恩岭、泸县建筑职业中专学校李小琴编写,项目5由四川建筑职业技术学院王娜、富顺职业技术学校韩远兵、四川省南江县职业中学贾政勇、四川省仁寿县第二高级职业中学蒋胜利编写,项目6由四川建筑职业技术学院潘柏宇、石恩岭编写,本书案例由四川省铁路建设有限公司沈涛提供。

本书遵循学生职业能力成长规律,本着"立德树人"的理念,不断强化职业素质的培养,融入职业道德、法律意识、团队合作、环境环保等意识的培养,让这些理念在"润物细无声"中得到强化。

智能建造是建筑业新兴的发展方向,很多事物还在摸索阶段,并且发展变化很快,加上本书编写时间紧迫,书中不完善之处还请读者批评指正,便于修订再版时完善。

编　者

目录
CONTENTS

项目 1 智慧工地

【教学目标】了解智慧工地基本概念、组成及架构,掌握智慧工地主要特点,掌握智慧工地基础施工设备、主体施工设备的施工要求;建立并坚守职业道德,培养并践行匠心精神。

在建筑行业的转型中,数字建筑是建筑行业转型升级的核心。通过数字建筑来实现现场工业化和工厂工业化,使建筑工业化提升到工业级精细化的水平,满足个性化的需求,这些都离不开智慧工地的应用。

通过先进信息化技术的综合应用,智慧工地可实现施工现场关键要素实时、全面、重点的监督,有效支持了现场工作人员、项目部管理者、企业管理者,乃至行业管理部门对项目的管理工作,提高了施工质量、成本和进度的控制水平,保证了工程项目质量。其应用价值主要体现在以下 3 个方面:

①提高工作效率。提高施工组织策划的合理性,合理优化资源配置,提高现场人员沟通效率。

②加强管控能力。加强现场数据管控,加强项目现场各业务板块的管理,为项目精细化管理提供支撑。

③提高监管水平。实现政府部门对现场人员、机械设备等安全信息实时采集和分析,及时发现隐患,提高安全生产监控能力,减少和杜绝安全生产事故的发生。

任务 1.1 智慧工地的建立

活动 1.1.1 非生产区的建立

1. 基本知识交付

1)智慧工地智能化

(1)智慧工地劳务实名制管理

①劳务人员"一卡通"。"一卡通"不仅是劳务人员进出生活区、施工区的门禁卡,还是一张生活卡、消费卡。劳务工人可以在生活区内打卡购物、吃饭、淋浴、洗衣等。

②劳务人员大数据分析。门禁数据库通过每天的刷卡信息对门禁刷卡率、刷卡人数、各工种人数进行统计,管理人员通过作业面实际人数来比照计划人数,对人员缺口进行计算,及时调整计划,做好人员补给。

③劳务人员考勤记录。通过门禁来记录工人进出场的刷卡记录,统计出工人的月出勤率。

④劳务人员安全教育。工人在接受完安全教育后,通过刷卡签到,管理人员可现场记录影像保存,形成安全教育的数据库。

⑤劳务人员安全行为记录。劳务工人现场不依照规章制度施工、违反安全操作规程,安全管理人员可通过近距离感应门禁卡、拍摄影像的方式记录违章行为,关联门禁数据库,设置行为记录的上限,超过上限的工人将被纳入黑名单。

(2)智慧工地基于传感器、物联网监测

①扬尘噪声在线监测。控制现场的扬尘噪声污染,可在指定的位置放置扬尘噪声在线监测设备,可将监测数据实时传送至终端设备,还设有超标预警的功能。

②机械物联网管理。通过对施工现场每台升降机、塔吊安装数据通信模块及定位模块,将全部的在建工程升降机、塔吊建立数据库,实现机械设备统计、安装监管、顶升监管、拆卸监管、调度监管、运维监管等。

(3)智慧工地三维模型交互模拟

三维模型交互模拟系统是将建好的工程仿真模型引入多点触控三维浏览嵌入技能,在终端设备浏览器上实现模型快速接入数据。

①塔吊监控。打通与塔吊"黑匣子"的数据连接,让塔吊实时运作的各种数据上传至平台;通过点击模型上的塔吊,用户可看到塔吊"黑匣子"实时数据,还能进行历史数据查询;设置报警机制,在塔吊工作数据超标时,还能触发报警。

②升降机监控。升降机智能动态模拟监控通过硬件设备实现现场数据采集,以物联网的形式传送至平台,实现项目端实时监控升降机的运行参数。

(4)智慧工地基于 BIM 技术管理

通过 BIM 来模拟复杂的隧道施工方案,能够更直观地指导隧道施工;基于"BIM+"的高效化机电设备工程对机房进行深化规划、预制加工、现场组装,提升了大型机房安装效率。

(5)智慧工地平台优势

智慧工地是集成工程施工的各种数据,通过物联网、互联网采集数据、管理数据、分析数据、共享数据、应用数据,真实实现智能化管理。它具有以下优势:

①端口统一。统一登录端口,支撑多角色在同一平台登录、操作,进行一站式管理。

②远程协同。进行远程智能管理、实时互动协同,确保工地施工安全性,提升工作效率。

③可视化管理。可视化管理可快速建立工地画像,清晰呈现工地人员、设备、材料、环境的概况。

④差异化呈现。平台满足不同功能及数据的差异化展现。

⑤移动办公。基于移动互联网技术,实时处理施工现场事务。

2)智慧工地绿色化

绿色工地主要表现在材料标识、扬尘治理、环境保护、节材与材料资源利用、节能与能源利用、节地与土地资源利用等方面,主要采取的措施有能源管理、环境监测。

(1)能源管理

能源管理模块显示施工过程中电、水的消耗情况,包括月用电用水峰值统计、用水类型分类管理、项目各区域每天及每月的用电用水量。

(2)环境监测

实时采集气象数据,监测项目施工现场环境,包括现场大屏显示检测数据、平台显示实时数据;设置 PM10、PM2.5、温度、湿度及噪声超标值并进行报警提醒,获取天气预报数据,便于更好地安排工作。

2. 活动实践

①仿真实践观察,可扫描二维码查看。

②实践案例:根据工程案例,绘制施工平面布置图,并提出非生产区内施工工地布置的要求。

智慧工地-劳务管理　　工程案例　　参考答案

活动 1.1.2　生产区的建立

1. 基本知识交付

1)智慧工地生产区

(1)智慧工地基本概念

智慧工地是“智慧地球”理念在工程领域的行业具体表现,是一种崭新的工程全生命周期管理理念。智慧工地是指运用信息化手段,通过三维设计平台对工程项目进行精确设计和施工模拟,围绕施工过程管理,建立互联协同、智能生产、科学管理的施工项目信息化生态圈,并将此数据在虚拟现实环境下与物联网采集到的工程信息进行数据挖掘分析,提供过程趋势预测及专家预案,实现工程施工可视化智能管理,以提高工程管理信息化水平,从而逐步实现绿色建造和生态建造。

智慧工地将更多人工智能、传感技术、虚拟现实等技术植入建筑、机械、人员穿戴设施、场地进出关口等各类物体中,并且被普遍互联,形成“物联网”,再与“互联网”整合在一起,实现工程管理系统与工程施工现场的整合。智慧工地的核心是以一种“更智慧”的方法来改进工程各管理系统和岗位人员交互的方式,以便提高交互的明确性、效率、灵活性和响应速度。

(2)普通工地和智慧工地建设的主要区别

普通工地存在施工现场管理人员杂、环境杂乱、施工地点分散、多工种交叉作业等弊端,管理粗放。智慧工地通过安装在建筑施工作业现场的各类监控装置,构建智能监控和防范体系,有效弥补传统方法和技术在监管中的缺陷,实现对人员、机械、材料、环境的全方位实时监控,变被动“监督”为主动“监控”,将工地安全生产做到信息化管理。智慧工地可以监控各工种上岗情况、安全专项教育落实情况、违规操作情况,实现施工现场劳务人员实时动态管理和安全监督,提升企业信息化管理水平,同时切实落实企业社会责任。

智慧工地与普通工地的区别就在于“智慧”二字。智慧工地在一些工作上由机器代替,采用智能技术辨别工地的风险以及需要改进的地方,极大限度地缩短了工期,相比于普通工地更能体现建筑工地的现代化。

智慧工地围绕建筑工程现场生产进度、重点设备、人员管理、绿色文明施工等方面,充分利用物联网、传感技术、云计算、人工智能、大数据等新一代高科技信息技术,对施工现场进行一体化的可视化管理,实现智能化的交互、高效化的工作。

(3)智慧工地建设的意义

建筑行业是我国国民经济的重要物质生产部门和支柱产业之一,同时也是一个安全事故多发的高危行业。如何加强施工现场安全管理、降低事故发生概率、杜绝各种违规操作和不文明施工、提高建筑工程质量,是摆在各级政府部门、业界人士和广大学者面前的一项重要研究课题。在此背景下,伴随着技术的不断发展,信息化手段、移动技术、智能穿戴及工具在工程施工阶段的应用不断提升,智慧工地建设应运而生。智慧工地建设在实现绿色建造、引领信息技术应用、提升社会综合竞争力等方面具有重要意义。

智慧工地通过数据信息的采集和集成,实时全面掌握工程进度、安全、质量、人员和环境的实际运行状态,自动与计划或标准对比分析,智能化提供偏差预警和纠偏点,辅助决策,实现科学管理,同时将各项管理流程化、表格化、可视化,提高各相关责任单位(建设单位、监理单位、施工单位、分包单位或集团公司、区域公司、项目部)之间和各岗位间的沟通效率、明确性、灵活性和响应速度,达到提升管理效率和管理效益的目的。

另外,"智慧"能够影响和改变一座城市的品质,是未来建筑施工领域发展的必然趋势。智慧城市决定和提升着未来的城市地位与发展水平。作为城市化的高级阶段,智慧城市是以大系统整合、物理空间和网络空间交互、公众多方参与和互动来实现城市创新为特征,进而使城市管理更加精细、城市环境更加和谐、城市经济更加高端、城市生活更加宜居。

(4)智慧工地架构设计

依托遍布项目所有岗位的应用端(PC\移动\穿戴\植入等)产生的海量数据,通过云储存,在系统进行数据计算,实现整个施工过程可模拟、施工风险可预见及施工过程可调整、施工进度可控制、施工各方可协同的智慧施工。

智慧工地整体架构可以分为以下 3 层:

①第 1 层是终端层。充分利用物联网技术和移动应用,通过 RFID、传感器、摄像头、手机等终端设备,实现对项目建设过程的实时监控、智能感知、数据采集和高效协同,提高作业现场管理能力。

②第 2 层是平台层。各系统中处理的业务复杂,如何提高其处理效率对服务器提供高性能的计算能力和低成本的海量数据存储能力产生了巨大需求。通过云平台进行高效计算、存储及提供服务,让项目参建各方更便捷地访问数据、协同工作,使得建造过程更加集约、灵活和高效。

③第 3 层是应用层。应用层核心内容应始终围绕以提升工程项目管理这一关键业务。因此,PM 项目管理系统(简称"PM 系统")是工地现场管理的关键系统之一。BIM 的可视化、参数化、数据化的特性让建筑项目的管理和交付更加高效,是实现项目现场精益管理的有效手段。

BIM 和 PM 系统为项目的生产与管理提供了大量的、可供深加工和再利用的数据信息，是信息产生者。这些海量信息和大数据如何有效管理与利用，需要 DM 数据管理系统的支撑，以充分发挥数据的价值。因此，应用层以 PM、BIM 和 DM 的紧密结合、相互支撑，实现工地现场的智慧化管理(图 1.1)。

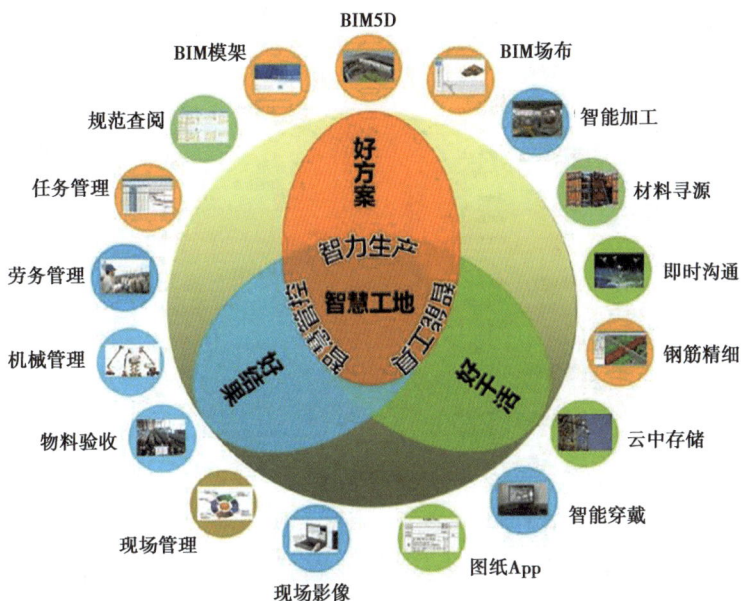

图 1.1　智慧工地全貌

2)智慧工地的智能化、绿色化及生态化

相较于普通工地的管理模式，智慧工地依托互联网、物联网、大数据、人工智能技术打造规范化、精细化、智能化的管理系统，更适用于对人、物、料的规范化管理。施工现场人员复杂、机械设备繁多，存在较多的安全隐患，许多企业的施工地点分散，难以实现统一的规范化管理。随着建筑行业的快速发展，产业规模的不断扩大，原有的管理方法展露出诸多的弊端，传统的施工管理模式已经无法满足行业发展的需求。

智慧工地智能化是指运用信息化手段，围绕施工过程管理，建立互联协同、智能生产、科学管理的施工项目信息体系，通过物联网采集到的工程信息进行数据挖掘分析，提供过程趋势预测及专家预案，实现工程施工可视化智能管理，以提高工程管理信息化水平，从而逐步实现绿色建造和生态建造。其核心是以一种"更智慧"的方法来改进人、机、料、法、环各个环节组织和岗位人员交互的方式，辅助建筑施工管理，实现更安全、更高效、更精益的工地施工管理。某项目智慧建造模块如图 1.2 所示，其各模块的智能化主要体现在 6 个方面。

(1)智慧工地平台人员管理系统模块

通过身份证读卡器自动读取身份证信息，身份证照片自动储存，不再需要纸质复印。自动录入人脸信息作为通行凭证，防止代打卡。支持生成打印个人二维码、花名册自动汇总和导出、工资表自动生成等，极大地减轻了劳务人员工作量。可与国家实名制平台对接和数据上传。

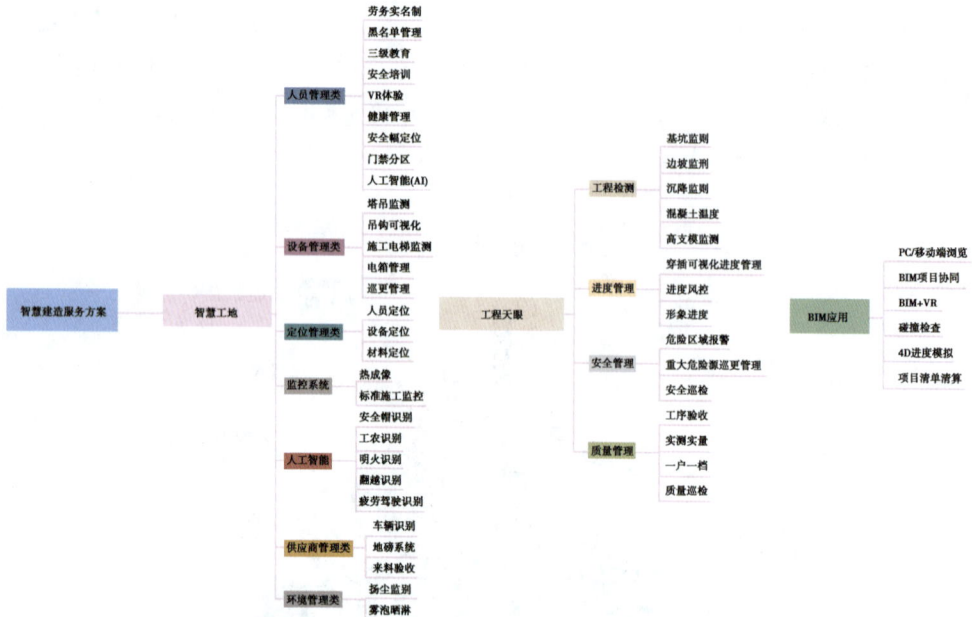

图1.2 某项目智慧建造模块

①实名制管理(图1.3至图1.5)。辅助生产管理,提供生产决策;通过现场的管理软件和带芯片的安全帽,可以随时了解作业人员及作业情况。不用去现场都知道,也可以到现场抽查,不再像以前需要施工员点工,解放人力,工人出勤时间与行动轨迹自动形成,而且系统会自动分析作业面用工投入,为后续的企业定额提供有力依据。

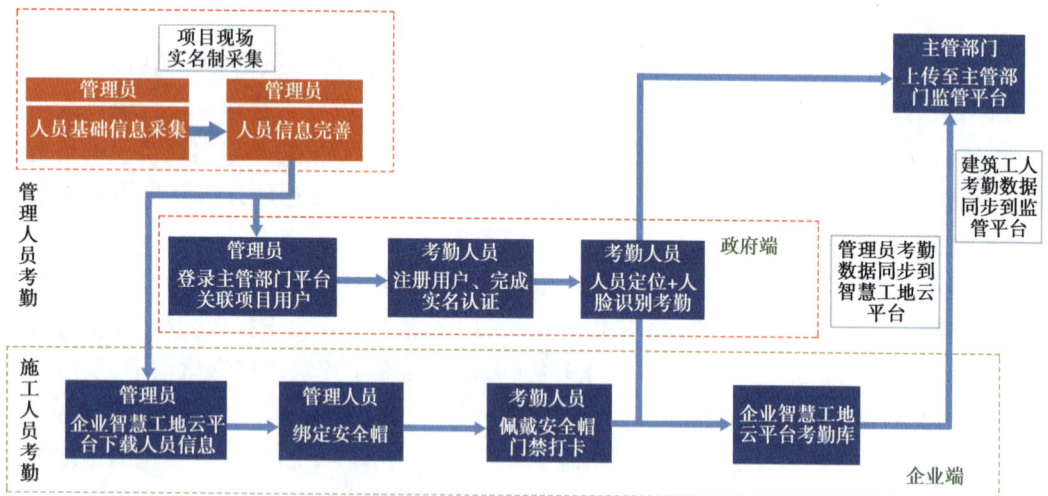

图1.3 实名制考勤业务流程

②保障安全。工人定位系统可通过工人安全帽上的芯片发射信号源至基站,确定工人所在位置,鼠标移到人物定位图标上,会显示所在公司、所在班组及姓名。结合人员管理中对人员分配的区域,通过工人定位可以判断施工人员是否跨区域作业;若跨区域作业,则会显示报警信息,如图1.6所示。

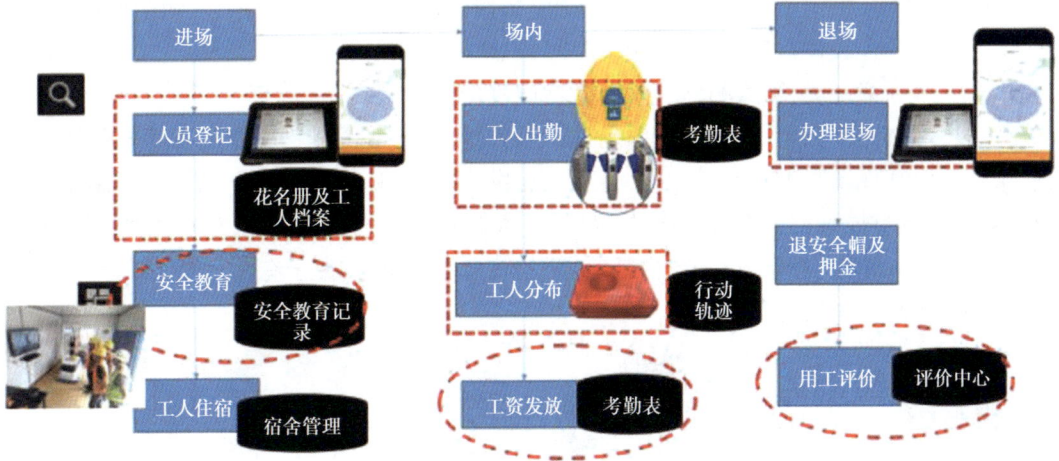

图 1.4　实名制管理流程

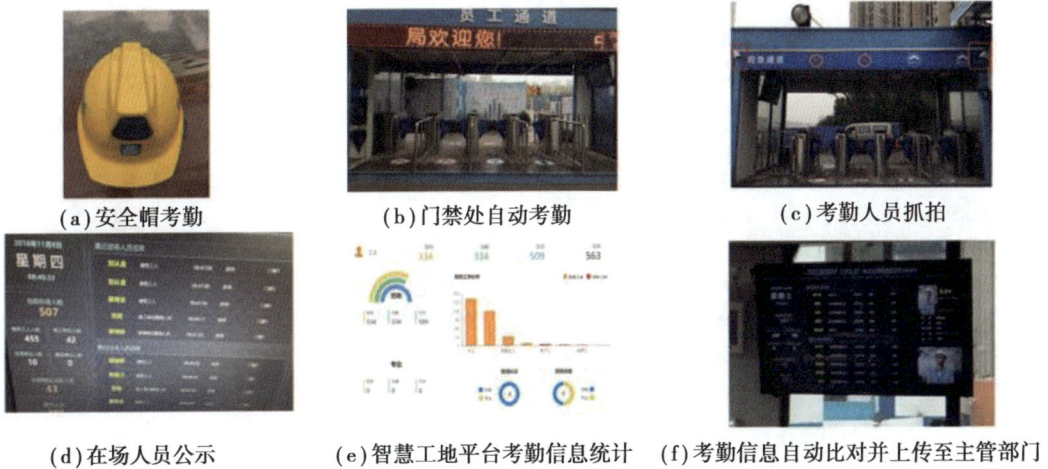

(a) 安全帽考勤　　　　　(b) 门禁处自动考勤　　　　　(c) 考勤人员抓拍

(d) 在场人员公示　　(e) 智慧工地平台考勤信息统计　(f) 考勤信息自动比对并上传至主管部门

图 1.5　智慧工地人员现场管理图

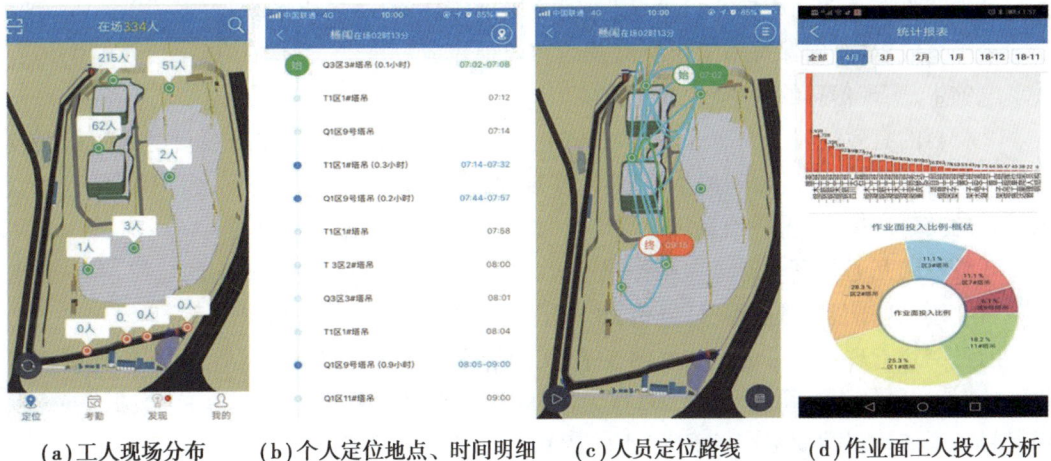

(a) 工人现场分布　　(b) 个人定位地点、时间明细　　(c) 人员定位路线　　(d) 作业面工人投入分析

图 1.6　智慧工地辅助生产

③规避风险,减少劳务纠纷。做到实时监督作用,把监督落到实处;工人的工资及时发放,保障工人的合法权益(可精确到用工时间)(图1.7);支持个人健康档案建立、个人违章记录、个人培训记录等,可追溯到具体人员。

通过多工种、多分包、多角度数据呈现和劳务费偏差管理、过程工资数据管理等实时数据,可真正实现现场用工的实时掌握,为项目提供一手资料,为项目班子结合现场施工情况及时对劳务调整提供有力支持。通过不同维度数据分析,便于劳务管理方向决策,降低劳务管理的风险和纠纷。对分包有了"白纸黑字"的有力数据统计,便于有针对性地纠偏,摆脱了原来的分包评价靠"感觉"的习惯。

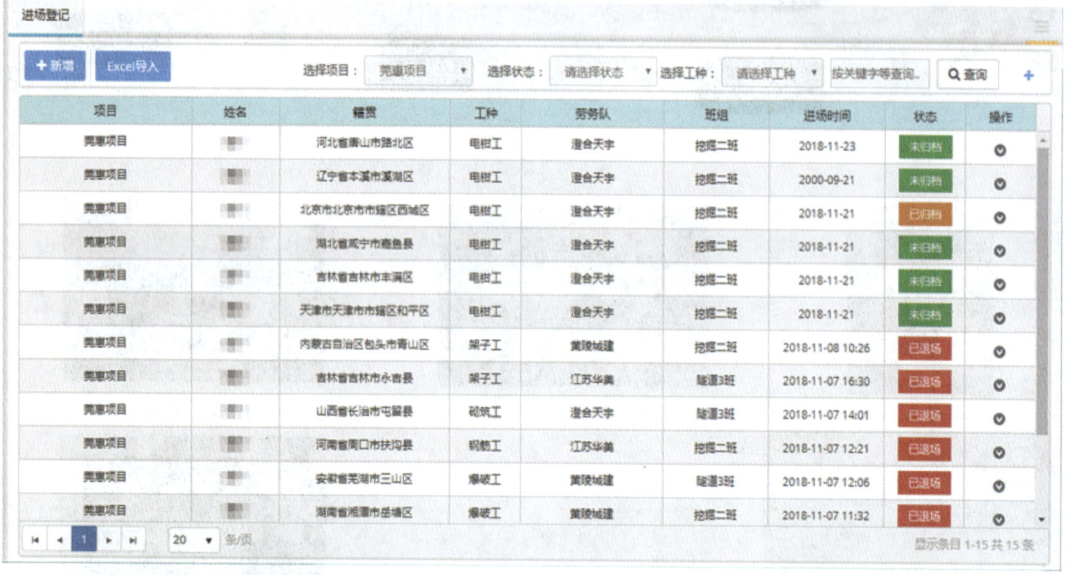

图1.7 智慧工地工资管理

(2)智慧工地平台物料管理系统模块

①人员的统一管理。在管理人员紧缺的情况下,物资部通过合理的工作分工,明确每名部门员工的工作范围和职责,通过每周一提交周工作计划、每周末汇报计划完成情况,实时动态跟踪完成进度,确保每项工作能够及时有效地完成。每个人的工作成果要及时上传到共享电脑中,实现信息的共享,提高工作效率。

②材料的有效配置。原有完工项目的材料及时周转到新项目,先开项目的周转材料及时调配到后开项目,实现材料的不断周转,实现周转材料使用价值的最大化。不同项目间紧急材料的及时调拨,使得各项目材料供应及时到位,保证现场施工的连续性。

③设备的互通共享。通过物料管理系统,实现对多个项目的物资供应的监控,及时收集各项目物资供应信息并进行统计分析,及时了解各项目的物资供应情况。

通过物料管理系统可运用物联网技术,实现物资进出场全方位精益管理,在地磅周边安装红外对射、摄像头等硬件监控作弊行为,自动采集精准数据,及时掌握一手数据,有效积累、保值、增值物料数据资产(图1.8、图1.9)。

图 1.8 智慧工地物资进出场全方位管理

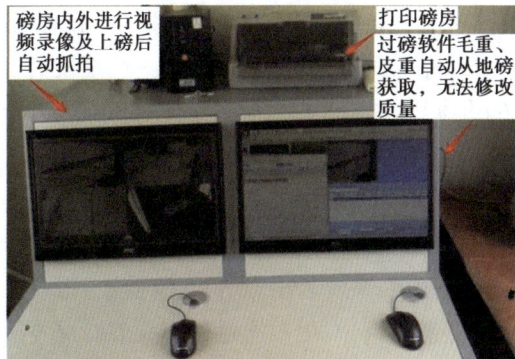

图 1.9 智慧工地现场物料管理系统

④提高效率。通过地磅对接及供应商、材料等数据内置,过磅效率大大提高,可实现车车过磅。物料管理系统称重区通过红外对射、广播等提示司机操作,然后完成称重和多角度的拍照存档(图 1.10)。

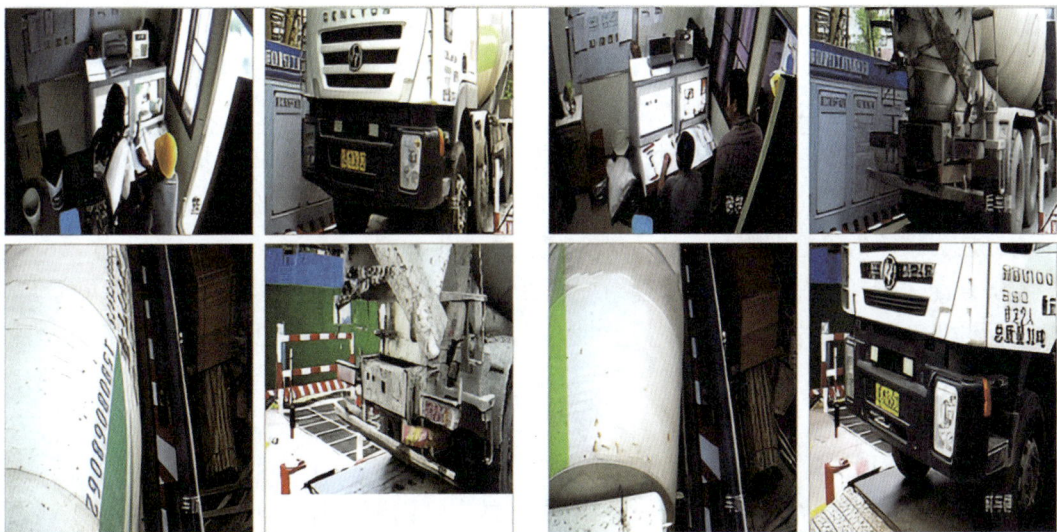

图 1.10 智慧工地混凝土拌和站物流管理

⑤控制成本。偏差自动计算,超下差自动识别;预警分析,堵住材料进场损失;在数据分析平台,供应商每次供货自动汇总计算,超下差标红显示并进行预警,严防"跑冒滴漏"。

(3)智慧工地平台生产管理系统模块

①进度管理系统。从竣工日期开始倒排,排出每一道工序的计划完成时间,结合穿插施工可视化表,自动生成进度表。通过计划完成时间与实际完成时间对比,可以自动得出进度偏差和偏差点,便于及时纠偏和管理。

进度计划可以把项目各个阶段的进度计划直观呈现出来,通过前锋线对比,可反馈实际工期与计划工期的差异;对于滞后的工期,可以通过拉直前锋线自动计算对总工期影响,以便自动进行进度对比分析,记录工期滞后原因及措施以及责任人,形成过程记录;对于非自身原因引起的工期延误,及时索赔。

②工序管理系统。可以将工序统一管理,建立统一的标准工序库,根据统一的工序流程

进行施工。通过设置标准工序,将项目上的工序标准化。在作业过程中,及时更新每一层楼的完成情况、验收情况。如果有需要,还能将工序与人绑定,评判工人的工作能力。生成对应的进度风险楼栋表、工序时间比表、工序闭合率表,可以直观、多方面地看到每栋楼综合的完成情况。

③劳动力计划系统。提前设定各班组或分包单位的劳动力配置计划,通过与门禁打卡记录对比,自动分析人员数量是否满足计划要求。

④晴雨表系统。根据城市天气预报自动录入每天的天气情况。若天气情况与项目当地不符,可手动更正;用户通过拖拽天气情况至对应日期,记录当天的天气情况。

(4)智慧工地平台质量管理系统模块

①质量问题整改系统。在施工过程中,发现的质量问题及时通过 PC 端或手机 App 进行问题提交(提交问题位置、问题类别、问题描述、整改时间等),并"@"负责人,选择执行班组、验证人、抄送人。整改完成后,验证人去现场验收并上传验收图片。若问题未整改好,则继续退回整改,直至验收合格后该问题自动关闭,系统可对所有问题进行统计汇总。根据施工人员出现问题的数量,可以判断班组的能力,从而筛选出优秀班组。

②实测实量系统。统计分析并生成对应的实测实量操作率表和实测实量合格率表,可直观地看到管理人员执行的情况以及工人完成的质量。首先,管理人员设置实测实量的检查项以及对应的标准,执行人员对每间房屋进行测量,将合格点数及不合格点数记录下来,并将这些不合格的点作为考察工人能力的依据,记录在工人能力上。生成初级班组,可直观地看到能力较差的班组有哪些。

③装配式管理系统。装配式管理系统主要管理装配式构件的质量以及使用的规范性,从工厂的生产到仓库的存放再到项目上的使用,通过手机 App 对装配式进行三次质量检测信息录入,对出厂合格数及不合格数信息的录入及到项目上使用时每个装配式构件使用过程。

(5)智慧工地平台安全文明管理系统模块

①安全问题整改系统。在施工过程中,发现的安全问题及时通过 PC 端或手机 App 进行问题提交(提交问题位置、问题类别、问题描述、整改时间等),并"@"负责人,选择执行班组、验证人、抄送人。整改完成后,验证人去现场验收并上传验收图片。若问题未整改好,则继续退回整改,直至验收合格后该问题自动关闭,系统可对所有问题进行统计汇总。根据施工人员出现问题的数量,可以判断班组的能力,从而筛选优秀班组。

②培训管理系统。培训管理子系统包括安全培训管理以及晨会培训管理。安全培训管理记录培训的主题、培训地点、培训机构、培训教师、培训人员、培训时间等,统计每次的培训记录,量化每个人的培训时间、课程,分析每个人的培训时间、培训间隔、有多长时间未进行培训。

③晨会培训记录。其内容包括培训主题、培训时间、培训地点、培训内容等,并记录每个人晨会的完成情况。自动点名、自动计时,设置培训时长,完成培训任务。

④扬尘监测系统。在后台将环境监测的硬件信息添加进来后,标记位置信息,可以对该位置的环境情况进行实时监测,并将信息推送到后台,如 PM2.5、PM10、TSP、温度、湿度、气

压、声音等,还可以对硬件信息进行编辑、删除、禁用操作(图1.11)。若扬尘超标,自动启用喷淋系统;也可用摄像头拍下超标的图片。

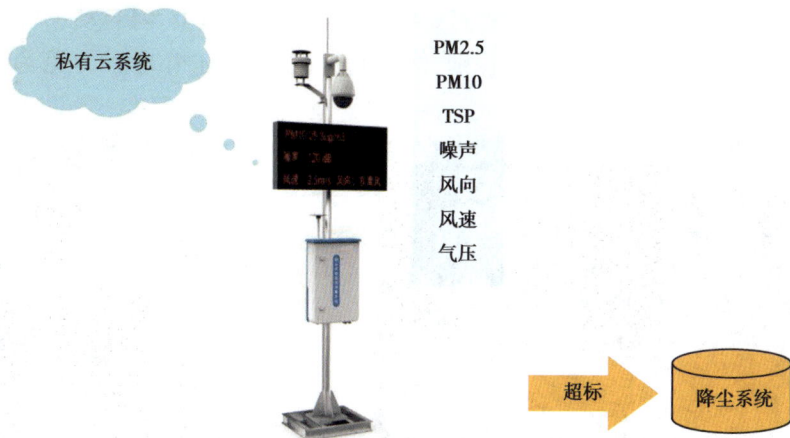

图1.11 智慧工地扬尘监测系统

(6)智慧工地平台设备管理系统模块

①塔吊管理系统(图1.12)。在后台将塔吊信息添加进来,管理塔吊的维保证书及塔吊司机的操作证件。当维保证书及操作证书过期时,通过远程提醒管理员。使用"黑匣子"检测塔吊运行的各类数据,如力矩、吊重、风速、幅度、高度、角度、倾角。将有资质的塔吊司机信息加入到列表中,将人脸识别仪与塔吊绑定,让操作员操作设备。

图1.12 智慧工地塔吊管理系统

②施工电梯管理系统。使用"黑匣子"检测施工电梯运行的各类数据,如人数、载重、速度、高度、楼层、倾角、风速。将有资质的施工电梯安拆人员和司机的信息加入到列表中,将人脸识别仪与施工电梯绑定,让司机操作设备。

③视频监控系统。在后台将摄像头信息添加进来后,可以配置摄像头的通道信息,如通

道名、摄像头名称、坐标等信息,还可以编辑、删除、禁用摄像头,以及查看实时的监控信息;还可以通过移动端远程查看管理项目,做到集团或区域内项目视频监控的集成(图1.13)。

④AI管理系统。在后台添加设备信息,将设备安装在项目上,将自动识别未戴安全帽的人员,并自动抓拍,还可以做到明火识别(图1.14)。发生上述情况后,立刻远程给管理员发送报警信息。

图1.13 智慧工地视频监控

图1.14 智慧工地AI管理

2. 活动实践

①仿真实践观察,可扫描二维码查看。

②实践案例:根据工程案例,绘制施工平面布置图,回答生产区内施工工地塔机安全监测系统解决了施工现场哪些问题。

智慧工地-环境监测

工程案例

参考答案

任务1.2 施工前准备

活动1.2.1 基础施工设备

1. 基本知识交付

1)打桩设备

(1)灰土挤密桩机

灰土挤密桩机适用于地基处理采用灰土挤密桩加固的工程,它能有效地提高地基强度(图1.15)。

灰土挤密桩机施工是利用打桩锤将内外桩管同步沉入土层中,通过锤击内桩管夯扩端部混凝土再灌注桩身混凝土;拔外桩管时,用内桩管和桩锤压在管内混凝土面,使桩身密实成形。灰土挤密桩机桩长不宜超过

图1.15 灰土挤密桩机

20 m,适用于中低压缩性黏土、粉土、砂土、碎石土、强风化岩等。

不同型号灰土挤密桩机技术参数如表 1.1 所示。

表 1.1　不同型号灰土挤密桩机技术参数

参数	型号		
	DCB60-15H	DCB80-18H	DCB100-20H
挂锤型号	DD63/TD50/DZ75	DD83/TD62/DZ90	DD103/TD60/DZ101
打桩直径/mm	300~600	300~800	300~1 000
打桩深度/m	15	15	15
主卷扬拉力/kN	50	80	100
副卷扬拉力/kN	50	50	50
行走方式	液压步履式	液压步履式	液压步履式
回转角度/(°)	360		
设备尺寸/m	12.5×4.7×24.9	14.3×4.7×27.6	14.3×4.7×27.6
整机质量/t	35	48	48

（2）强夯机

以三一重工 SQH400 强夯机为例,可扫描右侧二维码学习。

（3）CFG 桩机

CFG 桩机是地基与基础处理设备,包括液压步履式桩机和履带式桩机。

SQH400强夯机　　CFG桩机

（4）预制管桩机（以海格力斯柴油打桩机 DCB80-15 为例）

柴油打桩机是全液压打桩专用起重、导向设备。其优点是:性能稳定可靠,使用维护方便,可自装、自卸和步履移动转场;运输时,上节主架可缩回、折放,可节省吊装和铺装的大量费用和时间,高效、经济。海格力斯柴油打桩机 DCB80-15 技术参数如下:

①主卷扬拉力为 80 kN,最大柴油锤型号为 DD80,牵引速度为 18 m/min,最大桩长为 15 m,副卷扬拉力为 50 kN,沉桩最大深度为 60 m,最大牵引速度为 20 m/min,沉管直径为 600 mm。

②外形尺寸:工作状态(长×宽×高)为 14.3 m×4.7 m×27.6 m,运输状态(长×宽×高)为 15.5 m×2.5 m×3.2 m,移位方式为液压步履式,地面允许最大坡度≤2%,整机质量为 43 t。

（5）粉喷桩机（以 PH-5A 型喷粉桩机为例）

PH-5A 型喷粉桩机是进行软弱地基处理的新型机具(图 1.16)。它运用粉体喷射搅拌法(粉喷法)原理,以向

图 1.16　PH-5A 型喷粉桩机

地基土壤中加入石灰等粉体固化剂并加以搅拌,使之成桩(喷粉桩)的方式来加固软弱地基基础。该喷粉桩机主要由液压步履式底架、井架和导向加减压机构、钻机传动系统、钻具、液压系统、喷粉系统、电气系统等部分组成。

(6)旋喷桩机(以 GXPL-30 型履带旋喷桩机为例)

GXPL-30 型履带旋喷桩机是厂家在 GXP-30 型桩机的基础上,根据市场需要开发的适合高压旋喷和锚固工程施工工艺的两用桩机。它广泛运用于铁路、公路、建筑、水利、电力等行业,主要用于对地基的加固、防渗堵水及对已有承载桩进行维护等。

它能满足多种地层、多种工艺的施工要求。除满足旋喷工艺要求外,它还可用于锚固工艺的施工,配置部件多。用户可根据不同的工程需要,选择不同的性能模块;采用全液压技术,操作维护方便;配有履带底盘、支腿油缸,使桩机移位、定位极为方便,钻进时稳定可靠;配有转盘,可进行左右 90°旋转(表 1.2)。

表 1.2　GXPL-30 型履带旋喷桩机参数表

旋喷	孔径/mm		单重:400~600;二重:600~1 200;三重:800~1 600
	孔深/m		30~50
锚固	孔径/mm		90~185
	孔深/m		50~80
旋喷和锚固	钻孔角度/(°)		0~90
	输出扭矩/(N·m)		3 600
	输出转速/(r·min^{-1})		0~6,0~20(无级可调),6,20,40,50,120,150
	动力头提升力/kN		60
	动力头加压力/kN		30
	提升速度/(m·min^{-1})		0~0.7(无级可调),0.7,6
	加压速度/(m·min^{-1})		0~1.4(无级可调),11,12.4
	动力头行程/mm		1 800(标准配置,钻杆有效长度为 1 500)
	行走速度/(m·min^{-1})		8
	越野高度/mm		450,液压调平
	电机功率/kW		18.5+11+1.5
	外形(长×宽×高)/mm	施工状态	3 600×2 500×5 500
		运输状态	5 400×2 100×2 000
	质量/kg		约 4 200
	安装形式		整体式

(7)全套管全回旋钻机(以 RT-200HH 全套管全回旋钻机为例)

全套管全回旋钻机是集全液压动力和传动、机电液联合控制于一体,可以驱动套管做 360°回转的新型钻机,压入套管和钻进同时进行,具有新型、高效、环保的特点,尤其是可以解决复杂特殊环境下的桩基施工难题。

①应用领域:RT-200HH全套管全回旋钻机主要针对高回填地层、岩溶地层、地下水丰富的砂层、卵砾石地层、沿海地区软基或硬岩地区、填海地层、沿海滩涂以及高铁、地铁、建筑物周边等特殊地层和复杂环境进行全套管成孔灌注桩施工。

②工作原理:利用楔形夹紧机构将回转钻机的回转支承环与钢套管固定;夹紧结构与钢套管的抱紧与松开,由夹紧油缸以及抱环上的楔形块调节;夹紧油缸上下升降时,楔形块也随之升降,有效地将回转支撑系统和钢套管咬合,保证钢套管不会掉落,并提供驱动力;套管转动动力由液压马达提供,转动过程中,环形齿轮在液压马达的驱动下带动回转支承在钢套管周围转动,由此带动钢套管回转,使钢套管与周边土壁形成动摩擦面,边加转边压入,同时利用冲抓斗、冲击锤挖掘取土。

夹紧油缸位于钻机的固定部分,与钻机底座固定,不参与套管的转动。其液压管始终处于接通状态,回转时无须将夹紧装置液压管分离,提供可靠的握裹力,满足连续施工条件。

(8)冲击反循环钻机(以GDHJ/CJF/6000型冲击反循环钻机为例)

GDHJ/CJF/6000型冲击反循环钻机是目前国内最新的大口径液压冲击气举反循环钻机,主要应用于深基础工程大口径钻孔灌注桩施工。该钻机可适用于各种地层,特别是在卵砾石层和岩石中较其他类钻机有更高的钻进效率和成孔质量。

①工作原理:通过钻机上同步卷筒出来的两根受力相等的正反转钢丝绳,经钻塔上安装的第一定滑轮导向,将一定质量的冲击钻头提升一定高度,让其对岩石进行较高频率并具有周期性的冲击,造成岩石的脆性破碎出现崩离体,然后利用在两根主钢丝绳间放置的由副卷扬机提引的反循环排渣管,在第一时间将钻渣排出孔外,从而获得进尺。

②钻机结构:由机架、卷扬机、可转动的凸轮、可上下活动的张力轮、缓冲机构、操作台、排渣管、钢丝绳及钻头等部件组成。

③钻机优点:操作简单、传动平稳、噪声低、性能稳定、功率消耗小、维修便利、安全标准化通用程度高等。

6000型冲击反循环钻机与传统冲击钻机进行性能对比,具有以下优点:

a.钻进效率高。每分钟可冲击岩石32次,传统冲击钻机正常冲击频率为13~15次,其冲击频率为传统冲击钻机的两倍以上。冲击反循环钻机钻进时间为194 h;冲击钻机钻进时间为722 h。冲击反循环钻机的钻进速度约为普通冲击钻机的3.7倍。

b.成桩质量高。相比于传统钻机的钻头用一根钢丝绳固定,其改良为两根钢丝绳固定,极大地提高了成孔的垂直度,减少了冲孔扩孔率,有效地杜绝了偏孔、斜孔、梅花桩等成桩问题。其持续的反循环抽渣工艺使得终孔时孔底成渣、泥浆比重、含砂率更易达到封孔标准,成桩质量更高,二次清孔速度更快,进而降低清孔时塌孔的概率,使成桩过程更安全。

c.故障率更低。钻机钻进过程平稳,钢丝绳、弹簧等主要工作部件磨损较少;钻机实现了机、液、电一体化,6片高速离合控制进行制动并配置过载保护,全方位保护机械运行,降低了故障发生概率。冲击反循环钻机修理时间为43 h,占比为15.26%;普通冲击钻机修理时间为242 h,占比为20.9%,冲击反循环钻机故障率更低。

d.分级跟进。破岩能力强,钻机钻头采用层级式钻头进行分级跟进;钻头形成采用四级分层,从钻头底部往上直径逐级增加,分别为 0.5 m、1 m、1.7 m、2.5 m(此为现场施工数据,层数、直径均可调整)。传统的分级跟进为先用小直径钻头钻进,再将钻头换成直径较大的钻头钻进,进而逐步增加钻头直径,直至设计桩径为止。传统方法耗时长、工序繁杂,极不利于现场施工。该钻机更适合于岩石坚硬且为水上平台或者施工面积较小的环境。

2) 挖掘机械

(1)推土机

①特点及适用范围。推土机操纵灵活,运转方便,所需工作面较小、行驶速度快、易于转移,能爬 30°左右的缓坡,因此应用较广;多用于道路工程、场地清理和平整、开挖深度在 1.5 m 以内的基坑和填平沟坑,以及配合铲运机、挖土机工作等。此外,在推土机后可安装松土装置用于破、松硬土和冻土,也可拖挂羊足辗进行土方压实工作。推土机可以推挖一至三类土,经济运距在 100 m 以内,效率最高为 60 m。

②作业方法。推土机的生产率主要取决于推土刀推移土的体积及切土、推土、回程等工作的循环时间。为提高推土机的生产率,可采用下坡推土[图 1.17(a)]、并列推土[图 1.17(b)]、多刀送土和利用前次推土的槽推土等方法来提高推土效率,缩短推土时间和减少土的失散。

(a)下坡推土   (b)并列推土

图 1.17　推土机推土方法示意图(单位:mm)

a.下坡推土。在斜坡上,推土机顺着下坡方向切土与推运,可以提高生产率,但坡度不宜超过 15°,以免后退时爬坡困难。下坡推土也可与其他推土方法结合使用。

b.并列推土。用 2~3 台推土机并列作业,铲刀相距 15~30 cm,可减少土的散失,提高生产率。一般采用两机并列推土可增加推土量 15%~30%,采用三机并列可增加推土量 30%~40%。平均运距不宜超 50~75 m,亦不宜小于 20 m。

c.多刀送土。在硬质土中,切土深度不大,可将土先堆积在一处,然后集中推送到卸土区。这样可以有效地提高推土的效率,缩短运土时间。但堆积距离不宜大于 30 m,堆土高度以 2 m 内为宜。

d.槽形推土。推土机重复在一条作业线上切土和推土,使地面逐渐形成一条浅槽,在槽中推运土可减少土的散失,可增加 10%~30% 的推运土量。槽的深度在 1 m 左右为宜,土埂宽约 50 cm。当推出多条槽后,再将土埂推入槽中运出。当推土层较厚、运距远时,采用此法较为适宜。

(2)铲运机

①特点及适用范围。能综合完成挖土、运土、平土和填土等全部土方施工工序,对行驶道路要求较低,操纵灵活、运转方便,生产率高;在土方工程中,常应用于大面积场地平整,开

挖大基坑、沟槽以及填筑路基、堤坝等工程；适宜于铲运含水率不大于27%的松土和普通土，不适于在砾石层和冻土地带及沼泽区工作；当铲运三、四类较坚硬的土时，宜用推土机助铲或用松土机配合将土翻松0.2～0.4 m，以减少机械磨损，提高生产率。

在选定铲运机斗容量后，其生产率的高低主要取决于机械的开行路线和施工方法。

②铲运机的开行路线。应根据填方、挖方区的分布情况并结合当地具体条件进行合理选择，主要有环形路线和"8"字形路线开行两种形式。

a.环形路线。这是一种简单而常用的开行路线。根据铲土与卸土的相对位置不同，可分为如图1.18(a)所示两种情况。每一循环只完成一次铲土与卸土。当挖填交替而挖填方之间的距离又较短时，则可采用大环形路线[图1.18(b)]。其特点是一次循环可完成两次铲土与回填的作业，减少转弯次数，提高生产效率。

b."8"字形路线。这种开行路线的铲土与卸土轮流在两个工作面上进行[图1.18(c)]，机械上坡是斜向开行，受地形坡度限制小。每一个循环完成两次挖土和卸土作业，比环形路线缩短运行时间，从而提高了生产率。同时，每循环两次转弯方向不同，可避免机械行驶时的单侧磨损。但这种开行路线有交叉，应注意交叉点处的交通引导。这种开行路线适用于取土坑较长的路基填筑及坡度较大的场地平整。

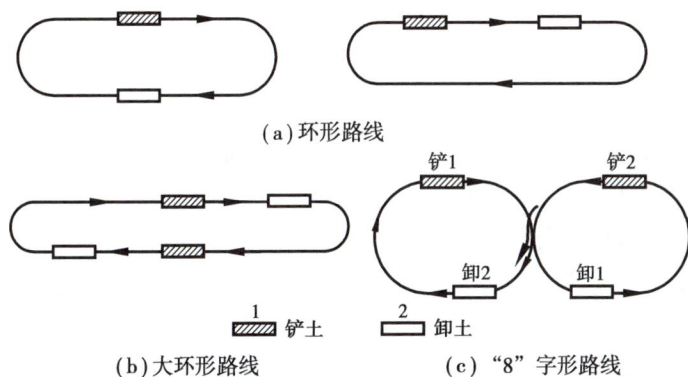

(a)环形路线

(b)大环形路线　　　　(c)"8"字形路线

图1.18　铲运机开行路线

③铲运机施工方法。为提高铲运机的生产率，除合理确定开行路线外，还应根据施工条件选择施工方法。常用的施工方法有下坡铲土、跨铲法、助铲法。

a.下坡铲土。铲运机铲运时，尽量采用有利地形进行下坡铲土。这样可以借助铲运机的重力来加大铲土能力，缩短铲土时间，提高生产率。一般地面坡度以5°～7°为宜。平坦地形可将取土地段的一端先铲低，然后保持一定坡度向后延伸，人为创造下坡铲土条件。

b.跨铲法。在较坚硬的土中挖土时，可采用预留土埂间隔铲土的方法。铲运机在挖土槽时可减少向外撒土量，挖土埂时增加了两个自由面，阻力减小，达到"铲土快、铲斗满"的效果。土埂高度应不大于300 mm，宽度以不大于铲土机两履带间净距为宜。

c.助铲法。在坚硬的土中铲土时，可另配一台推土机在铲运机的后拖杆上进行顶推，协助铲土，以缩短铲土时间。该方法的关键是安排好铲运机和推土机的配合，一般一台推土机可以配合3～4台铲运机助铲。

（3）单斗挖土机

单斗挖土机在土方工程中应用较广，种类很多。按其行走装置的不同，分为履带式和轮胎式。单斗挖土机还可根据工作需要，更换其工作装置。按其工作装置的不同，分为正铲、反铲、拉铲和抓铲等；按其操纵机械的不同，分为机械式和液压式，如图 1.19 所示。

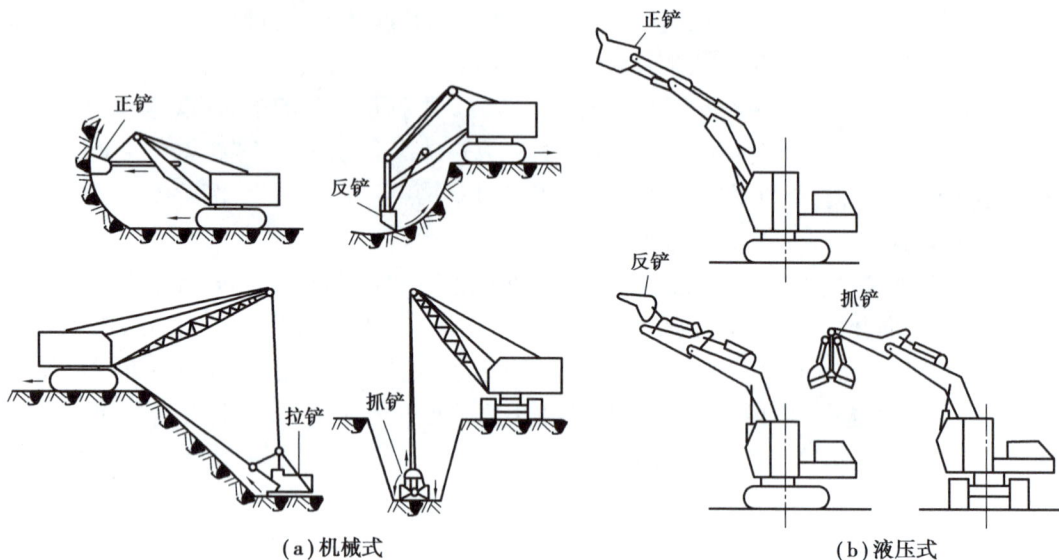

图 1.19　单斗挖土机

①正铲挖土机施工。正铲挖土机的挖土特点是"向前向上、强制切土"。其挖掘能力大，生产率高，适用于开挖停机面以上的一至三类土。它与运土汽车配合能完成整个挖运任务，可用于开挖大型干燥基坑以及土丘等。

根据挖土机的开挖路线与运输工具的相对位置不同，可分为正向挖土侧向卸土和正向挖土后方卸土。

a. 正向挖土侧向卸土：挖土机沿前进方向挖土，运输工具停在侧面装土[图 1.20（a）]。采用这种作业方式，挖土机卸土时动臂回转角度小，运输工具行驶方便，生产率高，使用广泛。

b. 正向挖土后方卸土：挖土机沿前进方向挖土，运输工具停在挖土机后方装土[图 1.20（b）]。这种作业方式开挖的工作面较大，但挖土机卸土时动臂回转角大，生产率低，运输车辆要倒车开入，一般只宜用来开挖工作面较狭小且较深的基坑。

②反铲挖土机施工。反铲挖土机的挖土特点是"后退向下、强制切土"。其挖掘能力比正铲小，能开挖停机面以下的一至三类土（索式反铲只宜挖一至二类土），适用于挖基坑、基槽和管沟、有地下水的土壤或泥泞土壤。

反铲挖土机挖土时，可采用沟端开挖和沟侧开挖两种方式。

a. 沟端开挖：挖土机停在基槽（坑）的端部，向后侧边退边挖土，汽车停在基槽两侧装土[图 1.21（a）]。沟端开挖工作面宽度为：单面装土时为 1.3R，双面装土时为 1.7R，R 为挖土机旋转半径。基坑较宽时，可多次并行开挖或按 Z 字形路线开挖。为能很好地控制所挖边坡的坡度或直立的边坡，反铲的一侧履带应靠近边线向后移动挖土。

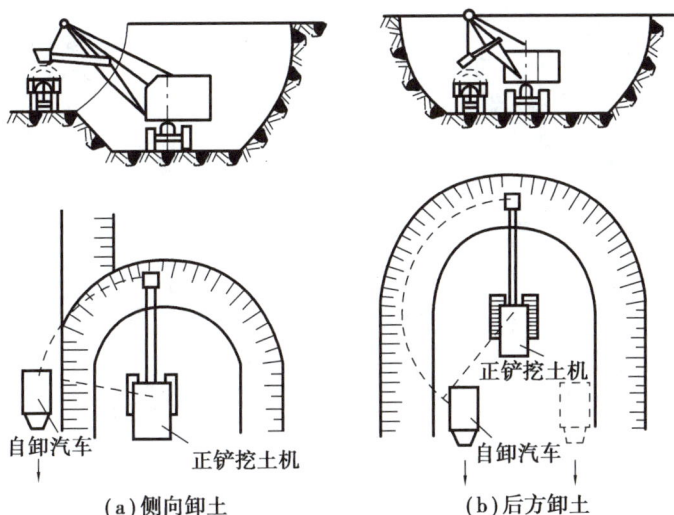

（a）侧向卸土　　　　　　　　　　（b）后方卸土

图1.20　正铲挖土机开挖方式

b.沟侧开挖:挖土机沿基槽的一侧移动挖土[图1.21(b)]。沟侧开挖能将土弃于距基槽边较远处,但开挖宽度受限制(一般为$0.8R$),且不能很好地控制边坡,机身停在沟边稳定性较差,因此,只在无法采用沟端开挖或所挖的土不需运走时采用。

反铲挖土机施工的工作面和开挖层数、每层的开行次数以及开行次序的确定与正铲挖土机施工一样。

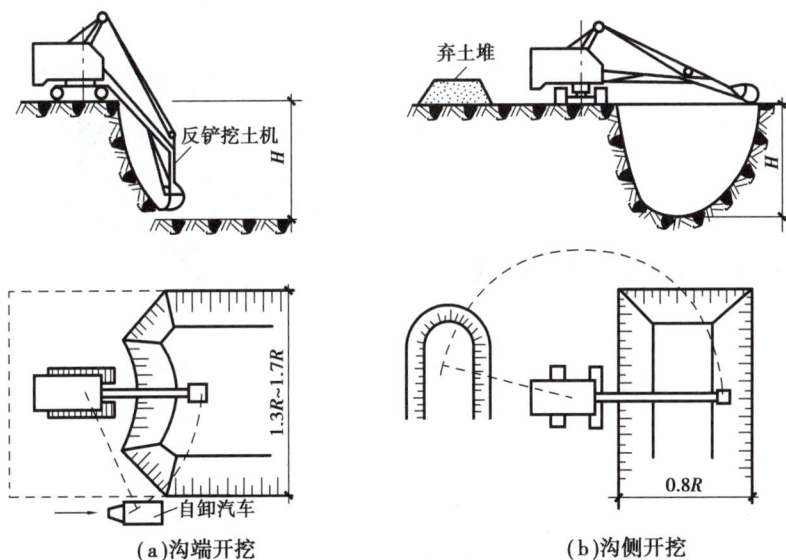

（a）沟端开挖　　　　　　　　　　（b）沟侧开挖

图1.21　反铲挖土机开挖方式(R为挖土机旋转半径)

③拉铲挖土机施工。拉铲挖土机的挖土特点是"后退向下、自重切土",其挖土半径和挖土深度较大,但不如反铲灵活,开挖精确性差,适用于开挖停机面以下的一至二类土,可用于开挖大而深的基坑或水下挖土。

拉铲挖土机开挖方式与反铲挖土机开挖方式相似,可采用沟侧开挖,也可采用沟端开挖(图1.22)。

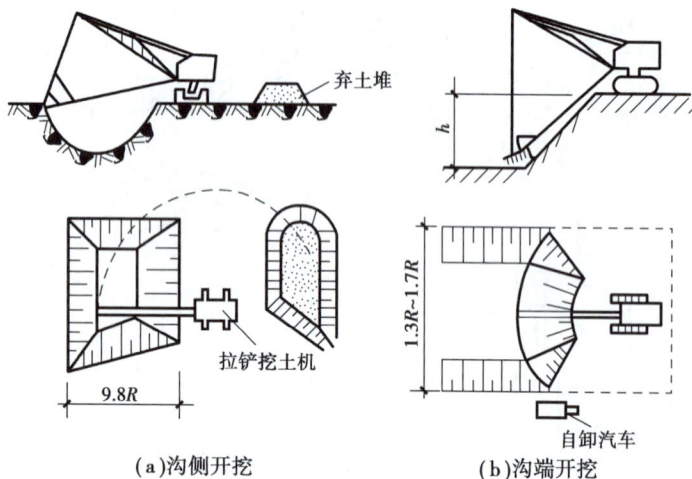

（a）沟侧开挖　　　　　　　　（b）沟端开挖

图1.22　拉铲挖土方式（R 为挖土机旋转半径）

④抓铲挖土机施工。抓铲挖土机如图1.19所示，其挖土特点是"直上直下、自重切土"，挖掘能力较小，适用于开挖停机面以下的一至二类土，如挖窄而深的基坑、疏通旧有渠道以及挖取水中淤泥等，或用于装卸碎石、矿渣等松散材料。在软土地基的地区，其常用于开挖基坑等。

（4）装载机

装载机按行走方式分为履带式和轮胎式；按工作方式分为单斗式、链式和轮斗式。土方工程中主要使用单斗铰接式轮胎装载机。它具有操作轻便、灵活、转运方便、快速等特点。其适用于装卸土方和散料，也可用于松软土的表层剥离、地面平整和场地清理等工作。

2.活动实践

①扫描右侧二维码，学习深基坑土方工程施工组织设计制订。

②实践案例：根据工程案例，编制基础工程需要施工机械的施工要求。

深基坑土方工程施工组织设计制订

工程案例

参考答案

活动1.2.2　主体施工设备

1.基本知识交付

1）附着升降式脚手架

附着升降式脚手架是指仅需搭设一定高度并附着于工程结构上，依靠自身的升降设备和装置，随工程结构施工逐层爬升，并能实现下降作业的外脚手架，适用于现浇钢筋混凝土结构的高层建筑。

《建筑施工附着升降脚手架管理暂行规定》（建〔2000〕230号）对附着升降脚手架的设计计算、构造装置、加工制作、安装、使用、拆卸和管理等都作了明确规定，强调对从事附着升降脚手架工程的施工单位实行资质管理，未取得相应资质证书的不得施工；对附着升降脚手架实行认证制度，即所使用的附着升降脚手架必须经过国家建设行政主管部门组织鉴定或者委托具有资格的单位进行认证。

（1）分类

附着升降式脚手架按爬升构造方式分为互爬式脚手架、单片式爬升脚手架和导轨式爬升脚手架等（图 1.23）。无论采用哪一种附着升降式脚手架，其技术关键如下：与建筑物有牢固的固定措施；升降过程均有可靠的防倾覆措施；设有安全防坠落装置和措施；具有升降过程中的同步控制措施。

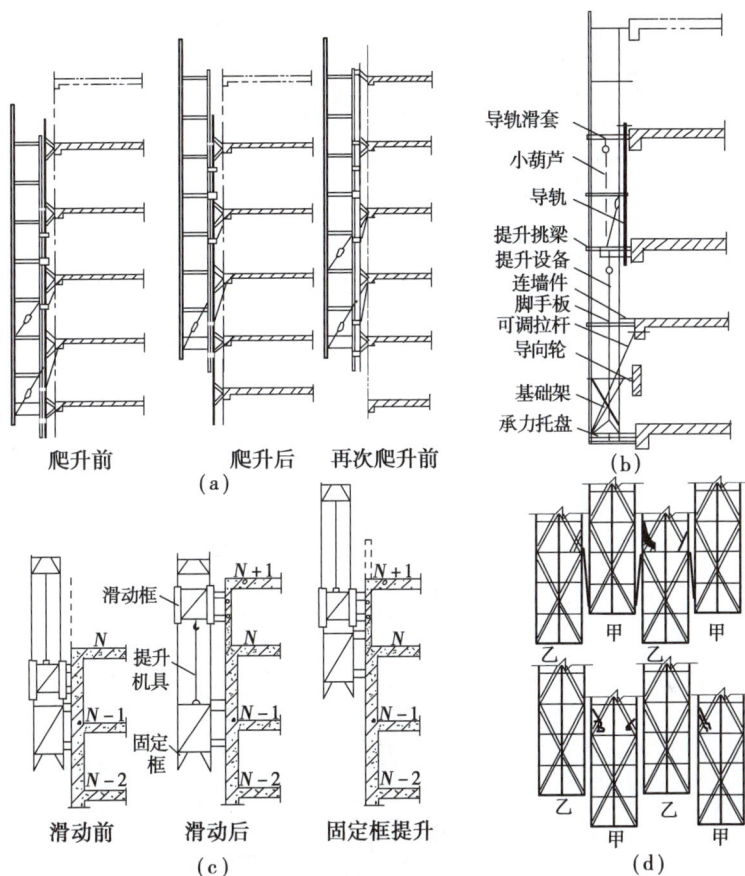

图 1.23　几种附着升降式脚手架示意图

（2）基本组成

附着升降式脚手架主要由架体结构、附着支撑、升降装置、安全装置等组成（图 1.24）。

①架体结构。架体常用桁架作为底部的承力装置，桁架两端支承于横向刚架或托架上，横向刚架又通过与其连接的附墙支座固定于建筑物上。架体本身一般均采用扣件式钢管搭设，架高不应大于楼层高度的 5 倍，架宽不宜超过 1.2 m，分段单元脚手架长度不应超过 8 m。其主要构件有立杆、纵横向水平杆、斜杆、剪刀撑、脚手板、梯子、扶手等。脚手架的外侧设密目式安全网进行全封闭，每步架设防护栏杆及挡脚板，底部满铺一层固定脚手板。整个架体的作用是提供操作平台、物料搬运、材料堆放、操作人员通行和安全防护等。

②爬升机构。爬升机构可实现架体升降、导向、防坠、固定提升设备、连接吊点和架体通

过横向刚架与附墙支座的连接等。它的作用主要是进行可靠的附墙和保证将架体上的恒载与施工活荷载安全、迅速、准确地传递到建筑结构上。

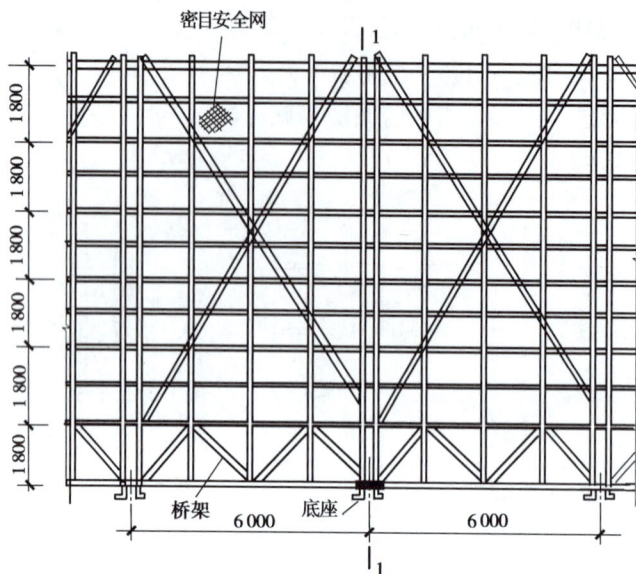

（a）立面图

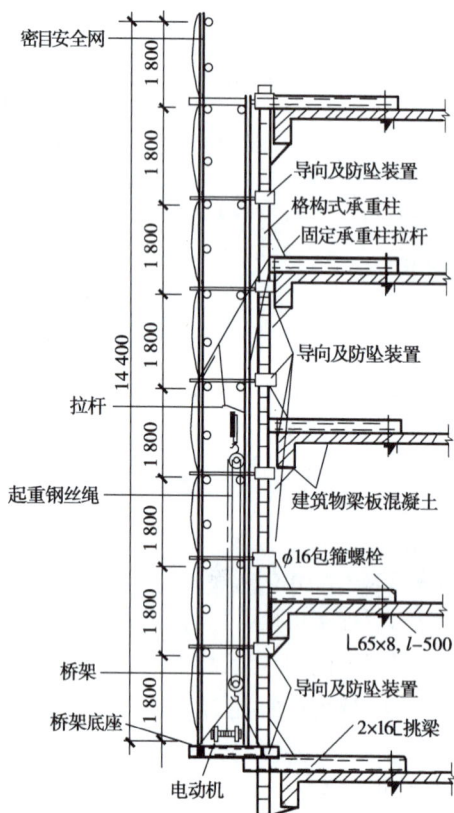

（b）1—1剖面

图 1.24　附着升降脚手架立面、剖面图

③动力及控制设备。提升用的动力设备主要有手拉葫芦、环链式电动葫芦、液压千斤顶、螺杆升降机、升板机、卷扬机等。目前,采用电动葫芦者居多,原因是其使用方便、省力、易控。

④安全装置:导向装置、防坠装置、同步提升控制装置。

a.导向装置的作用是保持架体前后、左右对水平方向位移的约束,限定架体只能沿垂直方向运动,并防止架体在升降过程中晃动、倾覆和水平向错动。

b.防坠装置的作用是在动力装置本身的制动装置失效、起重钢丝绳或吊链突然断裂和梯吊梁掉落等情况发生时,能在瞬间准确、迅速锁住架体,防止其下坠造成伤亡事故。

c.同步提升控制装置的作用是使架体在升降过程中,控制各提升点保持在同一水平位置上,以防止架体本身与附墙支座的附墙固定螺栓产生次应力和超载而发生伤亡。

2)吊装设备

装配式预制构件吊装所用的机械和工具主要是吊装索具与机具、吊装机械。吊装索具与机具种类繁多,本节介绍目前几种常用的吊装索具与机具;常用的吊装机械有塔式起重机、履带式起重机、汽车式起重机等。

(1)吊装索具与机具

①吊钩。吊钩按制造方法可分为锻造吊钩和片式吊钩。在建筑工程施工中,通常采用锻造吊钩,采用优质低碳镇静钢或低碳合金钢锻造而成,锻造吊钩又可以分为单钩和双钩,如1.25(a)、(b)所示。单钩一般用于较小的起重量,双钩多用于较大的起重量。单钩吊钩形式多样,建筑工程中常选用有保险装置的旋转钩,如图1.25(c)所示。

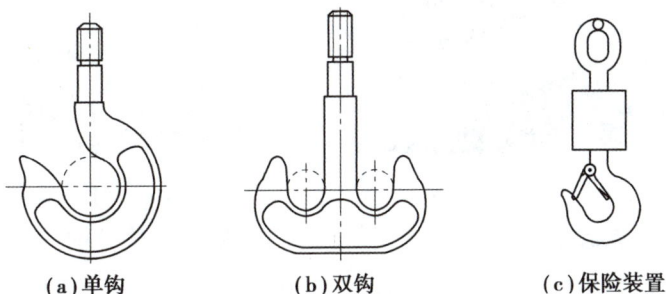

| (a)单钩 | (b)双钩 | (c)保险装置 |

图 1.25 吊钩的种类

吊钩使用的注意事项如下:

a.吊钩应有制造单位的合格证等技术文件,方可投入使用。否则,应经检验合格后方可使用。

b.在使用过程中,应对吊钩定期进行检查,保证其表面光滑,不能有剥裂、刻痕、锐角、毛刺和裂纹等缺陷,对缺陷部分不得进行补焊。

c.结构吊装作业使用吊钩时,应将吊索挂到钩底;吊钩上的防脱钩装置应安全可靠。

d.起重吊装作业不得使用铸造的吊钩。

e.吊钩与重物吊环相连接时,挂钩方式要正确,必须保证吊钩的位置和受力符合安全要求(图1.26)。

f.在钩挂吊索时,要将吊索挂至钩底;直接勾在构件吊环中时,不能使吊钩硬别或歪扭,

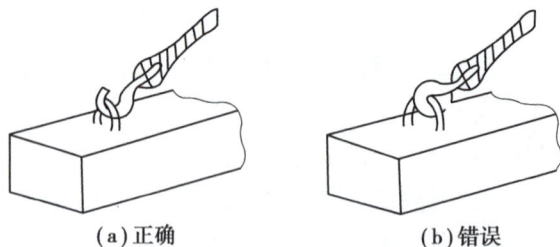

（a）正确　　　　　　　　　　（b）错误

图1.26　挂钩方法示意图

以免吊钩产生变形或脱钩。

　　g.当吊钩出现下列任何一种情况时,应予以报废:表面有裂纹;吊钩危险断面磨损达到原尺寸的10%;开口度比原尺寸增大15%;扭转变形超过10°;板钩衬套磨损达原尺寸的50%时,应报废衬套;芯轴磨损达到原尺寸的5%时,应报废芯轴。

　　②横吊梁。横吊梁俗称铁扁担、扁担梁,常用于梁、柱、墙板、叠合板等构件的吊装。用横吊梁吊运构件时,可以防止因起吊受力对构件造成的破坏,便于构件更好地安装、校正。常用的横吊梁有框架吊梁、单根吊梁,如图1.27、图1.28所示。

图1.27　框架吊梁

图1.28　单根吊梁

　　③铁链。铁链用来起吊轻型构件、拉紧缆风绳及拉紧捆绑构件的绳索等,如图1.29所示。目前,受部分起重设备行程精度的限制,可采用铁链进行构件的精确就位。

　　④吊装带。目前,使用的常规吊装带(合成纤维吊装带)一般采用高强度聚酯长丝制作。其根据外观分为环形穿芯、环形扁平、双眼穿芯、双眼扁平4类,吊装能力在1~300 t(图1.30)。

图1.29　铁链

图1.30　吊带

一般采用国际色标来区分吊装带的吨位,如紫色为 1 t、绿色为 2 t、黄色为 3 t、灰色为 4 t、红色为 5 t、橙色为 10 t 等。吨位大于 12 t 的吊带,均采用橘红色进行标识,同时带体上均有荷载标识标牌。

⑤卡环。卡环用于吊索之间或吊索与构件吊环之间的连接,由弯环和销子两部分组成(图 1.31)。

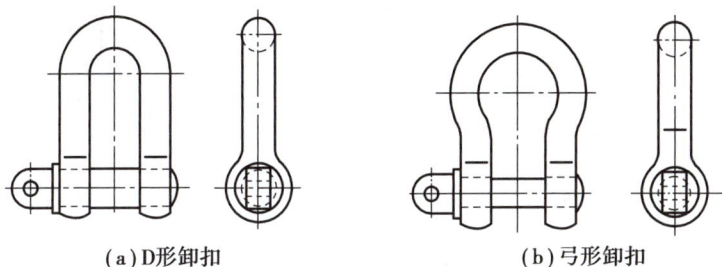

(a)D形卸扣　　　　　　　　　　　(b)弓形卸扣

图 1.31　卡环

卡环按弯环形式分为 D 形卡环和弓形卡环;按销子与弯环的连接形式分为螺栓式卡环和活络卡环。螺栓式卡环的销子和弯环采用螺纹连接;活络式卡环的孔眼无螺纹,可直接抽出。螺栓式卡环使用较多,但在柱子吊装中多采用活络式卡环。

卡环使用注意事项如下:

a.卡环必须是锻造的,并应经过热处理,禁止使用铸造卡环。

b.严格按照卡环安全使用负荷,不准超负荷使用。

c.卡环表面应光洁,不能有毛刺、切纹、尖角、裂纹、夹层等缺陷。不能利用焊接或补强法修补卡环缺陷。

d.无制造标记或合格证明的卡环,需进行拉伸强度试验,合格后才能使用。

e.卡环连接的两根绳索或吊环,应该一根套在横销上,另一根套在卸体上,而不能分别套在卸体的两个直段,使卸甲受横向力。

f.吊装完毕后,卸下卡环,要随时将横销插入卸体,拧好丝扣,严禁将横销乱扔,以防碰坏丝扣或使卸体和横销螺纹处沾上泥污,并定期涂黄油润滑。存放时,应放在干燥处,用木方、木板垫好,以防止锈蚀。

g.除特别吊装外,不得使用自动卡环。使用时,要有可靠的保障措施,防止横销滑出,如吊柱时应使横销带有耳孔的一端朝上。

h.使用时,应考虑轴销拆卸方便,以防止拉出落下伤人。

i.不允许在高空将拆除的卡环向下抛甩,以防止伤人及卡环碰撞变形和内部产生不易发觉的损伤和裂纹。

j.工作完毕后,要将卡环收回擦干净,并将横销插入弯环内上满螺纹,存放在干燥处,以防止表面生锈影响使用。

k.当卡环任何部位产生裂纹、塑性变形、螺纹脱扣、销轴和扣体断面磨损达原尺寸的3% ~ 5%时,应进行报废处理。

⑥新型索具(接驳器)。近年来,出现了几种新型的专门用于连接新型吊点(圆形吊钉、鱼尾吊钉、螺纹吊钉)的连接吊钩(图 1.32),或者用于快速接驳传统吊钩,具有接驳快速、使

用安全等特点。国外生产厂家以德国哈芬、芬兰佩克为代表,国内生产厂家以深圳营造为代表。

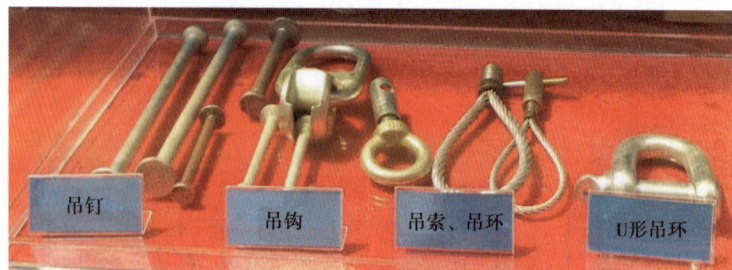

图 1.32　新型连接吊钩

（2）吊装机械

吊装机械主要包括移动式起重机、塔式起重机。常用的移动式起重机有汽车式起重机、履带式起重机。

①汽车式起重机。汽车式起重机是将起重机构安装在普通载重汽车或专用汽车底盘上的起重机,如图 1.33 所示。汽车式起重机的机动性能好,运行速度快,对路面的破坏性小,但不能负荷行驶,吊重物时必须支住腿,对工作场地的要求较高。

图 1.33　汽车式起重机

汽车式起重机按起重量大小分为轻型、中型和重型,起重量在 20 t 以内的为轻型,起重量在 20 ~ 50 t 的中型,起重量在 50 t 及以上的为重型;按起重臂形式分为桁架臂和箱形臂;按传动装置形式分为机械传动（Q）、电力传动（QD）、液压传动（QY）。目前,液压传动的汽车式起重机应用较广。

汽车式起重机的使用要点如下:

a. 应遵守操作规程及交通规则。作业场地应坚实平整。

b. 作业前,应伸出全部支腿,并在撑脚下垫上合适的方木。调整机体,使回转支撑面的倾斜度在无荷载时不大于 1/1 000（水准泡居中）。支腿有定位销的应插上。底盘为弹性悬挂的起重机,伸出支腿前应收紧稳定器。

c.作业中,严禁扳动支腿操纵阀。调整支腿应在无载荷时进行。

d.起重臂伸缩时,应按规定程序进行。当限制器发出警报时,应停止伸臂。起重臂伸出后,当前节臂杆的长度大于后节伸出长度时,应调整正常后方可作业。

e.作业时,汽车驾驶室内不得有人;发现起重机倾斜、不稳等异常情况时,应立即采取措施。

f.起吊重物达到额定起重量的90%以上时,严禁同时进行两种及以上的动作。

g.作业后,收回全部起重臂,收回支腿,挂牢吊钩,撑牢车架尾部两撑杆并锁定。销牢锁式制动器,以防止旋转。

h.行驶时,底盘走台上严禁载人或物。

②履带式起重机。履带式起重机是在行走的履带底盘上装有起重装置的起重机械。其主要由动力装置、传动装置、行走机构、工作机械、起重滑车组、变幅滑车组及平衡重等组成。它具有起重能力较大、自行式、全回转、工作稳定性好、操作灵活、使用方便、在其工作范围内可载荷行驶作业、对施工场地要求不严等特点。它是结构安装工程中常用的起重机械,如图1.34所示。

图1.34　履带式起重机吊装

履带式起重机按传动方式不同可分为机械式、液压式(Y)和电动式(D)。履带式起重机的使用要点如下:

a.驾驶员应熟悉履带式起重机技术性能,启动前应按规定进行各项检查和保养;启动后应检查各仪表指示值及运转是否正常。

b.履带式起重机必须在平坦坚实的地面上作业。当起吊荷载达到额定起重量的90%及以上时,工作动作应慢速进行,并禁止同时进行两种及以上动作。

c.应按规定的起重性能作业,严禁超载作业;如确需超载时,应进行验算并采取可靠措施。

d.作业时,起重臂的最大仰角不应超过规定;无资料可查时,不得超过78°,最低不得小于45°。

e.采用双机抬吊作业时,两台起重机的性能应相近;抬吊时统一指挥,动作协调,互相配合,起重机的吊钩滑轮组均应保持垂直。抬吊时,单机的起重载荷不得超过允许载荷值的80%。

f.履带式起重机带载行走时,载荷不得超过允许起重量的70%。

g.负载行走时,道路应坚实平整,起重臂与履带平行,重物离地不能大于500 mm,并拴好拉绳,缓慢行驶;严禁长距离负载行驶;上下坡道时,应无载行驶。上坡时,应将起重臂仰角适当放小;下坡时,应将起重臂的仰角适当放大,严禁下坡空挡滑行。

h.作业后,吊钩应提升至接近顶端处,起重臂降至40°~60°,关闭电门,各操纵杆置于空挡位置,各制动器加保险固定,操纵室和机棚应关闭门窗并加锁。

i.遇大风、大雪、大雨时,应停止作业,并将起重臂转至顺风方向。

履带式起重机在进行超负荷吊装或接长吊杆时,需进行稳定性验算,以保证起重机在吊装中不会发生倾覆事故。履带式起重机在车身与行驶方向垂直时,处于最不利工作状态,稳定性最差,如图1.35所示。此时,履带的轨链中心A为倾覆中心,起重机的安全条件为:当考虑吊装荷载时,稳定性安全系数$K_1 = M_稳/M_倾 = 1.4$;当考虑吊装荷载及附加荷载时,稳定性安全系数$K_2 = M_稳/M_倾 = 1.15$。

当起重机的起重高度或起重半径不足时,可将起重臂接长。接长后的稳定性计算,可近似地按力矩等量换算原则求出起重臂接臂后的允许起重量(图1.36),则接长起重臂后,若吊装荷载不超过Q',即可满足稳定性的要求。

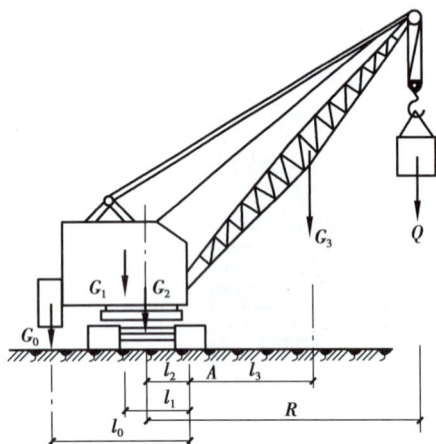

图1.35 履带起重机稳定性验算示意图   图1.36 用力矩等量转换原则计算起重机

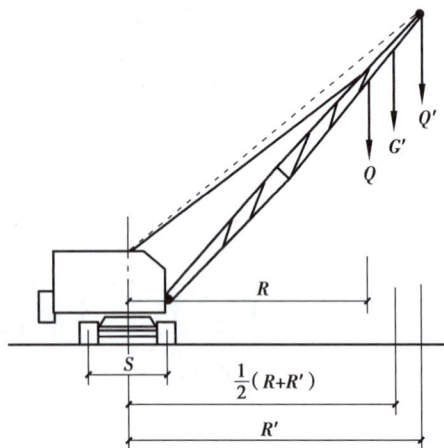

③塔式起重机。塔式起重机是把吊臂、平衡臂等结构和起升、变幅等机构安装在金属塔身上的一种起重机,其特点是提升高度高、工作半径大、工作速度快、吊装效率高等。

塔式起重机按能否移动又分为行走式和固定式;按照行走式可分为履带式、汽车式、轮胎式和轨道式;按其变幅方式可分为水平臂架小车变幅和动臂变幅;按其安装形式可分为自升式、整体快速拆装和拼装式。应用最广的是下回转、整体快速拆装、轨道式塔式起重机(图1.37)和能够一机四用(轨道式、固定式、附着式和内爬式)的自升式塔式起重机(图1.38)。

塔式起重机的使用要点如下:

a.塔式起重机作业前,应进行下列检查和试运转:

•各安全装置、传动装置、指示仪表、主要部位连接螺栓、钢丝绳磨损情况、供电电缆等必须符合有关规定;

图 1.37　装配式建筑施工中的塔式起重机

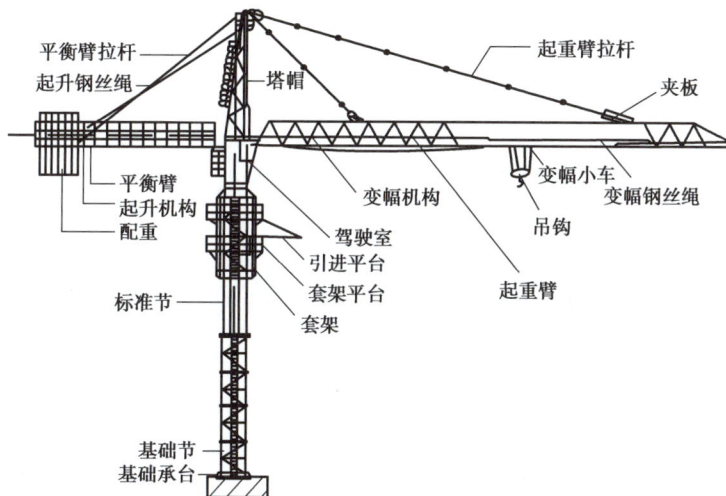

图 1.38　自升式塔式起重机示意图

- 按有关规定进行试验和试运转。

b. 当同一施工地点有两台以上起重机时,应保持两机间任何接近部位(包括吊重物)距离不得小于 2 m。

c. 在吊钩提升、起重小车或行走大车运行到限位装置前,均应减速缓行到停止位置,并应与限位装置保持一定距离:吊钩不得小于 1 m,行走轮不得小于 2 m。严禁采用限位装置作为停止运行的控制开关。

d. 动臂式起重机的起升、回转、行走可同时进行,变幅应单独进行。每次变幅后,应对变幅部位进行检查。对允许带载变幅的起重机,当载荷达到额定起重量的 90% 及以上时,严禁变幅。

e. 提升重物,严禁自由下降。重物就位时,可采用慢就位机构或利用制动器使之缓慢下降。

f. 提升重物做水平移动时,应高出其跨越的障碍物 0.5 m 以上。

g. 装有上下两套操纵系统的起重机,不得上下同时使用。

h. 作业中,如遇大雨、雾、雪及六级以上大风等恶劣天气,应立即停止作业,将回转机构的制动器完全松开,起重臂应能随风转动。对于轻型俯仰变幅起重机,应将起重臂落下并与塔身结构锁紧在一起。

i. 作业中,操作人员临时离开操纵室时,必须切断电源。

j. 作业完成后,起重臂应转到顺风方向,并松开回转制动器,小车及平衡重应置于非工作状态,吊钩宜升到距起重臂顶端 2~3 m 处。停机时,应将每个控制器拨回零位,依次断开各开关,关闭操纵室门窗。下机后,使起重机与轨道固定,断开电源总开关,打开高空指示灯。动臂式和尚未附着的自升式塔式起重机塔身上不得悬挂标语牌。

2. 活动实践

①仿真实践观察,可扫描二维码查看。

②实践案例:根据工程案例,编制塔吊施工的注意事项。

智慧工地-塔
吊施工

工程案例

参考答案

活动 1.2.3　施工安全实训

1. 基本知识交付

1)安全防护用品的基本规定及管理

(1)基本规定

①劳动防护用品指从事建筑施工作业的人员和进入施工现场的其他人员配备的个人防护装备。

②从事施工作业人员必须配备符合国家现行有关标准的劳动防护用品,并应按规定正确使用。

③劳动防护用品的配备,应按照"谁用工、谁负责"的原则,由用人单位为作业人员按作业工种配备。

④进入施工现场人员必须佩戴安全帽。作业人员必须戴安全帽、穿工作鞋和工作服;应按作业要求正确使用劳动防护用品。在 2 m 及以上的无可靠安全防护设施的高处、悬崖和陡坡作业时,必须系挂安全带。

⑤从事机械作业的女工及长发者应配备工作帽等个人防护用品。

⑥从事登高架设作业、起重吊装作业的施工人员应配备防止滑落的劳动防护用品,应为从事自然强光环境下作业的施工人员配备防止强光伤害的劳动防护用品。

⑦从事施工现场临时用电工程作业的施工人员应配备防止触电的劳动防护用品。

⑧从事焊接作业的施工人员应配备防止触电、灼伤、强光伤害的劳动防护用品。

⑨从事锅炉、压力容器、管道安装作业的施工人员应配备防止触电、强光伤害的劳动防护用品。

⑩从事防水、防腐和油漆作业的施工人员应配备防止触电、中毒、灼伤的劳动防护用品。

⑪从事基础施工、主体结构、屋面施工、装饰装修作业人员应配备防止身体、手足、眼部等受到伤害的劳动防护用品。

⑫冬季施工期间或作业环境温度较低的,应为作业人员配备防寒类防护用品。

⑬雨季施工期间,应为室外作业人员配备雨衣、雨鞋等个人防护用品。环境潮湿及水中作业的人员应配备相应的劳动防护用品。

（2）劳动防护用品使用及管理

①建筑施工企业应选定劳动防护用品的合格分供方,为作业人员配备的劳动防护用品必须符合国家有关标准,应具备生产许可证、产品合格证等相关资料。经本单位安全生产管理部门审查合格后方可使用。建筑施工企业不得采购和使用无厂家名称、无产品合格证、无安全标志的劳动防护用品。

②劳动防护用品的使用年限应按国家现行相关标准执行。劳动防护用品达到使用年限或报废标准的应由建筑施工企业统一收回报废,并应为作业人员配备新的劳动防护用品。劳动防护用品有定期检测要求的,应按照其产品的检测周期进行检测。

③建筑施工企业应建立健全劳动防护用品购买、验收、保管、发放、使用、更换、报废管理制度。在劳动防护用品使用前,应对其防护功能进行必要的检查。

④建筑施工企业应教育从业人员按照劳动防护用品使用规定和防护要求,正确使用劳动防护用品。

⑤建设单位应按国家有关法律和行政法规的规定,支付建筑工程施工安全措施费用。建筑施工企业应严格执行国家有关法规和标准,使用合格的劳动防护用品。

⑥建筑施工企业应对危险性较大的施工作业场所及具有尘毒危害的作业环境设置安全警示标识及使用的安全防护用品标识牌。

2）劳动防护用品的配备

①架子工、起重吊装工、信号指挥工的劳动防护用品配备应符合以下规定:

a.架子工、塔式起重机操作人员、起重吊装工应配备灵便紧口的工作服,穿防滑鞋,戴工作手套。

b.信号指挥工应配备专用标志服装。在自然强光环境条件作业时,应配备有色防护眼镜。

②电工的劳动防护用品配备应符合下列规定:

a.维修电工应配备绝缘鞋、绝缘手套和灵便紧口的工作服。

b.安装电工应配备手套和防护眼镜。

c.高压电气作业时,应配备相应等级的绝缘鞋、绝缘手套和有色防护眼镜。

③电焊工、气割工的劳动防护用品配备应符合下列规定:

a.电焊工、气割工应配备阻燃防护服、绝缘鞋、鞋盖、电焊手套和焊接防护面罩。在高处作业时,应配备安全帽与面罩连接式焊接防护面罩和阻燃安全带。

b.从事清除焊渣作业时,应配备防护眼镜。

c.从事磨削钨极作业时,应配备手套、防尘口罩和防护眼镜。

d.从事酸碱等腐蚀性作业时,应配备防腐性工作服、耐酸碱胶鞋,佩戴耐酸碱手套、防护口罩和防护眼镜。

e. 在密闭环境或通风不良的情况下,应配备送风式防护面罩。

④锅炉、压力容器及管道安装工的劳动防护用品配备应符合下列规定:

a. 锅炉及压力容器安装工、管道安装工应配备紧口工作服和保护足趾安全鞋。在强光环境条件作业时,应配备有色防护眼镜。

b. 在地下或潮湿场所,应配备紧口工作服、绝缘鞋和绝缘手套。

⑤油漆工在从事涂刷、喷漆作业时,应配备防静电工作服、防静电鞋、防静电手套、防毒口罩和防护眼镜;从事砂纸打磨作业时,应配备防尘口罩和密闭式防护眼镜。

⑥普通工从事淋灰、筛灰作业时,应配备高腰工作鞋、鞋盖、手套和防尘口罩,应配备防护眼镜;从事抬、扛物料作业时,应配备垫肩;从事人工挖扩桩孔下作业时,应配备雨靴、手套和安全绳;从事拆除工程作业时,应配备保护足趾安全鞋、手套。

⑦混凝土工应配备工作服、系带高腰防滑鞋、鞋盖、防尘口罩和手套,宜配备防护眼镜;从事混凝土浇筑作业时,应配备胶鞋和手套;从事混凝土振捣作业时,应配备绝缘胶靴、绝缘手套。

⑧瓦工、砌筑工应配备保护足趾安全鞋、胶面手套和普通工作服。

⑨抹灰工应配备高腰布面胶底防滑鞋和手套,宜配备防护眼镜。

⑩磨石工应配备紧口工作服、绝缘胶鞋、绝缘手套和防尘口罩。

⑪石工应配备紧口工作服、保护足趾安全鞋、手套和防尘口罩,宜配备防护眼镜。

⑫木工从事机械作业时,应配备紧口工作服、防噪声耳罩和防尘口罩,宜配备防护眼镜。

⑬钢筋工应配备紧口工作服、保护足趾安全鞋和手套。从事钢筋除锈作业时,应配备防尘口罩,宜配备防护眼镜。

⑭防水工的劳动防护用品配备应符合下列规定:

a. 从事涂刷作业时,应配备防静电工作服、防静电鞋和鞋盖、防护手套、防毒口罩和防护眼镜。

b. 从事沥青熔化、运送作业时,应配备防烫工作服、高腰布面胶底防滑鞋和鞋盖、工作帽、耐高温长手套、防毒口罩和防护眼镜。

⑮玻璃工应配备工作服和防切割手套;从事打磨玻璃作业时,应配备防尘口罩,宜配备防护眼镜。

⑯司炉工应配备耐高温工作服、保护足趾安全鞋、工作帽、防护手套和防尘口罩,宜配备防护眼镜;从事添加燃料作业时,应配备有色防冲击眼镜。

⑰钳工、铆工、通风工的劳动防护用品配备应符合下列规定:

a. 从事使用锉刀、刮刀、錾子、扁铲等工具作业时,应配备紧口工作服和防护眼镜。

b. 从事别凿作业时,应配备手套和防护眼镜;从事搬抬作业时,应配备保护足趾安全鞋和手套。

c. 从事石棉、玻璃棉等含尘毒材料作业时,操作人员应配备防异物工作服、防尘口罩、风帽、风镜和薄膜手套。

⑱筑炉工从事磨砖、切砖作业时,应配备紧口工作服、保护足趾安全鞋、手套和防尘口

罩,宜配备防护眼镜。

⑲电梯安装工、起重机械安装拆卸工从事安装、拆卸和维修作业时,应配备紧口工作服、保护足趾安全鞋和手套。

⑳其他人员的劳动防护用品配备应符合下列规定:

a.从事电钻、砂轮等手持电动工具作业时,应配备绝缘鞋、绝缘手套和防护眼镜。

b.从事蛙式夯实机、振动冲击夯作业时,应配备具有绝缘功能的保护足趾安全鞋、绝缘手套和防噪声耳塞(耳罩)。

c.从事可能飞溅渣屑的机械设备作业时,应配备防护眼镜。

d.从事地下管道检修作业时,应配备防毒面罩、防滑鞋(靴)和工作手套。

2. 活动实践

①实践观察:安全带体验教学。

②实践案例:利用仿真软件或实体进行个人安全防护用品的实践。

| 安全带体验教学 | 工程案例 | 安全体验实训项目 |

项目2 智能设计

【教学目标】了解 BIM 建筑信息模型、建筑深化设计与拆分、绿色建筑的基本概念，掌握建筑施工图、建筑结构施工图的制图规则，掌握建筑信息模型建立原则和方法，掌握装配式构件拆分原则和方式，掌握绿色建筑评价规则；具备建筑施工图、结构施工图识读能力，具备BIM 建筑信息模型建立与深化拆分能力，具备绿色建筑打分与评价的能力；培养学生坚守职业道德、团结协作、精益求精的职业素养。

任务 2.1　标准化设计与绿色建筑

活动 2.1.1　工程图纸识读案例

1. 基本知识交付

可扫描右侧二维码学习。

2. 活动实践

某活动中心的建筑施工识读实例，详见右侧二维码。

基本知识交付

活动实践

活动 2.1.2　绿色建筑标准

1. 基本知识交付

可扫描右侧二维码学习。

2. 活动实践

实践案例：根据工程案例，进行绿色建筑等级评价。

基本知识交付

工程案例

参考答案

任务2.2　装配式建筑构件深化设计

活动2.2.1　数字模型的建立

1. 基本知识交付

可扫描右侧二维码学习。

2. 活动实践

实践案例:根据建筑施工图建立建筑数字模型。

基本知识交付　建筑施工图　参考答案

活动2.2.2　三维预制构件实体配筋深化设计

1. 基本知识交付

可扫描右侧二维码学习。

2. 活动实践

实践案例:根据建筑施工图进行建筑深化设计。

基本知识交付　建筑施工图　参考答案

项目3 智能生产

【教学目标】了解预制构件的工厂制作,掌握预制构件的生产场内运输、运输路线的选择、装卸设备与运输车辆要求、运输方式和运输时的临时拉结杆,掌握预制构件的堆放要求;熟悉预制构件吊装前的准备工作,掌握预制构件的施工现场吊装,了解预制构件节点现浇连接基本知识,掌握制构件节点的钢筋连接施工、预制构件接缝构造连接施工,熟悉预制构件的吊装与连接质量检查与验收;了解钢结构构件的制作,了解钢结构构件的运输与堆放要求,掌握钢结构构件安装与连接,掌握钢结构施工质量与安全检查;建立遵守规则、重视质量和安全的意识。

任务3.1　建筑项目工厂智能化生产

活动3.1.1　钢筋混凝土预制构件生产

1.基本知识交付

一般情况下,预制构件在工厂制作(图3.1)。如果建筑工地距离工厂太远,或通往工地的道路无法通行运送构件大型车辆,也可以在工地制作。

图3.1　PC工厂车间

预制构件制作有不同的工艺,采用何种工艺与构件类型和复杂程度、构件品种及投资者的偏好有关。PC 工厂建设应根据市场需求、主要产品类型、生产规模和投资能力等因素,先确定采用何种生产工艺,再根据选定的生产工艺进行工厂布置与生产。

1)预制构件的生产工艺

(1)制作工艺

预制构件制作工艺有固定方式和流动方式。固定方式是模具布置在固定的位置,包括固定模台工艺、立模工艺和预应力工艺等;流动方式是模具在流水线上移动,也称为流水线工艺,包括手控流水线、半自动流水线和全自动流水线。

下面分别对固定模台工艺、立模工艺、预应力工艺和流水线工艺进行介绍。

①固定模台工艺:固定式生产的主要工艺,也是预制构件制作应用最广的工艺。

固定模台是一个平整度较高的钢结构平台,也可以是高平整度、高强度的水泥基材料平台。固定模台作为 PC 构件的底模,在模台上固定构件侧模,组合成完整的模具,如图 3.2 所示。固定模台也称为底模、平台、台模。

图 3.2 固定模台

固定模台工艺设计主要是根据生产规模,在车间里布置一定数量的固定模台,组模、放置钢筋与预埋件、浇筑振捣混凝土、养护构件和拆模都在固定模台上进行。采用固定模台生产工艺,模具是固定不动的,作业人员和钢筋、混凝土等材料在各个模台间"流动"。绑扎或焊接好的钢筋用起重机送到各个固定模台处,混凝土用送料车或送料吊斗送到模台处,养护蒸汽管道也通到各个模台下。PC 构件就地养护,构件脱模后再用起重机送到存放区。

固定模台工艺可以生产柱、梁、楼板、墙板、楼梯、飘窗、阳台板、转角构件等各式构件。它的最大优势是适用范围广、灵活方便、适应性强、启动资金较少。

有些构件的模具自带底模,如立式浇筑的柱子,在 U 形模具中制作的梁、柱等。自带底模的模具不用固定在固定模台上,其他工艺流程与固定模台工艺一样。

②立模工艺:一种预制构件固定生产方式。立模工艺与固定模台工艺的区别:固定模台工艺构件是"躺着"浇筑的,而立模工艺构件是"立着"浇筑的。

立模有独立立模和组合立模。一个立着浇筑柱子或一个侧立浇筑楼梯板的模具属于独立立模;成组浇筑的墙板模具属于组合立模(图 3.3)。

图 3.3 实心墙板成组立模

组合立模的模板可以在轨道上平行移动,在安放钢筋、套筒、预埋件时,模板移开一定距离,留出足够的作业空间;安放钢筋等结束后,模板移动到墙板宽度所要求的位置,再封堵侧模。

立模工艺适合无装饰面层、无门窗洞口的墙板、清水混凝土柱子和楼梯等。其最大优势是节约用地。立模工艺制作的构件立面没有抹压面,脱模后也不需要翻转。

立模工艺不适合楼板、梁、夹芯保温板、装饰一体化板制作;侧边出筋复杂的剪力墙板也不大适合;柱子也仅限于要求四面光洁的柱子,因为柱立模成本较高。

③预应力工艺:一种预制构件固定生产方式,分为先张法工艺和后张法工艺。

先张法工艺一般用于制作大跨度预应力混凝土楼板、预应力叠合楼板或预应力空心楼板。

先张法工艺是在固定的钢筋张拉台上制作构件(图 3.4)。钢筋张拉台是一个长条平台,两端是钢筋张拉设备和固定端;钢筋张拉后,在长条台上浇筑混凝土,养护达到要求强度后,拆卸边模和肋模;然后卸载钢筋拉力,切割预应力楼板。除钢筋张拉和楼板切割外,其他工艺环节与固定模台工艺接近。

图 3.4 先张法制作预应力楼板

后张法工艺主要用于制作预应力梁或预应力叠合梁,其工艺方法与固定模台工艺接近;构件预留预应力钢筋(或钢绞线)孔,钢筋张拉在构件达到要求强度后进行(图3.5)。后张法工艺只适用于预应力梁、板。

图3.5　后张法制作预应力梁

④流水线工艺:将模台(也称为"移动台模"或"托盘")放置在滚轴或轨道上,使其移动。首先在组模区组模,然后移动到放置钢筋和预埋件的作业区段,进行钢筋和预埋件入模作业;接着,再移动到浇筑振捣平台上进行混凝土浇筑;完成浇筑后,模台下的平台振动,对混凝土进行振捣,再将模台移动到养护窑进行养护;养护结束后出窑,移到脱模区脱模,构件或被吊起,或在翻转台翻转后吊起;最后运送到构件存放区。

流水线工艺适合非预应力叠合楼板、双面空心墙板和无装饰层墙板的制作,有手控、半自动和全自动3种流水线。对于类型单一、出筋不复杂、作业环节不复杂的构件,流水线工艺可达到很高的自动化和智能化水平:自动清扫模具、自动涂刷脱模剂、计算机在模台上画出模具边线和预埋件位置、机械臂安放磁性边模和预埋件、自动化加工钢筋网、自动安放钢筋网、自动布料浇筑振捣、养护窑计算机控制养护温度与湿度、自动脱模翻转、自动回收边模等(图3.6至图3.9)。

图3.6　全自动 PC 流水线

(2)预制构件制作工艺的选择

PC 工厂建设应根据市场定位确定 PC 构件的制作工艺,可选用单一的工艺方式,也可以选用多工艺组合的方式。

图 3.7　PC 流水线计算机在模板上划预埋件位置线

图 3.8　PC 流水线机械手自动放置边模

图 3.9　PC 流水线机械手自动放置预埋件

①固定模台工艺:可以生产各种构件,灵活性强,可以承接各种工程,生产各种构件。

②固定模台工艺+立模工艺:在固定模台工艺的基础上,附加一部分立模区,生产板式构件。

③单流水线工艺:适用性强的单流水线,专业生产标准化的板式构件,如叠合楼板。

④单流水线工艺+部分固定模台工艺:流水线生产板式构件,设置部分固定模台生产复杂构件。

⑤双流水线工艺:布置两条流水线,各自生产不同的产品,都达到较高的效率。

⑥预应力工艺:有预应力楼板需求时设置。当市场量较大时,可以建立专业工厂,不生产别的构件;也可以作为采用其他装配式混凝土结构构件工艺的工厂的附加生产线。

(3)构件生产工艺流程

构件生产工艺主要流程包括生产前准备、模具制作和拼装、钢筋加工及绑扎、饰面材料加工及铺贴、混凝土材料检验及拌和、钢筋骨架入模、预埋件固定、门窗保温材料固定、混凝土浇捣与养护、脱模与起吊及质量检查等(图 3.10)。

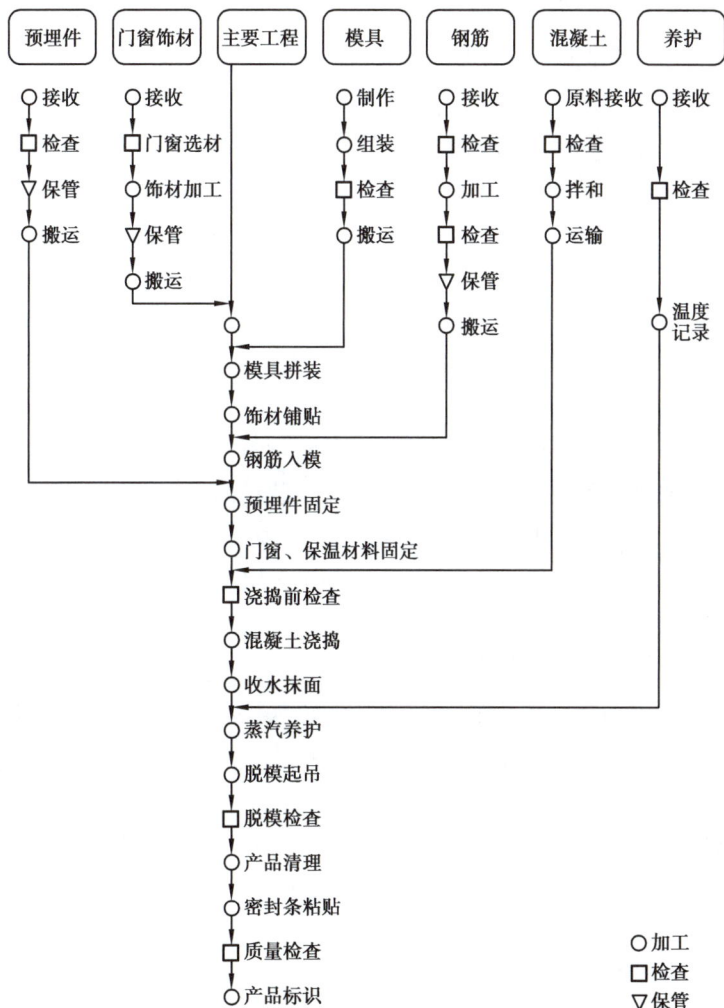

图 3.10　构件生产工艺流程

2)预制构件生产前的准备

(1)原材料入场检验

原材料、半成品和成品进厂时,应对其规格、型号、外观和质量证明文件进行检查;需要进行复检试验的,应在复检结果合格后方可使用。

（2）原材料储存

①水泥存放：

a.水泥要按强度等级和品种分别存放在完好的散装水泥仓内。仓外要挂有标识牌,标明进库日期、品种、强度等级、生产厂家、存放数量。

b.保管日期不能超过90天。

c.存放超过90天的水泥要经重新测定强度合格后,方可按测定值调整配合比后使用。

②钢材存放：

a.钢材存放要放在防雨、干燥环境中。

b.钢材要按品种、规格、分别堆放。

c.每堆钢筋要挂有标识牌、标明进厂日期、型号、规格、生产厂家、数量。

③骨料的存放：

a.骨料存放要按品种、规格分别堆放,每堆要挂有标识牌,标明规格、产地、存放数量。

b.骨料存储应有防混料和防雨措施。

④外加剂存放：

a.外加剂应按不同生产企业、不同品种分别存放,并有防止沉淀等措施。

b.大多数液体外加剂有防冻要求,冬季必须在5 ℃以上环境存放。

c.外加剂存放要挂有标识牌,标明名称、型号、产地、数量、入厂日期。

⑤装饰材料存放：

a.反打石材和瓷砖宜在室内储存。如果在室外储存必须遮盖,周围设置车挡。

b.反打石材一般规格不大,装箱运输存放。无包装箱的大规格板材直立码放时,光面相对倾斜度不应大于15°,底面与层间用无污染的弹性材料支垫。

c.装饰面砖的包装箱可以码垛存放,但不宜超过3层。

⑥其他材料存放：

a.预埋件、套筒、拉结件要存放在防水、干燥环境中。

b.保温材料要存放在防火区域中,存放处配置灭火器,存放时应防水防潮。

c.液体修补材料应存放在避光环境中,室温高于5 ℃;粉状修补材料应存放在防水、干燥的环境中,并应进行遮盖。

（3）安装调试与人员培训

预制构件制作前,应对各种生产机械、设施设备进行安装调试、工况检验和安全检查,确认其符合相关要求。

预制构件制作前,应对相关岗位的人员进行技术操作培训。

（4）编制生产计划

预制构件制作前,应根据确定的施工组织设计文件编制下列生产计划文件:生产工艺及构件生产总体计划,模具方案及模具计划,原材料、构配件进厂计划,构件生产计划,物流管理计划。

3）模具清扫与组装

（1）底模清扫（图 3.11）

驱动装置驱动底模至清理工位,清扫机大件挡板挡住大块的混凝土块,防止大块混凝土进入清理机内部损坏设备。立式旋清电机组对底面进行精细清理,将附着在底板表面的小块混凝土残余清理干净。风刀对底模表面进行最终清理,清洗机底部废料回收箱收集清理的混凝土废渣,并输送到车间外部存放处理。模具清理需要人工进行清理。

图 3.11 底模清扫

（2）模具清理

①用钢丝球或刮板将内腔残留混凝土及其他杂物清理干净,使用压缩空气将模具内腔吹干净,以用手擦拭手上无浮灰为准。

②所有模具拼接处均用刮板清理干净,保证无杂物残留,确保组模时无尺寸偏差。

③清理模具各基准面边缘,有利于抹面时保证厚度要求。

④清理模具工装,保证工装无残留混凝土。

⑤清理模具外腔,并涂油保养。

⑥对于清理下来的混凝土残灰,要及时收集到指定的垃圾桶内。

（3）组模

①组模前,检查清模是否到位;如发现模具清理不干净,不得进行组模。

②组模时,应仔细检查模板是否有损坏、缺件现象,损坏、缺件的模板应及时维修或者更换。

③选择正确型号侧板进行拼装,拼装时不许漏放紧固螺栓或磁盒。在拼接部位要粘贴密封胶条,密封胶条粘贴要平直、无间断、无褶皱,胶条不应在构件转角处搭接。

④各部位螺丝校紧,模具拼接部位不得有间隙,确保模具所有尺寸偏差控制在误差范围以内。

（4）涂刷界面剂

①需涂刷界面剂的模具应在绑扎钢筋笼之前涂刷,严禁界面剂涂刷到钢筋笼上。

②界面剂涂刷之前,必须保证模具干净、无浮灰。

③界面剂涂刷工具为毛刷,严禁使用其他工具。

④涂刷界面剂必须涂刷均匀,严禁有流淌、堆积的现象。涂刷完的模具要求涂刷面水平向上放置,20 min 后方可使用。

⑤涂刷厚度不小于 2 mm，且需涂刷 2 次。2 次涂刷时间的间隔不少于 20 min。

（5）隔离剂

隔离剂可以采用涂刷或者喷涂方式，如图 3.12 所示。

图 3.12　喷隔离剂

涂刷隔离剂应注意以下事项：

①涂刷隔离剂前，检查模具清理是否干净。

②隔离剂必须采用水性隔离剂，且需时刻保证抹布（或海绵）及隔离剂干净无污染。

③用干净抹布蘸取隔离剂，拧至不自然下滴为宜，均匀涂抹在底模和模具内腔，保证无漏涂。

④涂刷隔离剂后的模具表面不准有明显痕迹。

喷涂隔离剂：驱动装置驱动底模至刷隔离剂工位，喷油机的喷油管对底模表面进行隔离剂喷洒；抹光器对底模表面进行扫抹，使隔离剂均匀地涂在底板表面。喷涂机采用高压超细雾化喷嘴，可实现均匀喷涂隔离剂。隔离剂厚度、喷涂范围可以通过调整喷嘴参与作业的数量、喷涂角度及模台运行速度来实现。

（6）自动画线

根据任务需要，用 CAD 绘制需要的实际尺寸图形（包括模板的尺寸及模板在模台上的相对位置），再通过专用图形转换软件，把 CAD 文件转为画线机可识读的文件，用 U 盘或网线直接传送到画线机的主机。画线机械手就可以根据预先编好的程序，完成模板安装及预埋件安装的位置线。作业人员根据此线能准确可靠地安装好模板和预埋件。画线机能自动按要求画出设计所要求的安装位置线，防止人为错误而出现不合格品（图 3.13）。整个画线过程不需要人工干预，全部由机器自动完成，所画线条粗细可调，画线速度可调。在一个模台上，同时生产多个混凝土构件，编程时可以对布局进行优化，提高模台的使用效率。

（7）模具固定

驱动装置将完成画线工序的底模驱动至模具组装工位，模板内表面要手工刷涂界面剂；同时，绑扎完毕的钢筋笼也吊运到此工位，作业人员在模台上进行钢筋笼及模板组模作业，模板在模台上的位置以预先画好的线条为基准进行调整，并进行尺寸校核，确保组模后的位置准确。航车将模具连同钢筋骨架吊运至组模工位，以画线位置为基准控制线安装模具（含

图 3.13　画线

门、窗洞口模具）。模具（含门、窗洞口模具）、钢筋骨架对照画线位置微调整，控制模具组装尺寸。模具与底模紧固，下边模和底模用紧固螺栓连接固定，上边模靠花篮螺栓连接固定，左右侧模和窗口模具采用磁盒固定（图 3.14）。

图 3.14　组模

4）饰面材料及加工与铺贴

（1）饰面材料及加工

①花岗岩饰材。花岗岩具有结构致密、质地坚硬、耐酸碱、耐腐蚀、耐高温、耐摩擦、吸水率小、抗压强度高、耐日照、抗冻融性好、耐久性好（一般耐用年限为 75～200 年）的特点。天然花岗岩色彩丰富，晶格花纹均匀细微，经磨光处理后，光亮如镜，具有华丽高贵的装饰效果。

但是某些花岗石含有微量放射性元素，对人体有害，应避免用于室内。《建筑材料放射性核素限量》（GB 6566—2010）规定，所有石材均应提供放射性物质含量检测证明。

花岗岩饰面板材按其加工方法分为 6 种。

a. 磨光板材（图 3.15）：经过细磨加工和抛光，表面光亮，结晶裸露，表面具有鲜明的色彩和美丽的花纹；多用于室内外墙面、地面、立柱、纪念碑、基碑等处。但是在北方，由于冬季寒冷，若在室外地面采用磨光花岗石极易打滑，因此不太适用。

b. 亚光板材（图 3.16）：表面经过机械加工，平整细腻，能使光线产生漫射现象，有色泽和花纹；常用于室内墙柱面。

图 3.15　磨光板材　　　　　　　　　　　　图 3.16　亚光板材

c.烧毛板材(图3.17):经机械加工成型后,表面用火焰烧蚀,形成不规则粗糙表面,表面呈灰白色,岩体内暴露晶体仍旧闪烁发亮,具有独特装饰效果,多用于外墙面。

d.机刨板材(图3.18):近几年兴起的新工艺,用机械将石材表面加工成有相互平行的刨纹,替代剁斧石;常用于室外地面、石阶、基座、踏步、檐口等处。

图 3.17　烧毛板材　　　　　　　　　　图 3.18　花岗岩机刨板材

e.剁斧板材(图3.19):经人工剁斧加工,使石材表面有规律的条状斧纹;用于室外台阶、纪念碑座。

f.蘑菇石板材(图3.20):将块材四边基本凿平齐,中部石材自然突出一定高度,使材料更具有自然和厚实感;常用于重要建筑外墙基座。

图 3.19　剁斧板材　　　　　　　　　　图 3.20　蘑菇石板材

成品饰面石材的鉴别方法如下：

一观，即肉眼观察石材的表面结构。一般来说，均匀的细料结构的石材具有细腻的质感，为石材之佳品；粗粒及不等粒结构的石材外观效果较差。另外，石材由于地质作用的影响常在其中产生一些细微裂缝，石材最易沿这些部位发生破裂，应注意剔除。缺棱角更会影响美观，选择时尤应注意。

二量，即量石材的尺寸规格，以免影响拼接或造成拼接后的图案、花纹、线条变形，影响装饰效果。

三听，即听石材的敲击声音。一般而言，质量好的石材的敲击声清脆悦耳；相反，若石材内部存在轻微裂隙或因风化导致颗粒间接触变松，则敲击声粗哑。

四试，即用简单的试验方法来检验石材的质量好坏。通常，在石材的背面滴上一小粒墨水，若墨水很快四处分散浸出，即表明石材内部颗粒松动或存在缝隙，石材质量不好；反之，若墨水滴在原地不动，则说明石材质地好。

②陶瓷外墙面砖。陶瓷砖墙地砖是指应用于建筑物室内外墙面及地面的陶瓷饰面材料，具有无毒、无味、易清洁、防潮、耐酸碱腐蚀、无有害气体散发、美观耐用等特点。陶瓷砖墙地砖根据使用部位的不同，大体分为室内墙面砖、室内地砖、室外墙面砖和室外地砖四大类。

外墙面砖装饰性强、坚固耐用、色彩鲜艳、防火、易清洗，并对建筑物有良好的保护作用，故其广泛地应用于大型公用建筑的外墙面、柱面、门窗套等立面装饰，有时也应用于墙面的局部点缀。

a. 外墙面砖的分类。外墙面砖根据表面装饰方法的不同，分为无釉和有釉两种。表面不施釉的称为单色砖；表面施釉的称为彩釉砖；表面既有彩釉、又有凸起的纹饰或图案的，称为立体彩釉砖，亦称为"线砖"；表面施釉并做出花岗岩花纹的面砖，称为仿花岗岩釉面砖。

b. 瓷砖套的制作。预制构件的瓷砖饰面宜采用瓷砖套的方式进行铺贴成型，即瓷砖饰面反打。常见的瓷砖铺设方式是采用水泥砂浆使瓷砖和混凝土表面黏结在一起，但是效率极低且容易出现脱落、间隙不等的现象。

反打工艺铺设瓷砖是指在模具里放置制作好的瓷砖套，待钢筋入模、预埋件固定等工序完成后，在模具内浇筑混凝土。这样混凝土直接与瓷砖内侧接触，黏结强度远高于水泥砂浆（或瓷砖胶黏剂），而且效率高、质量好。

瓷砖套的制作是在固定模具里一次布置若干片瓷砖，可有效保证瓷砖的平整度，排列整齐，间隙均匀。瓷砖套可事先加工好备用，相比常规铺贴方式，无论从质量上还是效率上都具有明显的优势。图3.21、图3.22所示分别为平板式瓷砖套和直角式瓷砖套。

（2）饰面材料铺贴

饰面材料反打工艺是将加工好的饰面材料铺设到模具中，再浇筑混凝土使两者紧密结合。模具拼装后的第一步工序即为饰面材料铺贴。

①石材的铺贴。石材的铺贴包括背面处理、铺设及缝隙处理3道工序。

a. 背面处理：

• 背面处理剂的涂刷。在石材背面上，均匀涂刷背面处理剂，防止泛碱（图3.23）。

图 3.21　平板式瓷砖套　　　　　图 3.22　直角式瓷砖套

• 石材侧面部位的保护。在侧面及背面不应涂刷背面处理剂的部位,应贴胶带进行保护。

• 防止石材脱落,需用卡钩固定(图 3.24)。通常,每平方米石材不应少于 6 个卡钩。卡钩就位后,用背面处理剂填充安装孔。根据石材厂家制作的分割图及固定件平面布置图确定卡钩的使用部位、数量、方向。无法安装卡钩的石材作为不良石材,应重新开孔并进行修补。缝隙末端部位根据卡钩和卡钉的分布图来处理。

• 石材的堆放与搬运。待石材背面处理剂干燥后方可移动,全部竖向堆放。

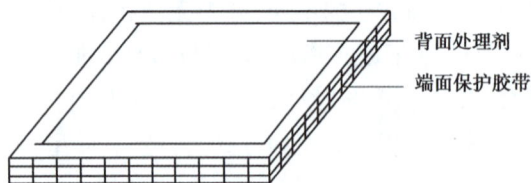

图 3.23　石材背面处理剂　　　　　图 3.24　卡钩与石材连接

b. 铺设。石材铺设示意图如图 3.25 所示。

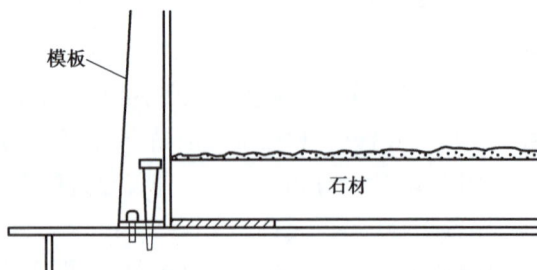

图 3.25　石材铺设示意图

铺设流程如下:

• 石材的布置。根据石材分割图,在指定的位置上确认石材产品编号和 PC 板名,再确认左右方位、固定用埋件的安装状态、石材背面处理状态后铺设。

●定位。为确保指定的缝隙宽度,石材间的缝隙应嵌入硬质橡胶进行定位。为避免石材表面出现段差,底模上所垫的橡胶片要使用统一的厚度。

●防漏胶。缝隙内应嵌入两层泡沫条。

●防止移动。为防止立面部位石材移动,在拼角处用石材黏结剂黏结。立面部位的石材上部用卡钩或不锈钢棒和不锈钢丝等固定。

●防止污染。为防止脱模剂、混凝土等沾污,与模板接触部分的石材侧面应贴保护胶带。

●石材背面间缝隙部位的处理。为增加背面缝隙打胶部位的黏结性,需将石材表面污迹、垃圾清理干净,背面缝隙需用密封胶填充,防止混凝土浆液等流到石材表面。

c.缝隙施工:

●缝隙间嵌入的泡沫材料深度应一致。

●为了封住石材和石材的间隙而使用填充胶,打胶后用铁片压实,如图3.26所示。

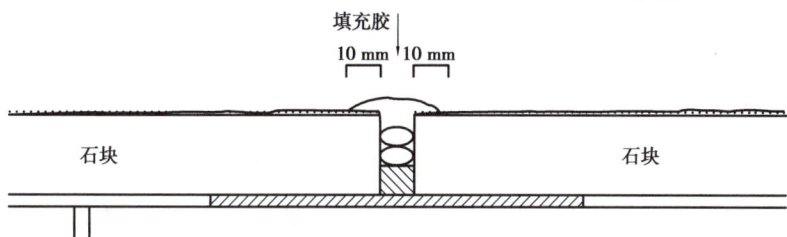

图3.26　石材缝隙的处理

②瓷砖的铺设。入模铺设前,应先将单块面砖根据构件加工图的要求分块制成套件,即瓷砖套。其尺寸应根据构件饰面砖的大小、图案、颜色取一个或若干个单元组成;每块套件的尺寸不宜大于300 mm×600 mm。

a.根据面砖的分割图,在模板底面、侧立面弹墨线。弹线原则:每两组面砖套件为一个单位格子。

b.以弹的墨线为中心,在墨线两侧及模板侧面粘贴双面胶带。

c.根据面砖分割图进行面砖铺设。

d.面砖套件放置完成后,要检查面砖间的缝是否贯通,缝深度是否一致,面砖是否有损坏,有无缺角、掉边等,然后用双面胶带粘贴在模板上(图3.27)。

e.铺设完成后,用钢制铁棒沿接缝将嵌缝条压实(图3.28)。

图3.27　瓷砖套铺贴到模具

图3.28　嵌缝条压实

③造型模饰面。随着住宅产业化的不断发展,装配式建筑对饰面的需求越来越高,造型模饰面预制构件逐渐得以应用。尤其在发达国家,造型模饰面建筑比比皆是,且多极具艺术气息。

图 3.29　饰面混凝土图案

造型模饰面的制作工序与石材铺贴、瓷砖铺贴是一样的,不同的是需在预制构件模具内侧放置定制加工的硅胶模具(或 3D 雕刻),随后浇筑混凝土;待混凝土硬化后揭掉饰面模具,则一幅幅生动的图案即刻呈现出来,如图 3.29 所示。

造型模饰面构件对饰面模具和混凝土的工作性要求极高,如混凝土拌合物应具有良好的填充性、较低的含气量、优异的黏聚性,不能有泌水;饰面模具加工质量也会影响饰面的最终外观。

5)钢筋加工安装及预埋件埋设

（1）钢筋加工及连接

钢筋加工及连接是预制构件重要的前期工作,包括钢筋的配料、切断、弯曲、焊接和绑扎等。传统钢筋加工质量很大程度上依赖于钢筋工人的熟练程度。随着自动化机械的发展,如数控弯箍机、钢筋网片点焊机等,钢筋加工质量和效率均得以大幅提高。其工艺流程如图3.30 所示。

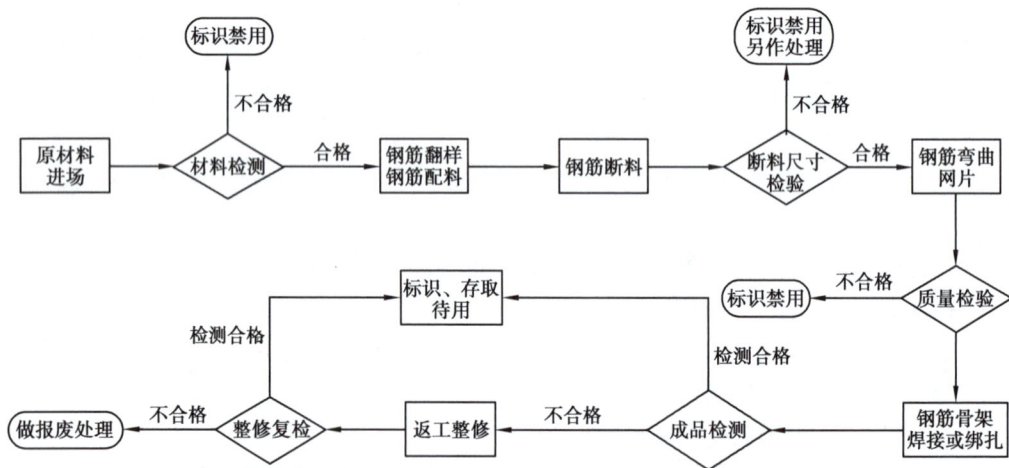

图 3.30　钢筋加工工艺流程

①材料要求:

a.钢筋和点焊钢筋网。钢筋的拉伸、弯曲、公称直径的尺寸、表面质量、质量偏差等项目的检测结果均应满足《钢筋混凝土用钢　第 2 部分:热轧带肋钢筋》(GB 1499.2—2018)、《钢筋混凝土用钢　第 1 部分:热轧光圆钢筋》(GB 1499.1—2017)的相关规定要求。

钢筋点焊钢筋网还应符合《钢筋焊接网混凝土结构技术规程》(JGJ 114—2014)、《冷轧带肋钢筋混凝土结构技术规程》(JGJ 95—2011)的相关规定要求。

b.钢材。预制构件所用到的钢材包括圆钢、方钢、六角钢、八角钢、钢板和其他小型型钢等。所选用的材料应有质量证明书或检验报告,并应按有关标准规定进行复试检验。

相关标准规范有《碳素结构钢》(GB/T 700—2006)、《低合金高强度结构钢》(GB/T 1591—2018)、《型钢验收、包装、标志及质量证明书的一般规定》(GB/T 2101—2017)、《钢及钢产品交货一般技术要求》(GB/T 17505—2016)、《钢筋机械连接技术规程》(JGJ 107—2016)等。

c. 连接用金属件。连接用金属件的性能应满足《混凝土结构设计规范》(GB 50010—2010,2015 年版)、《冷轧带肋钢筋混凝土结构技术规程》(JGJ 95—2011)、《装配式混凝土框架节点与连接设计标准》(T/CECS 43—2021)、《钢结构设计标准》(GB 50017—2017)等有关规定。

②钢筋配料。钢筋配料是根据构件配筋图,先绘出各种形状和规格的单根钢筋简图并加以编号,然后分别计算钢筋下料长度和根数,填写配料单,申请加工。图 3.31 所示为两种不同类型(直条形和波浪形)配料加工后的钢筋。

(a)直条形　　　　　　　　　　　　(b)波浪形

图 3.31　钢筋配料

对钢筋下料长度的计算,目前多数教材和手册采用下式:

钢筋下料长度=外包尺寸-量度差值+端部弯钩增值

直线钢筋下料长度=构件长度-保护层厚度+钢筋弯钩增加长度

弯起钢筋下料长度=直段长度+斜段长度-量度差值+弯钩增加长度

箍筋下料长度=直段长度+弯钩增加长度-量度差值

钢筋弯曲量度差值如表 3.1 所示,钢筋弯钩增加长度如表 3.2 所示。

表 3.1　钢筋弯曲量度差值调整值

钢筋弯曲角度	30°	45°	60°	90°	135°
量度差值	0.3d	0.5d	d	2d	3d

注:d 为钢筋直径。

表 3.2　钢筋弯钩增加长度

钢筋弯钩角度	90°	135°	180°
钢筋弯钩增加长度	0.3d+5d	0.7d+10d	4.25d

注:d 为钢筋直径。90°为无抗震要求箍筋弯钩增加长度,135°为抗震要求箍筋弯钩增加长度。

③钢筋调直：

a. 采用钢筋调直机调直冷拔钢丝和细钢筋时，要根据钢筋的直径选用调直模和传送压辊，并正确掌握调直模的偏移量和压辊的压紧程度。

b. 根据其磨耗程度及钢筋品种通过试验确定调直模的偏移量；调直筒两端的调直模一定要在调直前后导孔的轴心线上，这是钢筋能否调直的一个关键。

c. 压辊的槽宽。一般在钢筋穿入压辊之后，在上下压辊间宜有 3 mm 以内的间隙。压辊的压紧程度，要做到既保证钢筋能顺利地被牵引前进，看不出钢筋有明显的转动，在被切断的瞬时钢筋和压辊间又能允许发生打滑。

采用冷拉方法调直钢筋时，HPB300 级钢筋的冷拉率不宜大于 4%，HRB335 级、HRB400 级及 RRB400 级钢筋冷拉率不宜大于 1%。

④切断。钢筋经过除锈、调直后，可按钢筋的下料长度进行切断。钢筋切断应保证钢筋的规格、尺寸和形状符合设计要求，且要合理并应尽量减少钢筋的损耗。

剪切后保证成型钢材平直，不得有毛搓；剪切后的半成品料要按照型号整齐摆放到指定位置；剪切后的半成品料要进行自检，如超过误差标准严禁放到料架上。如质检员检查料架上有尺寸超差的半成品料，要对钢筋班组相关责任人进行处罚。

⑤弯曲。弯曲成形是将已经调直、切断、配置好的钢筋按照配料表中的简图和尺寸加工成规定的形状。其加工顺序是先画线，再试弯，最后弯曲成形。弯曲方式可分为机械半自动弯曲和全自动弯曲机，后者无论从加工效率和精度方面均大幅优于前者。

⑥钢筋连接。钢筋接头连接方式有人工焊接、绑扎、点焊网片等。绑扎连接由于需要较长的搭接长度，浪费钢筋，且连接不可靠，故宜限制使用；人工焊接效率较低，优点在于灵活方便，可作为自动化焊接的辅助；钢筋网片焊接点由编程控制，可有效保证焊接的数量与质量。

⑦钢筋套丝加工。钢筋套丝加工要求如下：

a. 对端部不直的钢筋要预先调直，按规程要求，切口的端面应与轴线垂直，不得有马蹄形或挠曲。因此，刀片式切断机和氧气吹割都无法满足加工精度要求，通常只有采用砂轮切割机按配料长度逐根进行切割。

b. 加工丝头时，应采用水溶性切削液。当气温低于 0 ℃时，应掺入 15% ~ 20% 亚硝酸钠。严禁用机油作为切削液或不加切削液加工丝头。

c. 操作工人应按表 3.3 的要求检查丝头的加工质量，每加工 10 个丝头用通、止环规检查一次。钢筋丝头质量检验的方法及要求应满足表 3.3 的规定。

表 3.3　钢筋套丝加工允许偏差

序号	检验项目	量具名称	检验要求
1	螺纹牙型	目测、卡尺	牙形完整，螺纹大径低于中径的不完整丝扣累计长度不得超过两螺纹周长
2	丝头长度	卡尺、专用量规	拧紧后，钢筋在套筒外露丝扣长度应大于 0 扣，且不超过 1 扣
3	螺纹直径	螺纹环规	检查工件时，合格的工件应能通过通端而不能通过止端，即螺纹完全旋入环通规；而旋入环止规不超过 3P，即判定螺纹尺寸合格

注：P 为螺纹螺距，单位为 mm。

d.连接钢筋时,钢筋规格和套筒的规格必须一致,钢筋和套筒的丝扣应干净、完好无损。

e.采用预埋接头时,连接套筒的位置、规格和数量应符合设计要求。带连接套筒的钢筋应固定牢靠,连接套筒的外露端应有保护盖。

f.滚压直螺纹接头应使用管钳和力矩扳手进行施工,将两个钢筋丝头在套筒中间位置相互顶紧,接头拧紧力矩应符合表3.4的规定。力矩扳手的精度为±5%。

g.经拧紧后的滚压直螺纹接头应随手刷上红漆作为标识,单边外露丝扣长度不应超过1扣。

表 3.4　直螺纹接头安装的最小拧紧扭矩值

钢筋直径/mm	≤16	18～20	22～25	28～32	36～40
拧紧扭矩/(N·m)	100	200	260	320	360

h.根据抗拉强度以及高应力和大变形条件下反复拉压性能的差异,接头应分为3个接头等级:

● Ⅰ级接头:接头抗拉强度不小于被连接钢筋的实际抗拉强度或1.1倍钢筋抗拉强度标准值并具有高延性及反复拉压性能。

● Ⅱ级接头:接头抗拉强度不小于被连接钢筋抗拉强度标准值,并具有高延性及反复拉压性能。

● Ⅲ级接头:接头抗拉强度不小于被连接钢筋屈服强度标准值的1.35倍,并具有一定的延性及反复拉压性能。

(2)钢筋骨架制作

钢筋骨架制作应符合下列要求:

①绑扎或焊接钢筋骨架前,应仔细核对钢筋下料尺寸及设计图纸。

②保证所有水平分布筋、箍筋及纵筋保护层厚度、外露纵筋和箍筋的尺寸、箍筋、水平分布筋和纵向钢筋的间距。

③边缘构件范围内的纵向钢筋依次穿过的箍筋,从上往下要与主筋垂直,箍筋转角与主筋交点处采用兜扣法全数绑扎。主筋与箍筋非转角的相交点呈梅花式交错绑扎,绑丝要相互呈"八"字形绑扎。绑丝接头应伸向柱中,箍筋135°弯钩水平平直部分满足 10 d 要求。最后绑扎拉筋,拉筋应钩住主筋。箍筋弯钩叠合处沿柱子竖筋交错布置,并绑扎牢固。边缘构件底部箍筋与纵向钢筋绑扎间距按要求加密,如图 3.32 所示。

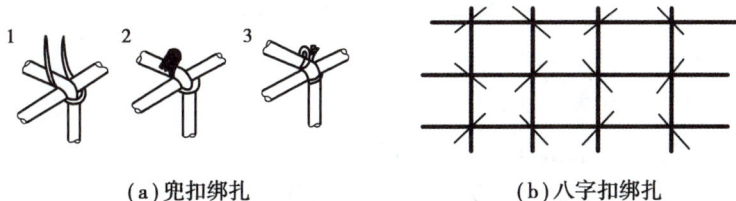

(a)兜扣绑扎　　　　　　　　(b)八字扣绑扎

图 3.32　兜扣绑扎和八字扣绑扎

④竖向分布钢筋按规定进行绑扎。墙体水平分布筋、纵向分布筋的每个绑扎点采用两根绑丝,剪力墙身拉筋要求按照双向拉筋与梅花双向拉筋布置(图3.33),参见《混凝土结构施工

图平面整体表示方法制图规则和构造详图(现浇混凝土框架、剪力墙、梁、板)》(16G101—1)。

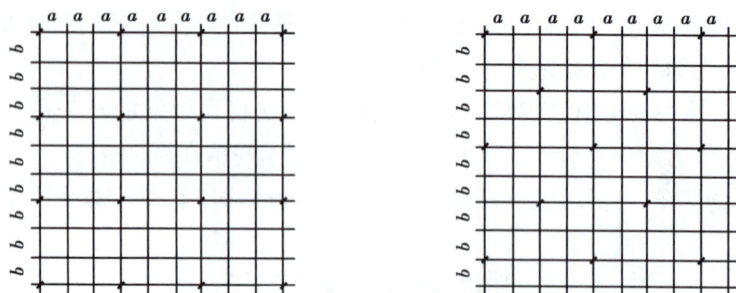

(a)拉筋@3a3b双向（a≤200、b≤200）　　(b)拉筋@4a4b梅花双向（a≤150、b≤150）

图 3.33　双向拉筋与梅花双向拉筋布置

⑤电器盒预埋位置下部需预留线路连接槽口,此处墙板钢筋做法如图 3.34 所示。

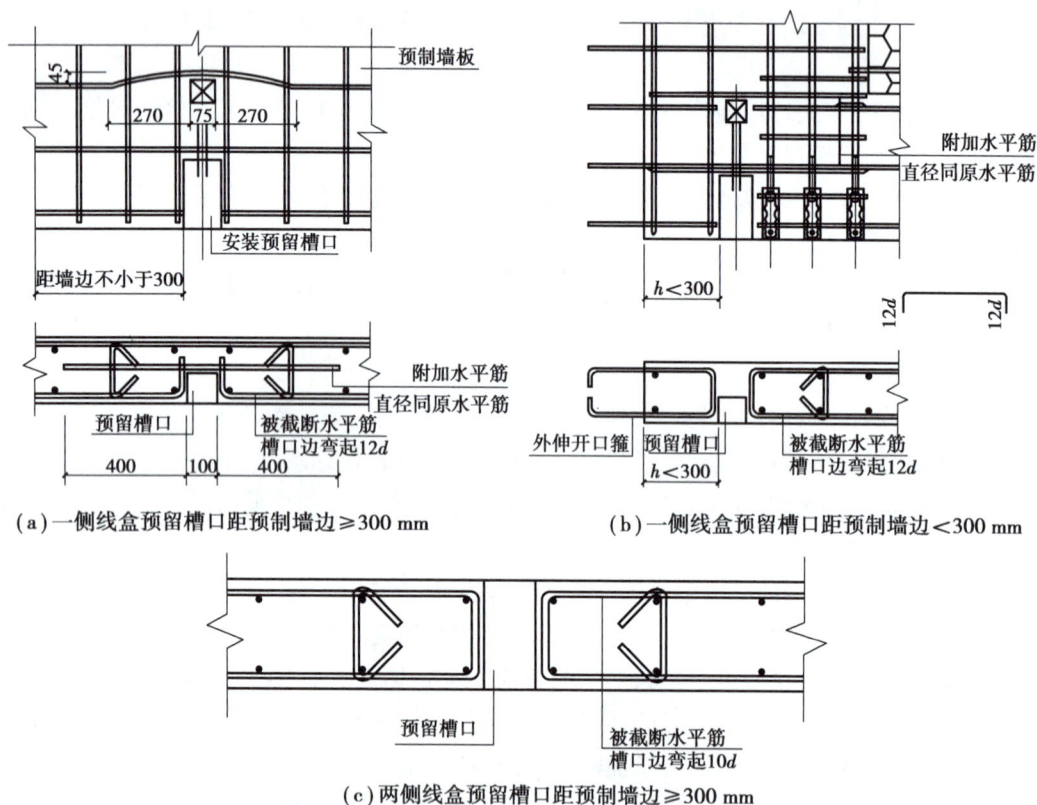

(a)一侧线盒预留槽口距预制墙边≥300 mm　　(b)一侧线盒预留槽口距预制墙边<300 mm

(c)两侧线盒预留槽口距预制墙边≥300 mm

图 3.34　电器盒预留槽口钢筋做法(单位:mm)

⑥绑扎板筋时,一般用顺扣或八字扣,钢筋每个交叉点均要绑扎,且绑扎牢固不得松扣。叠合板吊环要穿过桁架钢筋,绑扎在指定位置。

⑦叠合板中,不大于 300 mm 的洞口钢筋构造如图 3.35 所示。

⑧楼梯段绑扎要保证主筋、分布筋之间钢筋间距及保护层厚度。先绑扎主筋后绑扎分布筋,每个交点均应绑扎。如有楼梯梁钢筋时,先绑扎梁钢筋后绑扎板钢筋,板钢筋要锚固到梁内,底板钢筋绑扎完,再绑扎梯板负筋。

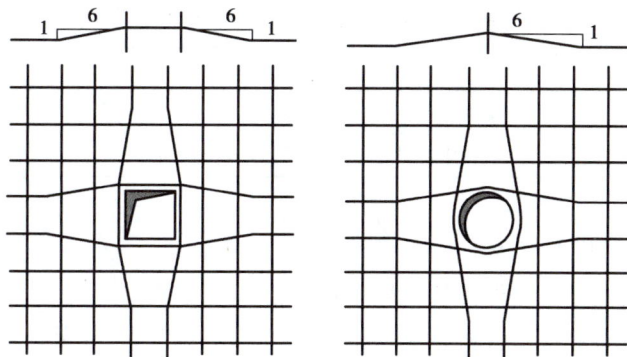

图 3.35　矩形洞或圆形洞≤300 mm 时钢筋构造

⑨所有预制构件吊环埋入混凝土的深度不应小于30d(d 为吊环钢筋或圆钢的直径)。

⑩钢筋骨架制作偏差应满足表3.5 的要求。

表3.5　钢筋网或钢筋骨架尺寸和安装位置偏差

项次	检验项目及内容		允许偏差/mm	检验方法
1	绑扎钢筋网片	长、宽	±5	尺量
		网眼尺寸	±10	尺量连续三挡,取偏差最大值
2	焊接钢筋网片	长、宽	±5	尺量
		网眼尺寸	±10	尺量连续三挡,取偏差最大值
		对角线差	5	尺量
		端头不齐	5	
3	钢筋骨架	长	±10	尺量
		宽	±5	
		厚	0,−5	
		主筋间距	±10	尺量两端、中间各一点取偏差最大值
		排距	±5	
		箍筋间距	±10	
		钢筋弯起点位置	±20	尺量
		端头不齐	5	
4	保护层厚度	柱、梁	±5	尺量
		板、墙板	±3	

(3)保温板半成品加工

保温板半成品加工应符合下列要求:

①保温板切割应按照构件的外形尺寸、特点,合理、精准地下料。

②所有通过保温板的预留孔洞均要在挤塑板加工时,留出相应的预留孔位。

③保温板半成品加工应满足表3.6 的规定。

表 3.6　保温板半成品加工尺寸要求

项目	尺寸要求	检查方法
保温板拼块尺寸	±2mm	钢尺测量
预留孔洞尺寸	中心线±3mm,孔洞大小 0～5mm	钢尺测量

（4）钢筋网片、骨架入模及埋件安装

钢筋网片、骨架入模及埋件安装应符合下列要求：

①钢筋网片、骨架经检查合格后,吊入模具并调整好位置,垫好保护层垫块。

②检查外露钢筋尺寸和位置。

③安装钢筋连接套筒和进出浆管,并用固定装置将套筒固定模具上。

④用工装保证预埋件及电器盒位置,将工装固定在模具上。

（5）预埋件安装

图 3.36　预埋件安装

驱动装置将完成模具组装工序的底模驱动至预埋件安装工位。按照图纸的要求,将连接套筒固定在模板及钢筋笼上;利用磁性底座将套筒软管固定在模台表面;将简易工装连同预埋件(主要指斜支撑固定埋件、固定现浇混凝土模板埋件)安装在模具上,利用磁性底座将预埋件与底模固定并安装锚筋,完成后拆除简易工装;安装水电盒、穿线管、门窗口防腐木块等预埋件,如图 3.36 所示。固定在模具上的套筒、螺栓、预埋件和预留孔洞应按构件模板图进行配置,且应安装牢固,不得遗漏,允许偏差及检验方法应满足表 3.7 的规定。

表 3.7　预留孔洞和预埋件允许偏差及检验方法

检验项目		允许偏差/mm	检验方法
钢筋连接套筒	中心线位置	±2	尺量
	安装垂直度	3	拉水平线、竖直线测量两端差值
	套筒注入、排出口的堵塞		目视
插筋	中心线位置	±5	尺量
	外露长度	+10,0	
螺栓	中心线位置	±2	
	外露长度	+10,-5	
预埋钢板	中心线位置	±3	
预留孔洞	中心线位置	±3	
	尺寸	+10,0	
连接件	中心线位置	±3	
其他需要先安装的部件	安装状况:种类、数量、位置、固定状况		与构件制作图对照,目视

注:钢筋连接套筒除应满足表中指标外,尚应符合套筒厂家规定的允许误差值。

6)门窗与保温材料固定

（1）门窗固定

①门窗框应有产品合格证或出厂检验报告,明确其品种、规格、生产单位等。门窗框质量应符合现行有关标准的规定。

②门窗框的品种、规格、尺寸、性能和开启方向、型材壁厚和连接方式等应符合设计要求。

③门窗框应直接安装在墙板构件的模具中,如图 3.37 所示。门窗框安装的位置应符合设计要求。生产时,应在模具体系上设置限位框或限位件进行固定。

④门窗框在构件制作、驳运、堆放、安装过程中,应进行包裹或遮挡,避免污染、划伤和损坏门窗框。

（2）预制夹心保温外墙板固定

①构造。夹心外墙板由内外叶墙板、夹心保温层、连接件及饰面层组成,如图 3.38、表 3.8 所示。

图 3.37　窗框预埋

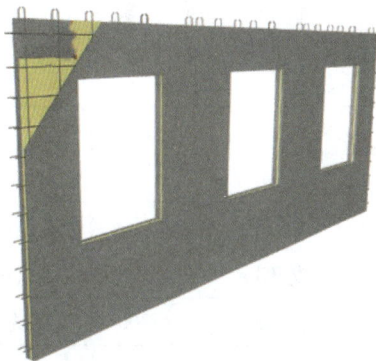

图 3.38　夹心外墙板

表 3.8　夹心外墙板基本构造

基本构造					构造示意图
①内叶墙板	②夹心保温层	③外叶墙板	④连接件	⑤饰面层	
钢筋混凝土	保温材料	钢筋混凝土	a. FRP 连接件 b. 不锈钢连接件	a. 腻子+涂料 b. 饰面砖、石材 c. 无饰面（清水混凝土）	

②连接材料。连接件是保证预制夹心保温外墙板内、外叶墙板可靠连接的重要部件。

纤维增强塑料(FRP)连接件和不锈钢连接件是目前应用最普遍的两种连接件。

a.纤维增强塑料(FRP)连接件由连接板(杆)和套环组成,宜采用单向粗纱与多向纤维布复合,采用拉挤成型工艺制作。为保证纤维增强塑料(FRP)连接件具有良好的力学性能,且便于安装和可靠锚固,宜设计成不规则形状、端部带有锚固槽口的形式。由于纤维增强塑料(FRP)连接件长期处于混凝土碱环境中,其抗拉强度将有所降低,因此其抗拉强度设计值应考虑折减系数(可取2.0)。其性能指标应符合表3.9的要求。

表3.9 纤维增强塑料(FRP)连接件性能指标

项目	指标要求	试验方法
拉伸强度/MPa	≥700	《纤维增强塑料拉伸性能试验方法》(GB/T 1447—2005)
拉伸弹模/GPa	≥42	《纤维增强塑料拉伸性能试验方法》(GB/T 1447—2005)
层间抗剪强度/MPa	≥40	《纤维增强塑料短梁法测定层间剪切强度》(JC/T 773—2010)
纤维体积含量/%	≥40	《碳纤维增强塑料孔隙含量和纤维体积含量试验方法》(GB/T 3365—2008)

b.不锈钢连接件性能指标应符合表3.10的要求。

表3.10 不锈钢连接件性能指标表

项目	指标要求	试验方法
屈服强度/MPa	≥380	《金属材料拉伸试验 第1部分:室温试验方法》(GB/T 228.1—2021)
拉伸强度/MPa	≥500	《金属材料拉伸试验 第1部分:室温试验方法》(GB/T 228.1—2021)
拉伸弹模/GPa	≥190	《金属材料拉伸试验 第1部分:室温试验方法》(GB/T 228.1—2021)
抗剪强度/MPa	≥300	《金属材料线材和铆钉剪切试验方法标准》(GB/T 6400—2007)

7)混凝土材料及制备、浇筑、抹面与养护

(1)混凝土配合比设计

混凝土配合比设计是根据设计要求的强度等级确定各组成材料数量之间的比例关系,即确定水泥、水、砂、石、外加剂、混合料之间的比例关系,使得到的强度满足设计要求。

①配制强度。PC工厂实际生产时用的混凝土配制强度应大于设计强度,因为要考虑配制和制作环节的不稳定因素。根据《普通混凝土配合比设计规程》(JGJ 55—2011),混凝土配制强度应符合按下列规定:

a.当混凝土设计强度小于C60时,配制强度应按下式确定:

$$f_{cu,o} \geq f_{cu,k} + 1.645\sigma \tag{3.1}$$

式中 $f_{cu,o}$——混凝土配制强度,MPa;

$f_{cu,k}$——混凝土立方体抗压强度标准值,MPa,取混凝土的设计强度等级值;

σ——混凝土强度标准差,MPa。

b.当混凝土的设计强度不小于C60时,配制强度应按下式确定:

$$f_{cu,o} \geq 1.15 f_{cu,k} \tag{3.2}$$

c.混凝土强度标准差 σ 应根据同类混凝土统计资料计算确定,其计算公式如下:

$$\sigma = \sqrt{\dfrac{\sum\limits_{i=1}^{n} f_{cu,i}^2 - n m_{f_{cu}}^2 i}{n-1}} \tag{3.3}$$

式中　$f_{cu,i}$——统计周期内,同一品种混凝土第 i 组试件的强度值,MPa;

　　　$m_{f_{cu}}$——统计周期内,同一品种混凝土 n 组试件的强度平均值,MPa;

　　　n——统计周期内,同品种混凝土试件的总组数。

当具有 1~3 个月的同一品种、同一强度等级混凝土的强度资料,且试件组数不小于 30 时,混凝土强度标准差 σ 应按式(3.3)进行计算。

对于强度等级不大于 C30 的混凝土,当混凝土强度标准差计算值不小于 3.0 MPa 时,应按混凝土强度标准差计算公式计算结果取值;当混凝土强度标准差计算小于 3.0 MPa 时,应取 3.0 MPa。

对于强度等级大于 C30 且小于 C60 的混凝土,当混凝土强度标准差计算值不小于 4.0 MPa 时,应按混凝土强度标准差计算公式计算结果取值;当混凝土强度标准差计算值小于 4.0 MPa 时,应取 4.0 MPa。

当没有近期的同一品种、同一强度等级混凝土强度资料时,其混凝土强度标准差 σ 可按表 3.11 取值。

表 3.11　混凝土强度标准差取值

混凝土强度等级	≤C20	C25 ~ C45	C50 ~ C55
σ/MPa	4.0	5.0	6.0

②配制强度的调整。当设计提出超出普通混凝土的要求,如清水混凝土、彩色混凝土等,由此导致骨料发生变化或工厂混凝土主要原材料来源发生变化,都需要重新进行配合比试验,获得可靠结果后方可以投入使用。

③其他配制强度。PC 结构混凝土的配制强度是抗压强度,用于 PC 装饰表面的装饰混凝土的配制强度也是抗压强度,但超高性能混凝土和 GRC 一般用作薄壁构件,其配制强度应是抗弯强度。

（2）混凝土搅拌

混凝土搅拌作业须做到以下两点:

①控制节奏。预制混凝土作业不像现浇混凝土那样是整体浇筑,而是一个一个构件浇筑。每个构件的混凝土强度等级可能不一样,混凝土量不一样,前道工序完成的节奏也有差异。因此,预制混凝土搅拌作业必须控制节奏。

搅拌混凝土的强度等级、时机与混凝土数量必须与已经完成前道工序的构件需求一致,既要避免搅拌量过剩或搅拌后等待入模时间过长,又要尽可能提高搅拌效率。

对于全自动生产线,计算机会自动调节控制节奏;对于半自动和人工控制生产线、固定模台工艺,混凝土搅拌节奏靠人工控制,需要严密的计划和作业时的互动。

②原材料符合质量要求;严格按照配合比设计投料,计量准确;搅拌时间充分。

（3）混凝土运送

如果流水线混凝土浇筑振捣平台设在搅拌站出料口位置，混凝土直接出料给布料机，没有混凝土运送环节；如果流水线混凝土浇筑振捣平台与出料口有一定距离，或采用固定模台生产工艺，则需要考虑混凝土运送。

PC 工厂常用的混凝土运输方式有自动鱼雷罐运输、起重机—料斗运输、叉车料斗运输。PC 工厂超负荷生产时，厂内搅拌站无法满足生产需要，可能会在工厂外的搅拌站采购商品混凝土，采用搅拌罐车运输。

自动鱼雷罐（图 3.39）用于搅拌站到构件生产线布料机之间运输，运输效率高，适合浇筑混凝土连续作业。采用自动鱼雷罐运输时，搅拌站与生产线布料位置距离不能过长，宜控制在 150 m 以内，且最好是直线运输。

车间内起重机或叉车加上料斗运输混凝土，适用于生产各种 PC 构件，运输卸料方便（图 3.40）。

图 3.39　自动鱼雷罐

图 3.40　叉车配合料斗运输

混凝土运送须做到以下 4 点：

①运送能力与搅拌混凝土的节奏匹配。

②运送路径通畅，应尽可能短运送时间。

③运送混凝土容器每次出料后必须清洗干净，不能有残留混凝土。

④当运送路径有露天段时，雨雪天气运送混凝土的叉车或料斗应进行遮盖（图 3.41）。

图 3.41　叉车运送混凝土防雨遮盖

（4）混凝土入模

①喂料斗半自动入模：人工通过操作布料机前后左右移动来完成混凝土的浇筑，混凝土浇筑量通过人工计算或者经验来控制，这是目前国内流水线上最常用的浇筑入模方式（图3.42）。

②料斗人工入模：人工通过控制起重机前后来移动料斗完成混凝土浇筑，适用于异形构件及固定模台的生产线上，且浇筑点、浇筑时间不固定，浇筑量完全通过人工控制，其优点是机动灵活、造价低（图3.43）。

图3.42 喂料斗半自动入模

图3.43 料斗人工入模

③智能化入模：布料机根据计算机传送过来的信息，自动识别图样以及模具，从而自动完成布料机的移动和布料，工人通过观察布料机上显示的数据，以此来判断布料机的混凝土量，随时补充（图3.44）。混凝土浇筑遇到窗洞口自动关闭卸料口，防止混凝土误浇筑。

图3.44 智能化入模

混凝土无论采用何种入模方式，浇筑时应符合下列要求：

a.混凝土浇筑前，应做好混凝土的检查，检查内容包括混凝土坍落度、温度、含气量等，并拍照存档，如图3.45所示。

图3.45 混凝土浇筑前检查

b. 浇筑混凝土应均匀连续,从模具一端开始。

c. 投料高度不宜超过 500 mm。

d. 浇筑过程中,应有效控制混凝土的均匀性、密实性和整体性。

e. 混凝土浇筑应在混凝土初凝前全部完成。

f. 混凝土应边浇筑边振捣。

g. 冬季混凝土入模温度不应低于 5 ℃。

h. 混凝土浇筑前,应制作同条件养护试块等。

（5）混凝土振捣

①固定模台振动棒振捣。预制构件混凝土振捣与现浇不同,由于套管、预埋件多,普通振动棒可能不适用,应选用超细振动棒或手提式振动棒（图 3.46）。

振动棒振捣混凝土应符合下列规定:

a. 应按分层浇筑厚度分别振捣,振动棒前端应插入前一层混凝土中,插入深度不小于 50 mm。

b. 振动棒应垂直于混凝土表面并快插慢拔,均匀振捣;当混凝土表面无明显塌陷、有水泥浆出现、不再冒气泡时,应结束该部位振捣。

c. 振动棒与模板的距离不应大于振动棒作用半径的一半;振捣插点间距不应大于振动棒作用半径的 1.4 倍。

d. 钢筋密集区、预埋件及套筒部位应选用小型振动棒振捣,并加密振捣点,延长振捣时间。

e. 反打石材、瓷砖等墙板振捣时,应注意防止振动损伤石材或瓷砖。

②固定模台附着式振动器振捣。固定模台生产板类构件,如叠合楼板、阳台板等薄壁性构件可选用附着式振动器（图 3.47）。

图 3.46　手提式振动棒

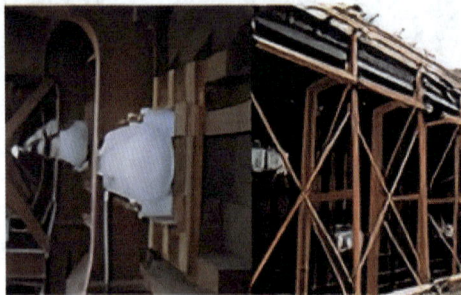

图 3.47　附着式振动器

附着式振动器振捣混凝土应符合下列规定:

a. 振动器与模板紧密连接,设置间距通过试验来确定。

b. 模台上使用多台附着式振动器时,应使各振动器的频率一致,并应交错设置在相对面的模台上。

③固定模台平板振动器振捣。平板振动器适用于墙板生产内表面找平振动,或者局部辅助振捣。

④流水线振动台振捣。流水线振动台（图 3.48）通过水平和垂直振动从而达到混凝土

的密实。欧洲柔性振动台可以上下、左右、前后 360°方向运动,从而保证混凝土密实,且噪声控制在 75 dB 以内。

(6)浇筑表面处理

①压光面。混凝土浇筑振捣完成后、混凝土终凝前,应当先采用木质抹子对混凝土表面砂光、砂平,然后用铁抹子压光直至压光表面。

②粗糙面。需要粗糙面可采用拉毛工具拉毛,或者使用露骨料剂喷涂等方式来形成粗糙面。图 3.49 所示为在预应力叠合板浇筑表面做粗糙面。

图 3.48　欧洲流水线 360°振动台　　　　图 3.49　预应力叠合板浇筑面表面

③键槽。需要在浇筑面预留键槽,应在混凝土浇筑后用内模或工具压制成型。

④抹角。浇筑面边角做成 45°抹角,如叠合板上部边角,或用内模成型,或由人工抹成。

(7)夹芯保温构件浇筑

①拉结件埋置。夹芯保温构件浇筑混凝土时,需要考虑连接件的埋置。

a.插入方式。在外叶板混凝土初凝前及时插入拉结件,防止混凝土开始凝结后拉结件插不进去,或虽然插入但混凝土握裹不住拉结件。

b.预埋式。在混凝土浇筑前,将拉结件安装绑扎完成,浇筑好混凝土后严禁扰动连接件。

②保温板铺设与内叶板浇筑。保温板铺设与内叶板浇筑有两种做法:

a.一次作业法。即在外叶板插入拉结件后,随即铺设保温材料,放置内叶板钢筋、预埋件,进行隐蔽工程检查,赶在外叶板初凝前浇筑内叶板混凝土。这种做法一气呵成,效率较高,但容易对拉结件形成扰动,特别是内叶板安装钢筋、预埋件、隐蔽工程验收等环节需要较多时间时。如果在外叶板开始初凝时造成扰动,会严重影响拉结件的锚固效果,形成安全隐患。

b.两次作业法。在外叶板完全凝固并经过养护达到一定强度后,再铺设保温材料,浇筑内叶板混凝土。一般是在第二天进行。

③保温层铺设:

a.保温层铺设应从四周开始向中间铺设。

b.应尽可能采用大块保温板铺设,减少拼接缝带来的热桥。

c.拉结件处应钻孔插入。

d.对于接缝或留孔的空隙,应用聚氨酯发泡进行填充。

（8）养护

预制混凝土构件一般采用蒸汽（或加温）养护，蒸汽（或加温）养护可以缩短养护时间，快速脱模，提高效率，减少模具和生产设施的投入。

蒸汽养护的基本要求如下：

①采用蒸汽养护时，应分为静养、升温、恒温和降温4个阶段（图3.50）。

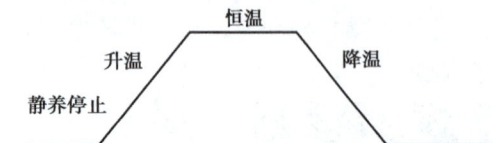

图3.50　蒸汽养护过程曲线图

②根据外界温度，静养时间一般为2~3 h。

③升温速度宜为10~20 ℃，降温速度不宜超过每小时10 ℃。

④柱、梁等较厚的预制构件养护最高温度宜控制在40 ℃，楼板、墙板等较薄的构件养护温度应控制在60 ℃以下，持续时间不小于4 h。

⑤当构件表面温度与外界温差不大于20 ℃时，方可撤除养护措施后脱模。

a.固定台模和立模工艺养护。固定模台与立模采用在工作台直接养护的方式。蒸汽通到模台下，将构件用苫布或移动式养护棚铺盖，在覆盖罩内通蒸汽进行养护，如图3.51所示。固定模台养护应设置全自动温度控制系统，通过调节供气量自动调节每个养护点的升温降温速度和保持温度。

b.流水线集中养护。流水线采用养护窑集中养护，养护窑内有散热器或者暖风炉进行加温，采用全自动温度控制系统，如图3.52所示。养护窑养护要避免构件出入窑时窑内外温差过大。

图3.51　工作台直接蒸汽养护

图3.52　养护窑集中养护

8）脱模与起吊

（1）拆模

码垛机将完成养护的构件连同底模从养护窑里取出，并送入拆模工位，用专用工具松开模板紧固螺栓、磁盒等，利用起重机完成模板输送，并对边模和门窗口模板进行清洁（图3.53）。

拆模控制要点如下：

①拆模之前，应做同条件试块的抗压试验，试验结果达到20 MPa以上方可拆模。

②用电动扳手拆卸侧模的紧固螺栓，打开磁盒磁性开关后将磁盒拆卸，确保都拆卸完全

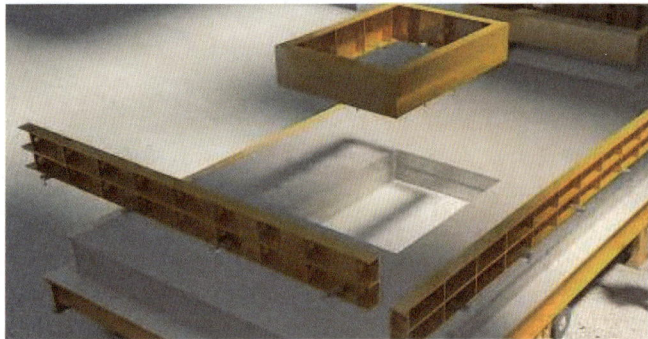

图 3.53　拆模

后将边模平行向外移出,防止边模在此过程中变形。

③将拆下的边模由两人抬起轻放到边模清扫区,并送至钢筋骨架绑扎区域。

④拆卸下来的所有工装、螺栓、各种零件等必须放到指定位置。

⑤模具拆卸完毕后,将底模周围的卫生打扫干净。

(2)脱模

脱模应注意以下问题:

①在混凝土达到 20 MPa 后方可脱模。

②起吊之前,检查吊具及钢丝绳是否存在安全隐患,如有问题不允许使用,及时上报。

③检查吊点、吊耳及起吊用的工装等是否存在安全隐患(尤其是焊接位置是否存在裂缝)。吊耳工装上的螺栓要拧紧。

④检查完毕后,将吊具与构件吊环连接固定,起吊指挥人员要与吊车配合好,保证构件平稳,不允许发生磕碰。

⑤起吊后的构件放到指定的构件冲洗区域,下方垫 300 mm×300 mm 木方,保证构件平稳,不允许磕碰。

⑥起吊工具、工装、钢丝绳等使用过后要存放到指定位置,妥善保管,不允许丢失,出现丢失情况由起吊班组自行承担。

(3)翻转、起吊

驱动装置驱动预制构件连同底模至翻转工位,底模平稳后液压缸将底模缓慢顶起,最后通过航车将构件运至成品运输小车,如图 3.54、图 3.55 所示。

图 3.54　翻转

图 3.55　起吊

9)产品清理

(1)石材构件的清理

表面铺贴石材的预制构件成品清理步骤如下:

①埋件的清扫。临时放置的产品,埋件上的混凝土浆要用刷子等工具去除。

②翻转。浇捣面的检查及清扫作业结束之后,迅速用翻转机或脱模用埋件、吊钩等工具进行翻转,饰面要向上。

③石材表面清洗。要去除石块间缝隙部位的封条及胶带。石块表面要进行清洗,清洗时用刷子水洗,在平放状态下进行工作(图3.56)。

图 3.56　石材表面清洗

④石材表面检查:

a.用目测确认石间缝隙的贯通情况;

b.确认石材的裂纹、开裂、掉角情况;

c.对于有开裂、裂纹、掉角的石材,要根据石材修补方法及时修补。

⑤打胶:

a.基层处理。基层处理时,把油污、污迹、垃圾等去除并擦拭之后再用溶剂进行清洗。步骤如下:泡沫材料的填充;粘贴养护胶带时,应防止胶带嵌入;涂刷黏结剂用毛刷均匀涂刷,防止飞溅、溢出。

b.搅拌材料。硬化剂和颜料同时混入母材中,用机器充分搅拌至均匀。搅拌时,按正转→反转→正转的顺序反复进行,罐壁、罐底、搅拌片上留下的材料要在中途用铁片刮下后再均匀搅拌。

c.打胶处理:搅拌过的胶材要填充在胶枪里,防止气泡进入;枪口使用符合缝宽尺寸,充分施加压力,填充到石缝底部;从封条的交叉部位开始打胶,断胶要避免在交叉部位,如图3.57所示。

d.整修:胶材填充工作中,在硬化前为防止材料中混进垃圾及尘埃,要进行保护;胶材填充之后,要迅速用铁片进行整修;整修时,胶材要比表面低于3 mm,按压要充分、平滑;胶材整修后迅速揭掉养护胶带,并注意不应残留胶带的黏结剂。

图 3.57　打胶处理

（2）瓷砖构件的清理

表面铺贴瓷砖的预制构件成品的清理步骤如下（图 3.58）：

①面砖表面清理及接缝除污。

②注意瓷砖的掉角，清除灰浆后，用水清洗。

③使用配制浓度为 1% ~2% 的酸液清洗，再用清水洗干净。

④清理后检查面砖的裂缝、掉角、起浮（用敲锤）。肉眼观察面砖的接缝，确认缝隙无错缝。

⑤转角板的角部（立部）应由质检人员全数检查瓷砖的浮起。

图 3.58　瓷砖的检查与清洗

2.活动实践

①动画实践观察，详见右侧二维码。

②实践案例：根据工程案例图纸，简述项目生产工艺流程。

| 动画实践观察 | 工程案例图纸 | 参考答案 |

活动 3.1.2　钢结构构件生产

1.基本知识交付

1）准备工作

钢结构生产制作前认真研究施工图，并按规范要求将施工图深化为加工图，编制材料需求计划。构件和杆件的拼接接头布置应考虑到订货钢材的标准长度，或根据使用长度合理地定尺进料，以减少材料损耗，这是成本控制的关键一环。进场的原材料，除必须有生产厂的出厂质量证明书外，还应按合同要求和有关现行标准在建设单位、监理单位的见证下，进行现场见证取样、送样、检验和验收，做好检查记录，并向建设单位和监理单位提供检验报告。原材料进场流程如图 3.59 所示。

2）钢结构制作工艺流程

钢结构加工流程如图 3.60 所示。

（1）构件放样和号料

构件放样是按施工图上的图形和尺才绘出 1∶1 的大样，并制作样板和样杆，以作为下料、弯制、创铣和制孔等加工的依据。样板用质轻、价廉且不易产生伸缩变形的材料做成，最

```
                    ┌──────────────┐   依据相关标准  ┌──────────────┐
                    │   质保书审核   │───────────────→│   依据相关标准  │
                    └──────────────┘   符合          └──────────────┘
              不合格        │
         ┌─────────────────┤
         │                 ▼ 符合
         │          ┌──────────────┐   不合格        ┌──────────────┐
         │     ┌───→│   外观检查     │───────────────→│   依据相关标准  │
    ┌────┴───┐│     └──────────────┘   合格          └──────────────┘
    │  退货   ││ 不合格      │
    └────────┘│             ▼ 合格
       │不合格 │      ┌──────────────┐                ┌──────────────┐
       │      │      │   取样复验     │───────────────→│   送检验站检验  │
    ┌──┴─────┐│      └──────────────┘   合格          └──────────────┘
    │  复样   ├┘ 不合格      │
    └────────┘             ▼ 合格
       │合格         ┌──────────────┐                ┌──────────────┐
       └───────────→│    入库       │───────────────→│    使用       │
                    └──────────────┘                └──────────────┘
```

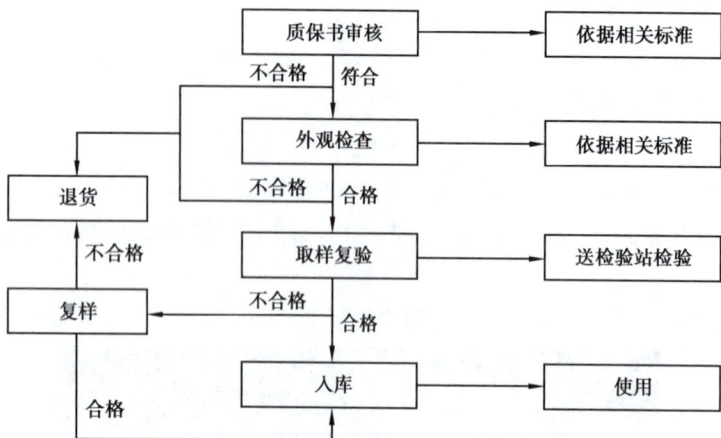

图 3.59　原材料进场流程

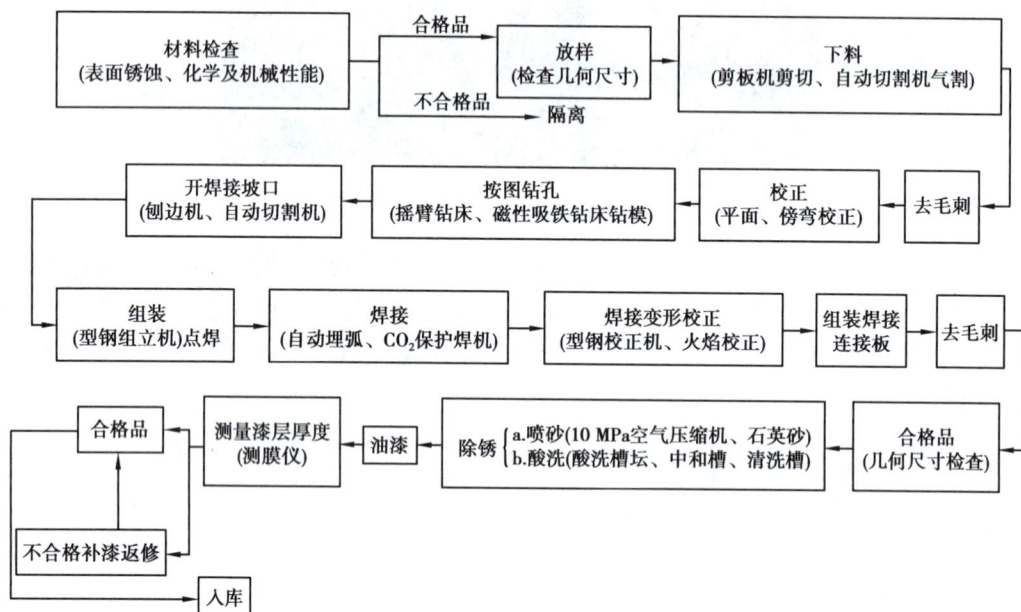

图 3.60　钢结构加工流程

常用的有铁皮、纸板和油毡,也可用薄木板或胶合板。号料前,必须了解原材料的材质及规格,检查原材料的质量。不同规格、不同材质的零件应分别号料,并依据先大后小的原则依次号料。样板、样杆上应用油漆写明加工号、构件编号、规格,同时标注孔直径、工作线、弯曲线等各种加工符号,如图 3.61 所示。

放样和号料时,应根据工艺要求预放焊接收缩余量及切割、刨边和铣平等加工余量。号料余量通常可按下列规定采用:对接焊缝沿焊缝长度方向每米留 0.7 mm;对接焊缝垂直于焊缝方向每个对口留 1 mm;格构式结构的角焊缝按每米留 0.5 mm 计;加工余量按工艺要求定,一般可留 3～5 mm。号料后的剩余材料应进行余料标识,包括余料编号、规格、材质及炉批号等,以便于余料的再次使用。

图 3.61 放样与号料

对于跨度较大的桁架等构件,应按规定起拱。屋架宜上下弦同时起拱,三角形屋架可仅下弦起拱。起拱后,竖杆方向仍应垂直于地面,不与下弦杆垂直。施工图纸中,应注明起拱量或按起拱后的尺寸绘制施工图。

(2)制孔

①构件使用的高强度螺栓(大六角头螺栓、扭剪型螺栓等)、半圆头铆钉自攻螺丝等需要用孔时,用孔的制作方法有钻孔、铣孔、冲孔、铰孔和锪孔等。

②构件制孔优先采用钻孔,当证明某些材料质量、厚度和孔径在冲孔后不会引起脆性时,允许采用冲孔。厚度在 5 mm 以下的所有普通结构钢允许冲孔,次要结构厚度小于 12 mm 允许采用冲孔。在冲切孔上,不得随后施焊(槽形),除非证明材料在冲切后,仍保留有相当韧性,则可焊接施工。一般情况下,在需要所冲的孔上再钻大时,则冲孔必须比指定的直径小 3 mm。

③钻孔前,一是要磨好钻头,二是要合理选择切屑余量。

④制成的螺栓孔应为正圆柱形,并垂直于所在位置的钢材表面,倾斜度应小于1/20,其孔周边应无毛刺、破裂、喇叭口或凹凸的痕迹,切削应清除干净。

⑤精制或铰制成的螺栓孔直径和螺栓杆直径相等,采用配钻或组装后铰孔。孔应具有 H12 的精度,孔壁表面粗糙度 $R_a \leqslant 12.5$ μm。

(3)构件边缘加工

①常用的构件边缘加工方法主要有铲边、刨边、铣边、碳弧气刨、气割和坡口机加工等。

②对于气割的零件,需要消除影响区进行边缘加工时,最少加工余量为 2.0 mm。

③机械加工边缘的深度,应能保证把表面的缺陷清除掉,但不能小于 2.0 mm;加工后表面不应有损伤和裂缝;在进行砂轮加工时,磨削的痕迹应顺着边缘。

④碳素结构钢的零件边缘,在手工切割后,其表面应做清理,不能有超过 1.0 mm 的不平度。

⑤构件的端部支承边要求刨平顶紧和构件端部截面精度要求较高的,无论是何种方法切割和用何种钢材制成的,都要刨边或铣边。

⑥施工图有特殊要求或规定为焊接的边缘需进行刨边,一般板材或型钢的剪切边不需

刨光。

⑦零件边缘进行机械自动切割和空气电弧切割之后,其切割表面的平面度都不能超过1 mm。主要受力构件的自由边,在气割后需要刨边或铣边的加工余量,每侧至少 2 mm,应无毛刺等缺陷。

⑧柱端铣后,顶紧接触面应有 75% 以上的面积紧贴,用厚度为 0.3 mm 的塞尺检查,其塞入面积不得大于 25%,边缘间隙也不应大于 0.5 mm。

⑨铣口和铣削量的选择应根据工件材料和加工要求确定,合理的选择是加工质量的保证。

⑩构件的端部加工应在矫正合格后进行。

⑪应根据构件的形式采取必要的措施,保证铣平端与轴线垂直。

（4）构件组装

①组装前,工作人员必须熟悉构件施工图及有关的技术要求,并根据施工图要求复核其需组装零件质量。

②由于原材料的尺寸不够或技术要求需拼接的零件,一般必须在组装前拼接完成。

③构件在组装过程中,必须严格按照工艺规定装配。当有隐蔽焊缝时,必须先行施焊,并经检验合格后方可覆盖。当有复杂装配部件不易施焊时,亦可采用边装配边施焊的方法完成其装配工作。

④为减少变形和满足装配顺序,可采取先组装成部件后组装成构件的方法。

⑤钢结构构件组装方法的选择,必须根据构件的结构特性和技术要求,结合制造厂的加工能力、机械设备等情况,选择能有效控制组装的质量、生产效率高的方法进行。

（5）构件焊接

①焊接是钢结构连接的主要方法。在钢结构制造中,常用的焊接方法如表 3.12 所示。

表 3.12　钢结构制造中常用的焊接方法

焊接方法		特点	适用范围
手工焊 （图 3.62）	交流焊机	设备简易,操作灵活,可进行各种位置的焊接	焊接一般钢结构
	直流焊机	焊接电流稳定,适用于各种焊条	焊接要求较高的钢结构
埋弧自动焊（图 3.63）		生产效率高,焊接质量好,表面成型光滑美观,操作容易,焊接时无弧光,有害气体少	适用于焊接长度较长的对接或角焊缝
埋弧半自动焊		与埋弧自动焊基本相同,但操作较灵活	焊接长度较短的或弯曲的对接或角焊缝
二氧化碳气体保护焊		利用二氧化碳或其他惰性气体保护的光焊丝焊接,生产效率高,焊接质量好,成本低,易于自动化,可进行全位置焊接	用于薄钢板的焊接

图 3.62　手工焊

图 3.63　埋弧自动焊

②焊接前,应编制专门的施工方案。

（6）预拼装

①预拼装数按设计要求和技术文件规定。

②预拼装组合部位的选择原则:尽可能选用主要受力框架、节点连接结构复杂、构件允差接近极限且有代表性的组合构件（图 3.64）。

③高强度螺栓连接件预拼装时,可采用冲钉定位和临时螺栓紧固。试装螺栓在一组孔内不得少于螺栓孔的 30%,且不少于 2 只。冲钉数不得多于临时螺栓的 1/3。

④预装后应用试孔器检查,当采用比孔公称直径小 1.0 mm 的试孔器检查时,每组孔的通过率不小于 85%;当采用比螺栓公称直径大 0.3 mm 的试孔器检查时,通过率为 100%,试孔器必须垂直自由穿落。

⑤规定检查不能通过的孔,允许修孔（铰、磨、刮孔）。修孔后如超规范,允许采用与母材材质相匹配的焊材焊补后,重新制孔。

图 3.64　节点预拼装

图 3.65　抛丸除锈

（7）构件的除锈和涂装

钢结构的防锈和涂装应综合考虑结构的重要性、环境侵蚀条件、维护条件及使用寿命,根据施工条件和工程造价等因素,合理地选用或确定钢材表面原始锈蚀等级、除锈方法与等级,选定涂料与涂装要求。经除锈后的钢材表面在检查合格后,应在要求的时限内进行涂装。图 3.65 所示为抛丸除锈,图 3.66 所示为红丹系列防锈漆,图 3.67 所示为喷漆和安全防护。

图 3.66 红丹系列防锈漆

图 3.67 喷漆和安全防护

防锈涂层一般应由底漆、中间漆及面漆组成。选择涂料时,应考虑漆与除锈等级的匹配及底漆与面漆的匹配组合。钢结构工程中所用防锈底漆、中间漆与面漆的配套组合可参见表 3.13。

表 3.13 钢结构工程中所用防锈底漆、中间漆与面漆的配套组合

序号	底漆与中间漆	面漆	最低除锈等级	适用环境构件
1	红丹系列(油性防锈漆、醇酸或酚醛防锈漆)底漆 2 遍;铁红系列(油性防锈漆、醇酸底漆、酚醛防锈漆)底漆 2 遍;云铁醇酸防锈漆底漆 2 遍	各色醇酸磁漆 2～3 遍	St 2	无侵蚀作用构件
2	氯化橡胶底漆 1 遍	氯化橡胶面漆 2～4 遍	Sa 2	①室内、外弱侵蚀作用的重要构件;②中等侵蚀环境的各类承重结构
3	氯磺化聚乙烯底漆 2 遍+氯磺化聚乙烯中间漆 1～2 遍	氯磺化聚乙烯面漆 2～3 遍		
4	铁红环氧酯底漆 1 遍+环氧防腐漆 2～3 遍	环氧清(彩)漆 1～2 遍		
5	铁红环氧酯底漆 1 遍+环氧云铁中间漆 1～2 遍	氯化橡胶漆 2 遍		
6	聚氨酯底漆 1 遍+聚氨酯磁漆 2～3 遍	聚氨酯清漆 1～3 遍		
7	环氧富锌底漆 1 遍+环氧云铁中间漆 1～2 遍	氯化橡胶面漆 2 遍		
8	无机富锌底漆 1 遍+环氧云铁中间漆 1 遍	氯化橡胶面漆 2 遍	Sa 2.5	需特别加强防锈蚀的重要结构
9	无机富锌底漆 2 遍+环氧中间漆 2～3 遍(75～100 μm)+(75～125 μm)	脂肪族聚氨酯面漆 2 遍(50 μm)		

3）典型构件加工工艺

（1）焊接 H 型钢施工工艺

焊接 H 型钢施工工艺流程：下料→拼装→焊接→校正→二次下料→制孔→装焊其他零件→校正打磨。

（2）箱形截面构件加工工艺

箱形截面构件加工工艺流程如图 3.68 所示。

（3）劲性十字柱加工工艺

劲性十字柱加工工艺流程如图 3.69 所示。

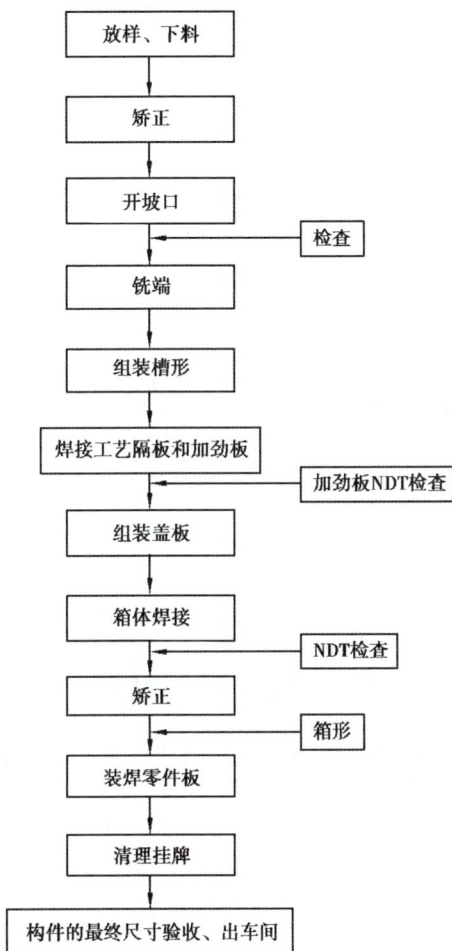

图 3.68　箱形截面构件加工工艺流程

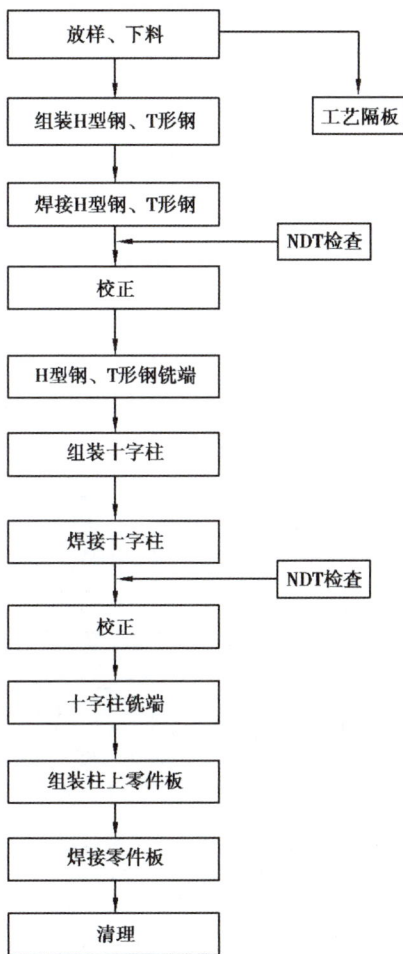

图 3.69　十字柱加工工艺流程

（4）一般卷管工艺流程

一般卷管工艺流程如图 3.70 所示。

4）制作过程中安全与质量控制

各道工序完成后，必须实行"三检制"，即自检、互检、专检。经过三检合格后才允许转入下一道工序。报检管理流程如图 3.71 所示。

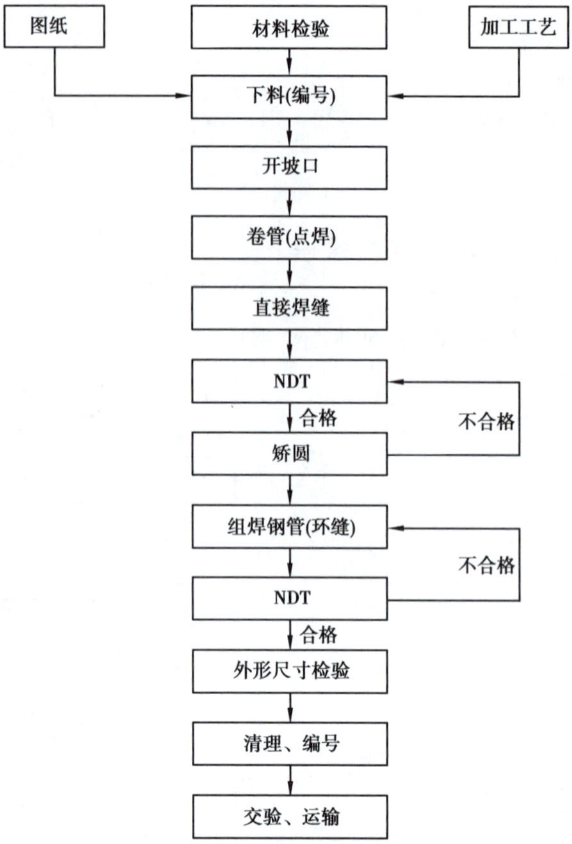

```
  图纸            材料检验            加工工艺
                      │
                      ▼
                  下料(编号)
                      │
                      ▼
                   开坡口
                      │
                      ▼
                  卷管(点焊)
                      │
                      ▼
                  直接焊缝
                      │
                      ▼
                   NDT  ◄──────── 不合格
                   │合格
                      ▼
                   矫圆
                      │
                      ▼
              组焊钢管(环缝)  ◄──── 不合格
                      │
                      ▼
                   NDT
                   │合格
                      ▼
                 外形尺寸检验
                      │
                      ▼
                 清理、编号
                      │
                      ▼
                 交验、运输
```

图 3.70　一般卷管工艺流程

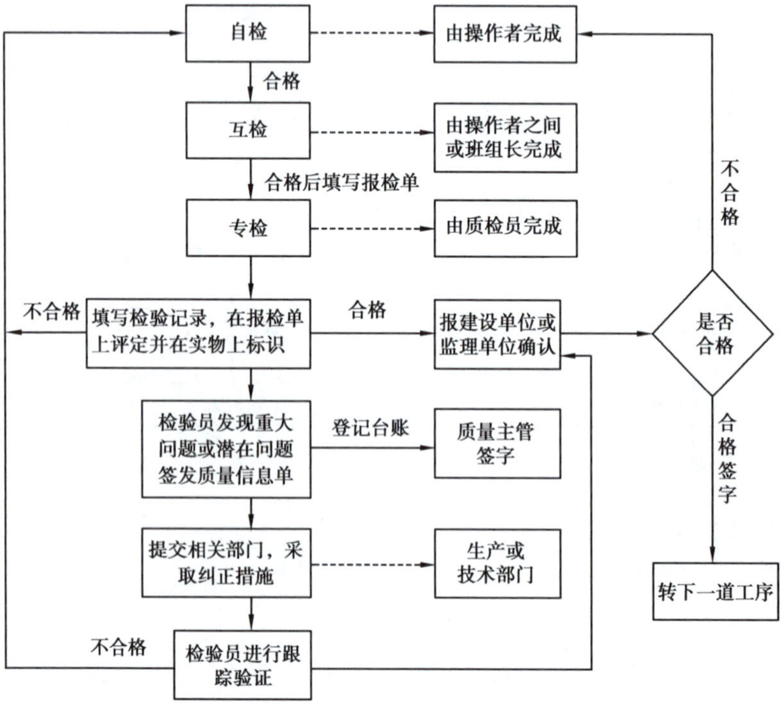

```
   自检  ┈┈┈┈┈  由操作者完成
    │合格
   互检  ┈┈┈┈┈  由操作者之间
    │            或班组长完成
    │合格后填写报检单
   专检  ┈┈┈┈┈  由质检员完成

不合格              合格
填写检验记录,在报检单   报建设单位或    是否
上评定并在实物上标识    监理单位确认    合格

检验员发现重大    登记台账   质量主管
问题或潜在问题            签字
签发质量信息单

提交相关部门,采  ┈┈┈┈   生产或
取纠正措施              技术部门        合格签字

不合格   检验员进行跟         转下一道工序
        踪验证
```

图 3.71　报检管理流程

2. 活动实践

①仿真实践观察，详见右侧二维码。

②实践案例详见右侧二维码。

仿真实践观察　　实践案例　　参考答案

任务 3.2　智能化生产管理

活动 3.2.1　生产数据的采集、管理

1. 基本知识交付

可扫描右侧二维码学习。

2. 活动实践

①动画实践观察，详见右侧二维码。

②实践案例：利仿真软件进行实训学习。

基本知识交付　　动画实践观察

活动 3.2.2　全自动智慧工厂实训

1. 基本知识交付

可扫描右侧二维码学习。

2. 活动实践

①动画实践观察，详见右侧二维码。

②实践案例：利用仿真软件进行实训学习。

基本知识交付　　动画实践观察

项目4 智能测绘

【教学目标】了解智能测绘基本概念、组成及架构,掌握智能测绘主要特点,掌握智能测绘;了解无人机,掌握无人机航空摄影方法,掌握三维激光扫描技术;树立正确的人生观、择业观、职业观。

在建筑行业转型中,数字建筑是建筑行业转型升级的核心。将大量手工作业转化为智能化生产方式,是数字化转型升级的必然要求。

智能测绘通过先进信息化技术的综合应用,可实现施工现场全方位实时监测,提高施工质量,有效支持了现场工作人员、项目部管理者、企业管理者,乃至行业管理部门对项目的管理工作。

任务4.1　无人机测绘

活动4.1.1　无人机的飞行

1. 基本知识交付

1) 无人机分类

无人机(Unmanned Aerial Vehicle,UAV),顾名思义是无人驾驶的飞机。它在无人驾驶的情况下,通过无线电波远程操纵。无人机驾驶的程序控制装置分为人工操纵、半自主飞行和全自主控制3种。机上装备的摄影测量设备用来获取地面数字影像,然后从数字影像中提取相关信息。

与有人飞机相比,无人机场景适应性更强,用途更广,从而得到各个领域的青睐。无人机已经广泛应用到战场侦察与评估、环境监察与检测、空中物流与快递、娱乐生活与活动等各个领域,成为社会发展和人们生活中的重要部分。

(1) 太阳能无人机

①太阳神无人机是美国国家航空航天局和航空环境公司联合研发的太阳能无人机(图4.1),采用飞翼式布局,翼展75.3 m,机翼上安装14个推进器,翼面上安装62 000块Sun

Power 双面硅太阳能电池板,光电转化效率达 19%,最大可以供电 40 kW。

图 4.1　太阳神无人机

②西风无人机是英国奎奈蒂克公司研发的太阳能无人机,如图 4.2 所示。在追求更长航时的同时,兼顾更大的有效载荷能力,光伏采用了柔性高效三节砷化镓太阳能电池,光电转化效率达 28%,比功率超过 1 500 W/kg;储能采用了硅纳米线阳极锂离子电池,比能量达 435 Wh/kg。

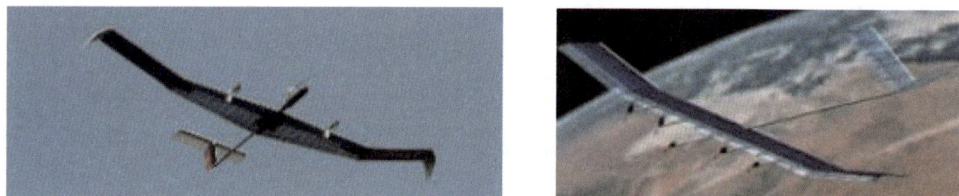

图 4.2　西风无人机

③PHASA-35 无人机是英国 BAE Systems 公司研发的一款新型、超轻、太阳能高空长航时无人机,如图 4.3 所示。其翼展 35 m,可携带 15 kg 设备,为卫星和常规动力飞机提供持久稳定的图像和通信平台。PHASA-35 无人机采用先进的复合材料、能源管理技术、太阳能电池。光伏阵列在白天提供能源并储存在可充电电池中,以维持夜晚飞行。PHASA-35 无人机自身可在一个区域内持续工作一个月。在不到两年的时间里,该无人机完成了设计和制造,并于 2020 年在澳大利亚进行了首飞试验。

图 4.3　PHASA-35 无人机

④彩虹太阳能无人机是中国航天科技集团公司第十一研究院研发的高空长航时太阳能无人机,采用正常式布局,如图 4.4 所示。其翼展 45 m,设计留空时间大于 24 h,升限超过 20 km,载荷能力为 20 kg。2017 年,该无人机完成了 20 km 高空 15 h 飞行试验,使我国成为

继美、英之后,第三个掌握高空长航时太阳能无人机技术的国家。

图4.4　彩虹太阳能无人机

（2）氢燃料电池无人机

氢燃料电池无人机是目前中低空电动长航时无人机中最具发展潜力的绿色能源无人机。其利用氢燃料电池高比能的特点,不断刷新氢能动力无人机的航时纪录,成为当前国内外中低空电动长航时无人机发展的热点。

①离子虎无人机是美国海军研究实验室研发的长航时氢燃料电池无人机,采用常规式布局,如图4.5所示。

（a）离子虎无人机　　　　　　　　　（b）燃料电池系统

图4.5　离子虎无人机及燃料电池系统

离子虎无人机的成功进一步推动了混合虎无人机的发展,如图4.6所示。混合虎无人机采用氢燃料电池与太阳能电池混合能源方式,于2020年11月成功试飞。

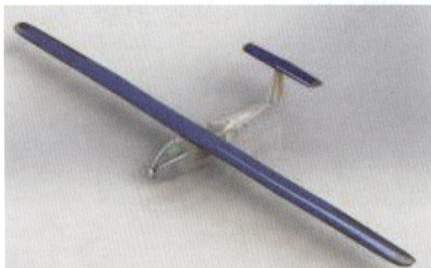 

（a）设计方案　　　　　　　　　　（b）试飞场景

图4.6　混合虎无人机

②H3 Dynamics 公司致力于研制分布式氢燃料电池动力方案,以促进氢动力航空应用推广。2018 年,该公司申请了分布式航空氢动力方案专利,如图 4.7(a)所示;2022 年 1 月,该公司测试了模块化的氢推进短舱方案,如图 4.7(b)所示;同时,宣布将研制 HywingsH-25 货运无人机机型。该新机型将采用两个动力舱,最大起飞重量为 25 kg,可携带 5 kg 有效载荷。2022 年 7 月,在巴黎附近机场成功试飞了该机型,如图 4.7(c)所示。

（a）分布式氢动力概念　　　　（b）分布式氢电舱　　　　（c）HywingsH-25 货运无人机试飞

图 4.7　H3 Dynamics 分布式氢动力方案

（3）无人机分类

①按动力划分。根据动力源的不同,无人机可以分为油动无人机和电动无人机。油动无人机,即采用油气作为驱动;电动无人机,即采用电池(锂电池)作为驱动。两种无人机各有所长,油动无人机的优点为续航时间较长,其缺点为在安全问题上存在隐患,一旦发生坠机,很容易引发火灾;电动无人机的优点为安全性较高,其缺点为续航时间短,工作效率低。

②按外形结构划分。根据外形结构的不同,无人机可以分为多旋翼无人机、固定翼无人机和无人直升机。多旋翼无人机,即靠螺旋桨的高速旋转来获得动力。按照螺旋桨数量,又可细分为四旋翼无人机、六旋翼无人机和八旋翼无人机等。

通常情况下,螺旋桨的数量越多,飞行就会越平稳,操作也就更容易。多旋翼无人机以其操作简单、拍摄稳定、对场地要求低等特点受到大众的青睐。

③按用途划分。根据用途的不同,无人机又可以分为军用无人机、专业无人机和民用无人机。军用无人机,即能够参与到战争中并能够提供有利信息的高科技武器,其在各个方面都需要很好的要求及装备;专业无人机,即满足各个行业中的专业需求的无人机,要求无人机具有续航能力强、拍摄精度高、容量大等特点;民用无人机,即最大众的一款无人机,其一般是旋翼机、体积小,在续航能力以及拍摄精度方面条件一般,主要用于娱乐和航拍。

目前,国内测绘无人机企业及产品如雨后春笋般涌现,如大疆精灵 4RTK、M600PRO、M210 系列,迪奥普 SV360 系列无人机,飞马 D200、V1000 系列,成都纵横 CW 系列,科比特无人机等。广州中海达、广州南方卫星导航及上海华测导航等测绘仪器厂商也陆续推出自己的航测无人机产品。

2）无人机系统

无人机系统主要包括飞行平台、摄影云台、地面控制站(地面站)、发射与回收系统等,如图 4.8 所示。

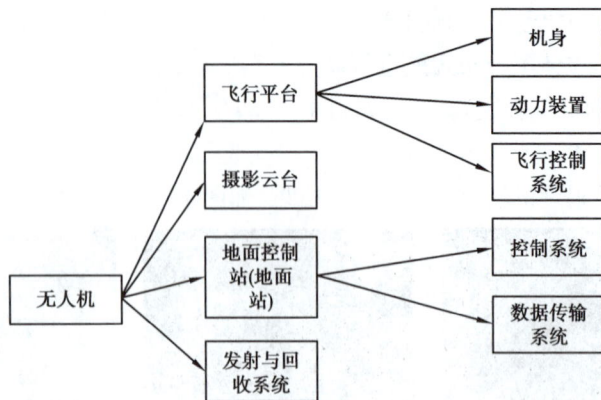

图 4.8　无人机系统组成

飞行控制系统又称为飞行管理与控制系统,相当于无人机系统的"心脏"部分,对无人机的稳定性、数据传输的可靠性、精确度、实时性等都有重要影响,对其飞行性能起决定性的作用;数据传输系统可以保证对遥控指令的准确传输,以及无人机接收、发送信息的实时性和可靠性,以保证信息反馈的及时有效性和顺利、准确地完成任务。发射与回收系统保证无人机顺利升空以达到安全的高度和速度飞行,并在执行完任务后从天空安全回落到地面。

(1)飞行平台(载机)

固定翼无人机机身一般由 EPP(Expanded Polypropylene,发泡聚丙烯)、EPO(Exposed Polymericemulsion Waterproof Coating,一种防水、防腐、隔热的涂料)、玻璃钢、木材等高强度低质量的材质构成。多旋翼无人机机身一般由碳纤维材料作为主要材质。

固定翼无人机多用无刷电动机、甲醇发动机、汽油发动机、涡扇发动机、涡喷发动机(后两种多为军用)等作为动力装置。

飞行控制系统用于无人机的导航、定位和自主飞行控制,由飞控板、惯性导航系统、GPS接收机、气压传感器、空速传感器等部件组成。飞行控制系统性能指标要求如下:

①飞行姿态控制稳度:横滚角应小于±3°,俯仰角应小于±3°,航向角应小于±3°。

②航迹控制精度:偏航距应小于±20 m、航高差应小于±20 m,航迹弯曲度应小于±5°。

(2)摄影云台

摄影云台包括相机控制装置、摄影相机(测量型和非测量型)。

(3)地面控制站(地面站)

地面控制站由无线电遥控器、数传电台、增程天线、监控计算机系统、地面供电系统及监控软件等组成。

①监控站主机应选用加固笔记本电脑或同等性能的计算机和电子设备。

②监控数据可以图形和数字两种形式显示,显示应做到综合化、形象化和实用化。

③无线电遥控器通道数应多于 8 个,以满足使用要求。

④监控计算机应满足一定的防水、防尘性能要求,能在野外较恶劣环境中正常工作。

⑤监控计算机的主频、内存应满足监控软件对计算机系统的要求。

⑥电源供电系统应保障地面监控系统连续工作时间大于 3 h。

（4）发射与回收系统

①起飞方式有滑跑起飞和弹射起飞两种。

a. 滑跑起飞的优点：无须弹射器；缺点：场地限制。

b. 弹射起飞的优点：没有场地限制；缺点：需要购置弹射器。

②降落方式有滑跑回收和伞降回收两种。

a. 滑跑回收的优点：无须回收降落伞；缺点：场地限制，安全性不如伞降回收。

b. 伞降回收的优点：安全可靠，受场地制约影响小；缺点：需要降落伞及飞控系统支持。

3）飞行原理

飞机上升是根据伯努利原理，即流体（包括气流和水流）的流速越大，其压强越小；流速越小，其压强越大。

飞机的机翼做成的形状就可以使通过它机翼下方的流速低于上方的流速，从而产生了机翼上、下方的压强差（即下方的压强大于上方的压强），因此就有了一个升力。这个压强差（或者升力的大小）与飞机的前进速度有关。

当飞机前进的速度越大，压强差即升力也就越大。因此，飞机起飞时必须高速前行，才可以让飞机升上天空。当飞机需要下降时，它只要减小前行的速度，其升力自然会变小，小于飞机的质量，就会下降着陆。

4）无人机在应急保障中的基本应用

测绘应急保障的核心任务是为国家应对突发性自然灾害、重大事故社会安全事件等突发公共事件高效有序地提供地图、基础地理信息数据、公共地理信息服务平台等测绘成果，根据需要开展遥感监测、导航定位、地图制作等技术服务。

无人机技术是现代化测绘体系的重要组成部分，是应急保障服务的重要技术手段，也是国家、省市级应急救援体系的有机组成部分。它是自动化、智能化、专业化快速获取应急状态下空间信息并进行实时处理、建模和分析的先进新兴航空遥感技术的综合解决方案。

重大突发事件和自然灾害应急响应中，无人机能够第一时间快速获取高分辨率灾情调查数据，辅助政府进行快速决策。

（1）洪灾救援

近年来，受特殊的自然地理环境、极端灾害性天气及经济社会活动等多种因素的共同影响，各地区洪水、泥石流和滑坡灾害频发，造成人员及财产损失、生态环境破坏严重。随着信息技术的不断发展，以"3S"、LiDa、三维仿真等为主的现代化技术不断用于灾害的防治和研究，为开展防灾减灾工作提供科学的决策依据。利用航测的三维地形图、实测水文资料及河道断面建立边界条件和特征值，可以此来推演洪水在真实河道内的淹没范围及程度，进而确定合理的预警指标、安全转移路线及临时安置点等。

2024 年 6 月，安徽省黄山市歙县遭遇接连强降雨天气，引发了严重的洪涝灾害，全县多地交通堵塞，通信中断。在安徽省应急管理厅的指导下，歙县多地升起无人机执行抗洪抢险应急通信保障任务。技术人员携带先进无线自组网便携基站等应急通信设备，利用 PDT 数字集群移动基站及终端，克服山高林密雨大等重重困难，迅速部署了稳定的应急通信网络，为救援决策提供了实时的数据支持和通信保障。无人机航空影像如图 4.9 所示。

图 4.9　无人机航空影像

（2）气象灾害监测

利用无人机航空遥感系统提供的灾情信息和图像数据，可以进行灾害预测与灾害损失评估，预测灾害发生的范围，准确计算受灾面积并估计灾害损失。例如，可以对雨雪、冰冻低温灾害的发生强度及分布范围实施实时动态监测，并且能够辅助气象部门研究低温冷害发生发展的地域规律，为相关部门采取有效救灾措施提供及时、全面的信息。

（3）地质灾害监测

我国是地质灾害最为严重的国家之一。无人机航空遥感系统能够结合地质专业信息，为地质灾害区提供包括地质、地貌、土壤、水文、土地利用和植被等信息的图形图像产品。这些产品及其信息构成了地质灾害灾情评估的基础数据，对提高地质灾害管理和灾情评估的科学性、准确性和有效性具有重要作用，而且可以大大提高减灾、抗灾和防灾的效率及现代化水平。对于山体滑坡和泥石流等重大地质灾害（图4.10），可以分析灾害严重程度及其空间分布，帮助政府分配紧急响应资源，快速准确地获取泥石流环境背景要素信息，而且能够监测其动态变化，为准确预报提供基础数据。

图4.10　地质灾害

2010 年 8 月,怒江贡山特大泥石流灾害发生后,现场环境十分恶劣,整个泥石流沟长达 14 km,车辆无法前进,救援人员只能徒步推进 3 km。在此情况下,云南省国土资源厅及云南省测绘局首次使用无人机,依托当地小学操场起飞,对整个泥石流发生点进行图像采集,为救灾提供了重要信息。

(4)地震救援

2008 年,四川汶川特大地震造成了巨大的人员和财产损失。由于灾区交通通信全部中断,灾情信息无法获取,中国科学院遥感应用研究所无人机遥感小分队在第一时间利用无人机低空遥感平台在 400～2 000 m 的高度采集到高分辨率影像。无人机凭借其机动快速、维护操作简单等技术特点,获取到灾区的房屋、道路等损毁程度与空间分布,地震次生灾害如滑坡、崩塌等具体情况,以及因此而形成的堰塞湖的分布状况与动态变化等信息,为救援、灾情评估、地震次生灾害防治和灾后重建工作等提供了科学决策依据。图 4.11 所示为无人机拍摄的云南鲁甸县地震后的堰塞湖。

图 4.11　无人机拍摄的云南鲁甸县地震后的堰塞湖

2. 活动实践

①扫描右侧二维码,学习无人机技术在工程领域的应用。

②实践案例:根据工程案例,描述无人机飞行的操作要求。

无人机技术在工程领域的应用

工程案例

参考答案

活动 4.1.2　无人机航测应用

1. 基本知识交付

1)无人机航测系统组成

无人机航测系统主要由数据获取和地面数据处理两个部分组成。数据获取部分的功能是通过无人机对目标进行影像数据获取。数据获取系统由无人机、摄影机(相机)、无人机飞控系统组成,通常将这部分称为航空摄影系统。地面数据处理部分的功能是对获得的数据进行专业处理,包括空中三角测量、DEM 生产作业、DOM 生产作业、DLG 生产作业等,最终形成目标区域的三维模型信息,这部分称为摄影测量系统(软件)。

（1）无人机航空摄影系统

无人机操作系统是通过无线电遥控控制器或机载计算机远程控制系统对不载人飞行器进行控制。无人机航空摄影就是以无人机操作系统为平台媒介，通过以高分辨率的数字遥感设备作为信息的获取载体，通过低空高分辨率的摄像机进行遥感数据的获取。当前，数字化时代建设进程速度明显加快，建立定期更新的地理信息数据库，对地形地貌的动态监测变化情况进行实时关注，都离不开无人机航空摄影系统的应用。

目前，我国对于无人机航空摄影系统硬件技术的掌握还不够成熟，相关的软件信息技术也不够完善，无人机航拍测图的最大精度只能达到1∶2 000比例尺要求，1∶1 000的数据生产还处于试验研究阶段。

无人机航空摄影常用操作如下：

a.准备拍摄阶段：包括对无人机的选型、资料收集及现场勘测和航拍线路设计等环节。无人机航拍器的现场勘测工作是通过组织一些经验丰富的专业技术人员和航拍专业人员进行现场勘察，检查四角坐标是否在规定的数据范围内，了解基准面的实际情况和选定航拍飞行器的航拍难度及起飞、降落点。

b.外部作业拍摄调查阶段：基本工作是对无人机进行飞行路线、布控方案的制定，用来展开无人机航拍器的外部影像拍摄控制点测量工作及外部的调绘工作。无人机在进行外部拍摄作业调查时，由于受天气的影响，可能会导致局部影像信息的旋转角度过大，需要在航拍飞行结束后检查无人机的飞行质量，确保无人机航拍数据的处理效果和处理质量。目前，无人机航空摄影系统利用GPS技术对影像控制点进行测量，其测量方式主要是静态测量、快速静态测量和GPS RTK测量技术。

c.无人机航空摄影的特点：无人机航拍飞行系统因其自身平台的特点，使航拍系统与传统摄像之间存在很大区别。与传统摄像相比，无人机的航拍系统主要特点在于搭载非测量数码相机、无人机拍摄平台的飞行姿势不够稳定、拍摄的画面幅度小且重叠在一起、具有一定的不准确性。根据对无人机航拍器的实际操作经验研究，影像的重叠率应在60%～80%，不能低于53%；拍摄的旁向重叠度要设置在15%～60%，数值设置不能低于8%。

无人机在飞行中的姿态不稳定，飞行时只能负载小型的数码摄像机，拍照幅度较小，操作处理工作量大，遥感定位系统的抗电磁干扰能力差，极易发生无人机失踪或坠地情况。飞行不稳定对无人机航拍最主要的影响是精度问题。由于无人机在飞行过程中的飞行姿态不稳定，相片的倾斜角度会引发航拍影像发生变形，这导致所获取的影像资料的精度不高，影响整体航拍测绘的效果和质量。

无人机航空摄影系统作为现代化先进的航空拍摄手段和拍摄方式，能够有效填补地理信息的空白。无人机航空摄影系统具有灵活度大、运行快速、无人机作业投入成本低等特点。无人机在满足应急服务的前提保障下，正不断扩大其应用范围，拍摄范围在不断扩大。在保证灵活机动的前提下，要适当提高无人机航拍器的任务载荷，提高无人机航空摄影系统的高空姿态控制能力和飞行拍摄的参数记录能力，改善无人机的抗风能力，提高拍摄的稳定性、自主起降的精准度和飞行的安全性。

（2）无人机摄影测量系统

航空摄影测量主要通过飞机、飞艇、无人机等在空中对地面进行摄影，可实现大范围的地表信息获取，非常适用于地形测绘。航空摄影测量成图快、效率高、成品形式多样，可生产纸质地形图、数字线划图（Digitl Line Graphics，DLG）、数字高程模型（Digital Elevation Model，DEM）、数字正射影像（Digital Orhophoto Map，DOM）和数字栅格地图（Digital Raster Graphies，DRG）等地图产品。其中，DLG、DEM、DOM、DRG 被合称为摄影测量 4D 产品，生产 4D 的过程主要在室内完成。

2）航空摄影

（1）航空摄影概念

航空摄影是指将航摄仪安置在飞机上，按照一定的技术要求对地面进行摄影。它是摄影测量中最常见的一种方法。相对于航天摄影与近景摄影，在高度 10 000 m 以下的空中，传统有人驾驶飞机摄影高度通常为 2 500 m 左右，无人机摄影高度通常为 500 m 左右。

航空摄影按像片倾斜角分类［像片倾斜角是航空摄影机主光轴与通过透镜中心的地面铝垂线（主垂线）间的夹角］，可分为垂直摄影和倾斜摄影。

垂直摄影倾斜角接近 0°，这时主光轴垂直于地面（与主垂线重合），感光胶片与地面平行。但由于飞行中的各种原因，倾斜角不可能绝对等于 0°，凡倾斜角小于 3°的称垂直摄影。由垂直摄影获得的像片称为水平像片。水平像片上地物的影像，一般与地面物体顶部的形状基本相似，像片各部分的比例尺大致相同。水平像片能够用来判断各目标的位置关系和量测距离。倾斜角大于 3°的，称为倾斜摄影，所获得的像片称为倾斜像片。

（2）航空摄影机

航空摄影机（简称"航摄机"），是装置在飞机或其他飞行器上可对地面进行摄影的仪器，是一种专门用于飞机或其他飞行器上向地面进行摄影的照相机。航空摄影机主要由镜箱、光阁、快门、胶片暗盒、座架、动力和控制系统等组成。

此外，航空摄影机还配备有检影器、高差仪、滤色镜等附属设备。最早的航空摄影机使用胶片记录影像信息，现在胶片已经被淘汰，取而代之的是数码传感器，记录的是数字影像。数字影像比胶片具有更高的分辨率，直观感觉就是照片更清晰。

3）航线规划

在无人机行业应用场景中，航线规划是一项十分重要的前置工作。这能让无人机按照既定的路线飞行，并完成设定的无人机航拍录影或数据采集任务。

航空摄影主要包含按航线摄影和按面积摄影。按航线摄影指沿一条航线，对地面狭长地区或沿线状地物（铁路、公路等）进行的连续摄影，称为航线摄影。按面积摄影指沿数条航线对较大区域进行连续摄影，称为面积摄影（或区域摄影）。面积摄影要求各航线互相平行。

航线规划一般分为两步：首先是飞行前预规划，即根据既定任务，结合环境限制与飞行约束条件，从整体上制定最优参考路径；其次是飞行过程中的重规划，即根据飞行过程中遇到的突发状况，如地形、气象变化、未知限飞因素等，局部动态地调整飞行路径或改变动作任务。航线规划的内容包括出发地点、途经地点、目的地点的位置关系信息、飞行高度和速度与需要达到的时间段。

4）航测应用

（1）在国土资源中的应用

无人机在国土资源中的应用包括应急防灾体系建设、地籍数据库变更、农村集体土地承包经营权确权领证、动态巡查监管、国土资源"一张图"建设等。

①应急防灾体系建设。无人机低空航测能切实提高突发事件的响应和处理能力，能及时反映地质灾害事故发生后的影响范围、损失估量等数据，为辅助政府决策提供重要参考依据。

②地籍数据库变更。利用无人机航测技术和相关自动化制图软件完成地形数据采集和快速制图，获得数字化的4D产品，可以快速提取地籍变更范围。

③农村集体土地承包经营权确权颁证。无人机航测技术利用丰富的影像信息，具有较高的精度和效率，可以很好地实现农村集体土地承包经营权确权颁证"一体化"设想，并能同时完成大比例尺区域的快速测图与发证。

④动态巡查监管。通过无人机航测的监测成果，可及时发现和依法查处被监测区域国土资源违法行为，建立利用科技手段实行国土资源动态巡查监管及违法行为早发现、早制止和早查处的长效机制。

⑤国土资源"一张图"建设。无人机的影像数据也可以是通过影像处理进行空中测量形成信息化的4D产品，经过半自动化的处理入库，有力地补充"一张图"核心数据库。

（2）在城市规划与管理中的应用

①数字城市建设。无人机影像分辨率高、信息丰富，可满足大比例尺4D产品的制作、应用、更新要求，比传统摄影测量和卫星遥感更适于"数字城市"建设。

②城市规划。无人机低空摄影测量可为规划区域提供强现势性、大比例尺、高分辨率、高精度的正射影像图DOM、数字高程模型DEM、数字表面模型DSM、数字栅格地图DRG和数字线划图DLG等测绘产品。以三维数据和影像为基础的三维可视化技术，能产生更加逼真的环境模拟，可以从不同角度多方位反映目标区域的实际情况，为城市规划部门和人员做出科学的城市决策提供可靠依据，如图4.12所示。

图4.12 城市规划图

③城市管理。无人机可以运用在城市的各项管理工作中,如城市灾害的监控、小区域的三维测绘、城市违章建筑的巡查、城市反恐绑架、大型活动现场监控。

(3)在交通工程中的应用

①桥梁检测。桥梁多跨越江河,凌空于山涧。在桥梁日常检查与定期检查中,传统观察手段有限、危险性高、准确率低、效率低、经济投入大。针对净空较高跨河桥梁的检测,无人机的应用可达到事半功倍的效果。

无人机通过搭载不同的传感器获得所需的数据并用于分析。根据桥梁检测的特殊性,通过在无人机侧方、顶部和底部多方位搭载高清摄像头红外线摄像头,可方便地观察桥梁梁体底部、支座结构、盖梁和墩台结构等病害情况,视频及图片信息可实时回传。斜拉桥与悬索桥的主塔病害情况检测也不需要人员登高作业,桥梁检测工作更为安全。

红外线摄像头可快速检查出桥梁结构中渗漏水、裂缝等病害。多旋翼无人机可定点悬停,便于对病害部位仔细检查。相比桥检车与升降设备,无人机轻巧、效率高、投入少。

②施工监控(图4.13)。在施工规划阶段,无人机搭载高清摄像镜头与测绘工具,回传施工用地的图像、高程、三维坐标及 GPS 定位,后台分析软件进行数据识别拼接、3D 建模及估测土方量等,对施工场地的布置和道路选线等提供强有力的信息支持。

图4.13　无人机施工监控

在施工阶段,无人机采集影像资料,可直观地获取工地施工进展情况。在桥梁合龙等关键工序实施过程中,借助无人机开阔的视野也可以协助发现施工现场的安全隐患。

③线路巡检。在公路线路、水运航线的线路巡检中,无人机效率高、成本低,可增加巡检频率,加强对线路的监控。

通过公路巡查,可以采集全线道路信息,包括车辙、坑槽等破损路面的图片信息,回传到地面站,由后台分析软件对图片分析归类,形成分析报告,辅助现场养护任务的决策。公路两侧的违章占地、堆放也可以通过图像对比技术,及时发现并处理。

在高速公路危险品事故应急处理问题中,无人机可代替人员进行初步的事故现场勘察,为事故处理方案的制订提供一手信息。若现场信息不明,贸然出动工作人员进入事故现场,可能会造成不必要的伤亡。

2.活动实践

①扫描右侧二维码,学习无人机航测。
②实践案例:根据工程案例,制定无人机航线。

| 无人机航测 | 工程案例 | 参考答案 |

任务4.2   三维激光扫描

活动4.2.1   三维激光扫描仪使用

1.基本知识交付

1)三维激光扫描系统基本原理

三维激光扫描系统主要由三维激光扫描仪、计算机、电源供应系统、支架和系统配套软件组成。三维激光扫描仪作为三维激光扫描系统的主要组成部分之一,由激光发射器、接收器、时间计数器、马达控制可旋转的滤光镜、控制电路板、微电脑、CCD 相机和软件等组成。

（1）激光测距技术原理与类型

激光测距技术是三维激光扫描仪的主要技术之一,激光测距的原理主要有基于脉冲测距法、相位测距法、激光三角法、脉冲相位式 4 种类型。目前,测绘领域所使用的三维激光扫描仪主要是基于脉冲测距法,近距离的三维激光扫描仪主要采用相位干涉法测距和激光三角法。

①脉冲测距法:一种高速激光测时测距技术。脉冲式扫描仪在扫描时激光器发射出单点的激光,记录激光的回波信号。通过计算激光的飞行时间（Time of Flight,TOF）,利用光速来计算目标点与扫描仪之间的距离。这种原理的测距系统测距范围可以达到几百米到上千米。激光测距系统主要由发射器、接收器、时间计数器、微电脑组成。

该方法也称为脉冲飞行时间差测距。其采用脉冲式的激光源,适用于超长距离测量。测量精度主要受到脉冲计数器工作频率与激光源脉冲宽度的限制,精度可以达到米数量级。

②相位测距法:相位式扫描仪发射出一束不间断的整数波长的激光,通过计算从物体反射回来的激光波的相位差来计算和记录目标物体的距离。基于相位测量原理主要用于进行中等距离的扫描测量系统中。扫描范围通常在 100 m 内,其精度可以达到毫米数量级。

由于采用连续光源,功率一般较低,所以测量范围也较小。测量精度主要受相位比较器的精度和调制信号的频率限制,增大调制信号的频率可以提高精度,但测量范围也随之变小。因此,为了在不影响测量范围的前提下提高测量精度,一般都设置多个调频频率。

③激光三角法:利用三角形几何关系求得距离。先由扫描仪发射激光到物体表面,利用在基线另一端的 CCD 相机接收物体反射信号,记录入射光与反射光的夹角,已知激光光源与 CCD 之间的基线长度,由三角形几何关系推求出扫描仪与物体之间的距离。为保证扫描信息的完整性,许多扫描仪扫描范围只有几米到数十米。这种类型的三维激光扫描系统主要应用于工业测量和逆向工程重建中。它可以达到亚毫米级的精度。

④脉冲-相位式测距法:将脉冲式测距和相位式测距两种方法结合起来产生的一种新的测距方法。这种方法利用脉冲式测距实现对距离的粗测,利用相位式测距实现对距离的精测。

三维激光扫描仪主要由测距系统和测角系统以及其他辅助功能系统组成,如内置相机及双轴补偿器等。其工作原理是通过测距系统获取扫描仪到待测物体的距离,再通过测角系统获取扫描仪至待测物体的水平角和垂直角,进而计算出待测物体的三维坐标信息。在扫描过程中,再利用本身的垂直和水平马达等传动装置完成对物体的全方位扫描。这样连续地对空间以一定的取样密度进行扫描测量,就能得到被测目标物体密集的三维彩色散点数据,称为点云。

(2)点云数据特点

地面三维激光扫描测量系统对物体进行扫描后采集到的空间位置信息是以特定的坐标系统为基准的。这种特殊的坐标系称为仪器坐标系,不同仪器采用的坐标轴方向不尽相同。通常,其定义为:坐标原点位于激光束发射处,Z 轴位于仪器的竖向扫描面内,向上为正;X 轴位于仪器的横向扫描面内,与 Z 轴垂直;Y 轴位于仪器的横向扫描面内,与 X 轴垂直,同时 Y 轴正方向指向物体,且与 X 轴、Z 轴一起构成右手坐标系。

三维激光扫描仪在记录激光点三维坐标的同时也会将激光点位置处物体的反射强度值记录,称为反射率。内置数码相机的扫描仪在扫描过程中可以方便、快速地获取外界物体真实的色彩信息。在扫描、拍照完成后,不仅可以得到点的三维坐标信息,而且获取物体表面的反射率信息和色彩信息。因此,包含在点云信息里的不仅有 X、Y、Z、In-tensity,还包含每个点的 RGB 数字信息。

(3)三维激光扫描仪技术特点

三维激光扫描仪在建筑工程中最主要的作用是现场数据的收集和获取。与以往的点测量不同,它是以建筑工程的数据为依托,在测量、施工节点对比、竣工交付、实测实量、模型校正、质量检测及数据留存等方面具有非常重要的作用,同时在建筑工程尤其是 BIM 的各环节中都有一定的优势。

①填挖基坑的方量计算。利用三维激光扫描技术能够对异形或不规则的基坑进行现场扫描,同时快速计算出整个基坑的体积,通过相应的处理软件可以计算出任意横断位置的填挖方体积。此外,三维激光扫描仪还可以在基坑挖方及后续强夯过程中对未填方和填方,以及强夯以后的土方体积和夯实度进行更加直观的分析对比。

②规划施工现场。在建筑施工期间,现场环境错综复杂。在进行 BIM 模型设计时,若没有对现场资料、机械及人员的位置进行合理规划,需要借助三维激光扫描技术获得施工现场的具体情况,将点云数据和 BIM 模型设计结合,对施工场地的管理、物流进出计划、施工规划及进度计划等进行科学有效的指导。

③钢结构施工。在大多数大型钢结构的建筑中,会使用大量的巨型桁架、复杂的不规则钢构架以及弯管等。对这类工具无法进行工厂预拼装检查。这时需要借助三维激光扫描技术对异形构件进行扫描,然后再借助计算机进行预拼装,待预拼合格以后,再将构件运到施工现场指定位置进行吊装和焊接。

④机电管线相关数据的采集。在 MEP 设备全部安装完毕后,必不可少的一环是对所有安装设备进行验收。可以借助三维激光扫描技术获取的点云数据与 BIM 模型进行对比,检查其中存在的问题和漏洞,然后对模型进行更新,使其能够与竣工模型相符。

⑤检测墙面和地面的平整度。在建筑施工过程中,检测墙面和地面的平整度是检测指标中的重要一项。建筑物平整度直接影响下一个施工环节的进度、成本和质量,同时也影响整个建筑工程的质量。通过三维激光扫描技术,可以仅需要几分钟将所有数据采集完成,然后相关人员对其进行快速检查并形成相应的文件,以便相关项目负责人查阅。

⑥实现快速逆向建模。对于一些没有完整的图纸或模型的老旧建筑,在改造过程中的建模和测量工作相对难度较大。通过三维激光扫描技术,可以对建筑进行快速扫描并造成逆向建模。随着技术的快速发展,大部分的构件已经能够通过软件快速完成,并在相应的设计软件中顺利应用。

⑦验证竣工模型。相关施工单位在修改竣工模型时,通常以点云数据为基础,在模型修改的位置需要相应承包方明确模型的每一个变更点的依据,并将相应的文件存档保留。相应的监理单位可以直接使用三维激光扫描仪获取的点云数据,对建筑工程进行抽样验收。

⑧机电安装指导。随着 BIM 技术的应用,鉴于机电空间相对比较复杂的情况,通常会选择预制加工的方式来缩短现场安装的时间,但是由于前期施工过于粗放而且设计变更也比较频繁,这就导致在后期的施工中会增加不必要的困难。采取三维激光扫描技术进行数据采集,可以实现依据现场实际数据开展预制加工设计与安装等工作,较大限度地降低了成本,提高了施工效率。

⑨为建筑装饰的设计提供依据。在装饰和机电相关人员进入建筑工程施工现场以后,最先需要进行的是复合建筑结构,这也直接关系到下一步工作是否能够顺利进行。随着 BIM 技术的逐渐成熟,在该环节可以借助三维激光扫描技术对现场的数据进行复核。将设计模型导入相应的设计或点云软件中进行对比,为接下来的工作提供准确的数据支撑。

⑩虚拟现实。随着 3D 技术的不断发展和 BIM 技术的应用,在建筑施工中也会经常用到虚拟现实技术。通过三维激光扫描技术对现场数据进行采集并与虚拟现实技术进行整合,以此来实现模型数据的远程协同、现场项目的技术交流、施工安全教育、消防安全演习模拟以及虚拟安装等。

2)三维激光扫描系统分类

(1)依据承载平台划分

根据三维激光扫描测绘系统的空间位置或系统运行平台来划分,可分为机载型激光扫描系统、地面激光扫描测量系统、手持型激光扫描系统、星载激光扫描仪。

另外,对于在特殊场合应用的激光扫描仪,如洞穴中的激光扫描仪;在特定非常危险或难以到达的环境中,如地下矿山隧道、溶洞洞穴、人工开掘的隧道等狭小、细长形空间范围内,三维激光扫描技术亦可进行三维扫描。

(2)依据扫描距离划分

按三维激光扫描仪的有效扫描距离进行分类,目前国家无相应的分类技术标准,大概可分为短距离激光扫描仪、中距离激光扫描仪、长距离激光扫描仪、机载(或星载)激光扫描仪。

（3）依据扫描仪成像方式划分

按扫描仪成像方式分为全景扫描式、相机扫描式、混合型扫描式 3 种。

（4）依据扫描仪测距原理划分

依据激光测距的原理，可以将扫描仪划分为脉冲式、相位式、激光三角式、脉冲-相位式 4 种类型。

3）地面激光扫描系统特点

传统的测量设备主要是通过单点测量获取其三维坐标信息。与传统的测量技术手段相比，三维激光扫描测量技术是现代测绘发展的新技术之一，也是一项新兴的获取空间数据的方式。它能够快速、连续和自动地采集物体表面的三维数据信息，即点云数据，并且拥有许多独特的优势。它的工作过程就是不断进行信息采集和处理，并通过具有一定分辨率的三维数据点组成的点云图来表示对物体表面的采样结果。地面三维激光扫描测量技术具有非接触测量、数据采样率高、主动发射扫描光源、高分辨率、高精度、数字化采集、直接生成三维空间结果、全景化的扫描、激光的穿透性等特点。

4）三维激光扫描仪的使用方法

（1）前期扫描勘探准备

在建筑工程施工过程中，工作人员必须根据建筑工程的实际施工进度以及施工质量标准自行调整实地勘察活动的规模、持续时间、数据采样范围，并通过传感器连接后台数控系统与扫描仪，发挥激光扫描仪内置的视觉追踪技术的固有优势，对建筑选点进行精确拼接，降低现场勘查的实施难度，最大限度地缩短外部作业测量时间。在这一阶段，技术人员必须做好建筑工程的勘查路线规划工作，尽可能了解测量项目目标范围中各类建筑的大致布局、总体面积和施工技术等相关数据信息。另外，通过布设多个传感器与利用卫星信号传输勘测信息的探测器，可根据勘察范围的大小布设传感器并设计控制点。

（2）现场精确数据采集

需要对所测量的建筑工程现场的勘探数据进行专业化的采集，技术人员可在勘测现场架设观测站，并按照既定规则使用激光扫描仪扫描观测点附近的建筑，观测点的间距应保持在 20 m 左右。要注意房屋底部曲面部位的晾衣架等位置，这些部分会使技术人员在计算机上建立的三维模型缺乏完整性与全面性。因此，为提升测量精度、保证模型的完整性，在每次完成扫描测量任务后，技术人员应通过整合数据、进行模拟验算准确把握扫描效果，中途发现遮挡或封闭空间时可暂停扫描。

（3）后期扫描数据处理

技术人员必须做好数据处理与配准工作，将位于不同位置上的传感器搜集到的建筑信息进行分类加工。未经处理的三维空间数据包含多个坐标系。技术人员必须将其转换为标准化数据，使得点云数据具备突出的可辨识性与可调性。为使三维激光扫描仪扫描后的建筑工程数据更加真实、更有利用价值、更符合实际状况，技术人员在使用三维激光扫描仪进行建筑工程的勘探与扫描过程中必须避免噪声过大、杂波过滤等各项前期的基本工作，并在计算机中删除遮挡建筑物的树木或其他杂物，对数据进行优化处理，剔除原始数据中误差较大、不符合真实情况的信息。

（4）建立三维立体模型

通过合理运用三维激光扫描仪等先进设备，技术人员可直接从现实建筑物中快速采集逆向三维数据，并完成立体化建筑模型重构与修正工作。为满足建筑施工的测绘要求，可以考虑使用手持模式的激光扫描仪分别以不同角度进行对建筑物体的内部结构及外部表层情况进行细致扫描，从而获取点云文件，然后根据这些扫描数据来建立三维模型。技术人员需对之前所采集到的点云数据，用拟合的技术手段进行妥善处理，生成控制网格。需要拥有3个以上的控制点网格。这些工作完成后进行曲面的构建，在数字化模型上标注建筑物的基本特征点并制作数据清单。

5）三维激光扫描技术的应用

（1）在规划设计阶段中的应用

在工程建设规划开始前，三维激光扫描技术可以为其提供施工现场真实的三维点云模型，包括交通路线、地形地貌以及周边建筑等详细信息，如紧急通道、进出口、步行广场、楼梯、走廊、通风设施、坡道以及楼层直接情况等。与无人机航拍相比，三维激光扫描技术获取的信息更加全面且精准，可以为规划设计提供更加精准的数据依据。设计模型同样可以匹配到相应的点云数据中，以此来检查设计和实际周边环境是否匹配，以提高设计效率。

（2）在旧建筑改造中的应用

随着城市的快速发展，大多数城市都面临着旧城改造的问题。由于原建筑设计和施工时间比较久远，很难找到与现场实际情况相匹配的结构图纸，给后续工作带来一定的难度。用传统的测绘方法获取现场数据不仅需要花费大量人力物力和时间，而且工作难度也极大，很难顺利完成。在这种情况下，三维激光扫描技术则可以获取现场数据，为后续设计工作提供特定的数据支持。

（3）在隧道超欠挖中的应用

山区铁路沿线地质条件复杂，隧道占比高，隧道超欠挖均会影响隧道施工质量。隧道超欠挖三维扫描检测系统由硬件设备和数据处理软件两个部分组成。通过手持终端控制扫描单元，收集发射出的激光反射信号，获取当前位置的断面数据，同时控制主机通过电机带动扫描单元水平旋转，实时对激光数据进行融合，生成隧道三维数据。以八达岭隧道为例，检测过程中，单站采集时间约 3 min，数据处理时间约 5 min，硬件操作简便，数据处理时间短。该系统对隧道施工环境要求低，不易受光线、灰尘等干扰，可自动识别超欠挖的数量、位置、体积等空间信息，结果如图 4.14 所示。其中，左侧、右侧分别为展开前、展开后的三维点云数据；红色区域为超挖区，黄色区域为欠挖区，绿色区域为正常开挖区。

（4）在道路工程中的应用

林成行（2023）对三维激光扫描在道路工程测绘中的应用进行了研究，通过地面三维激光扫描对复杂的地理环境进行深度扫描，全面采集被扫描物体的三维数据，并在数据信息采集的基础上创建三维模型，对测绘项目进行综合分析。王江文才等（2024）对机载三维激光扫描技术在公路地形测量中的数据扫描获取过程及后续数据的预处理、数学建模和绘制地形图中的应用进行研究，并结合平原 G310 郑州境改扩建工程、山区沿大别山明港至鸡公山高速公路两个项目，对使用三维激光扫描地形得到的点云数据进行处理与分析，绘制出道路沿

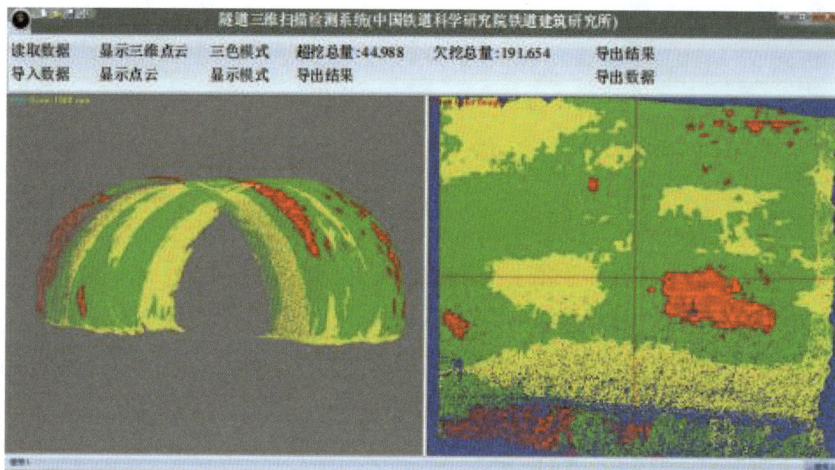

图4.14　超欠挖计算结果

线1∶2 000带状地形图,并进行检查分析。试验结果表明,通过机载三维激光扫描技术点云数据和图像数据获得的 DOM、DTM、DLG 产品精度满足要求,可直接应用于公路勘测设计。

（5）在竣工测量中的应用

傅冬华（2023）将三维激光扫描技术应用于建筑工程竣工测量中,通过点云与设计模型碰撞分析,基于点云绘制的建筑物立面图与实测数据两个方面对比,进行竣工验收分析。研究结果表明,三维激光扫描技术在竣工测量中具有较好的应用效果。

（6）在输电线路中的应用

周彬等（2023）为掌握杆塔的整体变形情况和变形规律,提出一种基于三维激光扫描技术的输电杆塔变形观测方法。结合工程实例,通过对杆塔点云数据和设计模型进行对比,获取塔基不均匀沉降、塔身整体倾斜和塔材挠度变形信息,并分析输电铁塔的形变情况。结果显示,三维激光扫描技术能较好地分析铁塔整体变形,得到铁塔变形的准确值,为输电线路铁塔的安全运行提供了一种高效、高精度的监测方法。张乐等（2024）提出了一种基于点云数据配准的输电线路异常检测方法。首先,利用三维激光扫描仪采集输电线路点云数据;其次,对采集的点云数据进行降噪处理,并通过点云数据配准方法模拟输电线路状态;最后,通过与正常输电线路对比识别线路异常状态,以完成输电线路异常检测。实践表明,异常检测方法命中率高达96%以上。该方法在输电线路异常检测方面具有良好的应用前景。

2. 活动实践

①仿真实践观察,详见右侧二维码。

②实践案例:根据工程案例,对该自然生态保护区通过三维激光扫描获取数据。

仿真实践观察　　工程案例　　参考答案

活动 4.2.2　扫描点云数据处理

1. 基本知识交付

1）点云数据采集方案设计

为获取高精度完整的点云数据，工作过程一般包括项目计划制订、外业数据采集和内业数据处理。《地面三维激光扫描作业技术规程》（CH/Z 3017—2015）规定，地面三维激光扫描总体工作流程应包括技术准备与技术设计、控制测量、数据采集、数据预处理、成果制作、质量控制与成果归档。本节首先阐述制定扫描方案的方法，然后介绍外业扫描的步骤，最后对点云数据获取的误差来源与精度影响进行简要分析。

（1）野外扫描方案设计

《地面三维激光扫描作业技术规程》（CH/Z 3017—2015）对资料收集及分析、现场踏勘、仪器及软件准备与检查作出了具体要求。

（2）制订扫描方案的作用

测绘工程项目多数都有技术设计的环节。在我国，三维激光扫描技术应用还处于初期阶段。多数应用项目属于试验研究性的，只有少数应用技术路线相对成熟。在多数大型项目技术设计中，已经成为必要环节来进行。

三维激光扫描技术的核心是获取点云数据的精度，依据目前一些学者的研究成果，点云数据的精度影响因素较多。为控制误差累积、提高扫描精度，三维激光扫描测绘和传统测绘一样，测绘前进行基于精度评估的技术设计是非常必要的，对项目的顺利完成将起到非常重要的作用。

（3）制订扫描方案的主要过程

技术设计应根据项目要求，结合已有资料、实地踏勘情况及相关的技术规范，编制技术设计书。技术设计书的编写应符合《测绘技术设计规定》（CH/T 1004—2005）的规定。制订扫描方案的主要过程如下：

①明确项目任务要求。扫描项目确定后，承包方技术负责人必须向项目发包方全面细致地了解项目的具体任务要求。这是制订项目技术设计的主要依据。

②现场勘查。为保证项目技术设计的合理性并顺利实施，全面细致地了解项目现场的环境，双方相关人员必须到扫描现场进行踏勘。

③制定技术设计方案。技术设计书的主要内容应包括项目概述、测区自然地理概况、已有资料情况、引用文件及作业依据、主要技术指标和规格、仪器和软件配置、作业人员配置、安全保障措施、作业流程。

2）基于标靶的点云数据采集

数据采集流程包括控制测量、扫描站布测、标靶布测、设站扫描、纹理图像采集、外业数据检查、数据导出备份。以下对利用标靶进行点云数据采集的方法进行说明。

（1）点云数据采集方法

地面三维激光扫描仪对三维场景进行数据采集时，一般可采用基于地物特征点拼接的数据采集方法、基于标靶的数据采集方法和基于"测站点+后视点"的数据采集方法。

每一种数据采集方法的总体思路如下：

①基于地物特征点拼接的数据采集方法。根据每个测站对待测物体进行数据采集时，获取的点云数据重叠区域内具有地物（公共）特征点的特性，进行后续数据处理。在外业数据采集时，扫描仪可以架设在任意位置进行扫描，同时不需要后视标靶进行辅助。在扫描过程中，只需要保证相邻两站之间的扫描数据有 30% 的重叠区域。

数据处理主要通过选择各测站重叠区域的公共特征点计算旋转矩阵进行拼接。特征点选择完成后，软件可以计算出待拼接点云相对于基础点云的旋转矩阵，将两站数据拼接在一起。将结果再与第三站进行拼接，采用此方法将其余各站的数据拼接成一个整体。

该方法可以在任意位置架设扫描仪进行数据采集，不需要架设后视或公共标靶，只要求扫描测站之间有 30% 以上的重叠区域，外业测量简单灵活、布设方式灵活。内业数据拼接时，需要人工选取公共点云进行拼接，拼接过程复杂、精度较低。该方法适用于特征明显、测量精度要求不高的工程中，一般使用较少。

②基于标靶的数据采集方法。基于标靶的点云数据采集方法采用的反射标靶是球体、圆柱体或圆形标靶。进行外业数据采集时，在待测物体四周通视条件相对较好的位置布设反射标靶，作为任意设置测站的共同后视点。任意位置设站对待测物体扫描时，要求测站能同时后视到 3 个及以上后视标靶。扫描结束后，再对待测物体四周能后视到的标靶进行精扫，获取标靶的精确几何坐标。根据实际工作经验，进行基于标靶的数据采集时，每站之间获取 4 个以上的标靶数据；后期数据处理时，能得到更好的点云拼接效果，如图 4.15 所示。

利用设备配套软件拼接时，相邻两站进行拼接处理，最后拼接成一个整体。基于标靶的数据采集方法目前主要应用于雕塑、独立树、堆体、人体三维扫描等测量面积相对较小、独立的物体扫描工程中。如果面积较大或者被扫描物遮挡时，在换站的同时就要移动标靶到下一个能通视的位置，保证每一测站能扫描到 3 个以上的标靶。图 4.16 所示的堆体共需扫描 4 站（$S1 \sim S4$），标靶摆放 6 个位置（$b1 \sim b6$），按照逆时针方向移动。

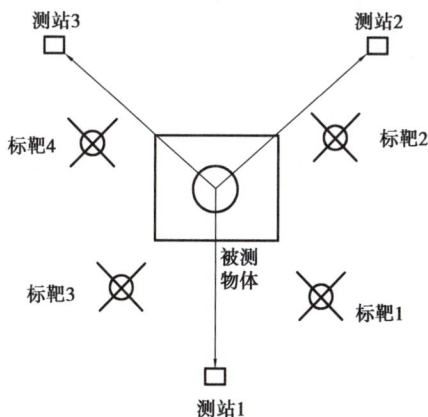

图 4.15 基于标靶的数据采集

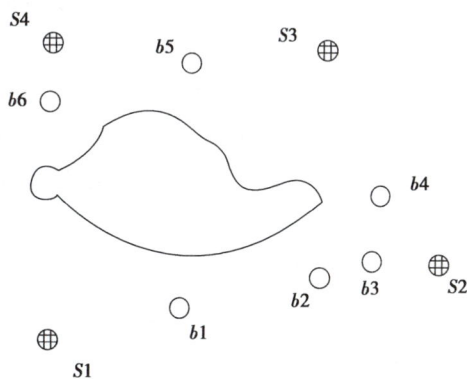

图 4.16 逆时针移动下的数据采集

基于标靶的数据采集方法可以在任意位置架设扫描测站点，但要求相邻两测站间要有 3 个以上固定位置的公共标靶。扫描时，需要对公共标靶进行精扫。这种方法不需要获取每个测站和标靶的测量坐标,内业点云拼接简单、快速,拼接精度较高。该方法适合小型、单一物体的扫描工程。

③基于"测站点+后视点"的数据采集方法。该方法类似于常规全站仪测量,也是最接近于传统测量模式的方法。该方法需要在已知控制点上设站扫描,各控制点的坐标需要采用其他的方法进行测量,如导线测量、CPS-RTK 方法等。采用 CPS-RTK 作业方法时,可以通过扫描仪自带的接口,将 GPS 接收机直接连接到扫描仪器上,进行同步测量。

外业具体数据采集流程如下:

a. 在已知控制点上架设三维激光扫描仪,对仪器进行对中整平工作;

b. 在另一与测站点相互通视的已知控制点上架设标,对标进行对中整平工作;

c. 根据测量物体的特征,对三维激光扫描仪按一定的参数进行设置后采集被测物体点云数据;

d. 在点云数据中找到标靶的位置并对标进行精细扫描,获得后视点标的相对坐标。

利用仪器配套的软件,输入对应控制点的坐标,将点云数据旋转到需要的测量坐标系中。由于已知控制点都是在同一坐标下进行测量得到的,因此各站点云数据通过配准操作后叠加在一起,就形成了统一的整体数据。

该方法由于每个控制点都在同一坐标系下,因此需要采用其他设备对控制点坐标进行测量,这就加大了外业工作量。在扫描过程中,只需要对一个后视标靶进行扫描即可完成定向,每站点云数据之间不需要有重叠区域。该方法点云拼接精度高,并可以直接得到相应的测量坐标系,适用于大面积或带状工程的数据采集工作。

(2)基于标靶的扫描步骤

在项目实施过程中,野外获取点云数据是重要的组成部分,获取完整的、符合精度要求的点云数据是后续建模与应用的基础。扫描开始前,要做好相关准备工作,主要包括仪器、人员组织、交通、后勤保障、测量控制点布设等。针对不同品牌的仪器型号,在一个测站上具体扫描操作的方法会有所不同。目前,多数激光扫描仪的集成度较高,以徕卡 ScanStation C10 扫描仪为例,在采用球形标靶控制点方式拼接的情况下,一个测站上扫描的基本步骤如下:

①仪器安置。仪器安置的主要包括电源(锂电池或者交流电源)、对中(在需要条件下)、整平,需要的时间非常短。对于个别扫描控制与数据存储,采用笔记本电脑的分体式扫描仪,将各个部件连接完整需要一定的时间,一般会在 30 min 以内完成。

②摆放球形标靶。在安置仪器的同时,可以在扫描对象的附近摆放 4 个球形标靶。注意:球形标靶一定要放在比较稳定的位置,要与仪器通视,同时不要摆放在一条直线上,要考虑到下一站的球形标靶移动时的通视。

③仪器参数设置。在确认仪器安置无误后,可以打开仪器电源开关,一般开机可能需要几分钟时间,之后出现操作的中文主菜单,可以用配置的手写笔进行轻点屏幕操作。仪器带有电子气泡和激光对中,可以方便使用。开机完成后,进行扫描参数设置,主要包括工程文件名、文件存储位置、扫描范围、分辨率、标靶类型等。其中,精度相关参数设置要与项目技术设计相符。目前,多数国外产品支持中文菜单的操作,总体上操作比较简单。

④开始扫描。当确认仪器参数设置正确后,可以执行扫描操作。仪器在扫描过程中会有扫描进程的显示,完成扫描剩余的时间。如果有问题,可以暂停或取消扫描。

仪器扫描结束后,可以检查扫描数据质量,不合格的需要重新扫描。依据扫描方案,还可以进行照相(也可用专业相机)、对标靶进行精扫描等。

为保证后续工作顺利完成,在测站上应做好观测记录,主要内容包括扫描测站位置略图、扫描仪品牌与型号、扫描时间、扫描操作人、测站编号、参数设置等,可自行设计表格填写。

⑤换站扫描。确认测站相关工作完成无误后,可以将仪器搬移到下一测站,是否关机取决于仪器的电源情况、两站之间距离、仪器操作要求等因素。视扫描对象的情况确定是否移动标靶。

仪器搬移到下一测站后,可以重复前述4个步骤。注意:与前一个测站需要进行相同的工程文件名称、分辨率等特殊指标参数的设置。

⑥数据输出。全部扫描工作完成后,如果工作文件比较小(参考 U 盘容量确定),可在现场导出数据文件,插入 U 盘,进行相关操作;如果工作文件比较大,可以采用移动硬盘或传输电缆直接与电脑连接。

⑦结束扫描工作。数据传输完成后,关闭仪器。整理相关部件,仪器马达停止后可装入仪器箱,结束扫描的外业工作。

(3)扫描主要注意事项

仪器本身及扫描外界环境等因素对获取的点云数据精度有一定的影响。为保证获取完整精度的点云数据,《地面三维激光扫描作业技术规程》(CH/Z 3017—2015)规定在点云数据采集时需满足一定的要求。在野外扫描中,需要注意以下事项:

①在可能的条件下,应使用最佳的距离和角度。在扫描距离较短的情况下,不同的角度会有不同的接收率,并不是正直扫描时接收率最高。

②避免仪器在超限温度条件下使用。如果天气较热,应尽可能地将设备放在阴凉环境下,或者在仪器上部搭上一块湿布,帮助仪器散热。

③仪器内部安装高分辨率的数码相机,在设定扫描机位点时,应注意不要将设备直接对着太阳光。

④仪器在扫描操作时,尽量避免风、施工机械引起地面振动等造成的三脚架移动,以及扫描范围内人员走动、空气中浮尘等造成三维数据的噪声。应选择合适的时机尽量避免。若无法避免,后期数据处理时应对其进行消除。

⑤激光在穿透湿度高的空气时,会有很大程度的衰减,应尽量避免在潮湿的区域作业。特别是在封闭潮湿的环境,空气中的水汽不仅会吸收激光,而且被测目标表面的水也会产生镜面反射。这样会使扫描仪的测量距离变得非常小。

3)全站仪模式获取点云数据

随着仪器性能的不断提高,与传统测绘技术相结合的产品已经出现,如 GPS、MU、全站仪等,提高了获取点云数据的精度。

扫描仪在外业扫描过程中,需要进行架站和标靶扫描,ScanStation C10 提供了多种传统全站仪式的架站方法,如已知方位角、已知后视点以及后方交会的方法,可以轻松地将仪器架设在已知点上。通过已知点的坐标实现高精度的不同测站的数据拼接,确保获取高质量的扫描成果。当然,这些已知点的坐标可以通过全站仪或者 GPS 提前获取,在现场只需在设站时输入坐标即可。使用这些设站方法后,室内数据处理时无须再进行拼接,可直接进行后续的点云去噪和建模等处理工作。

对于扫描现场没有已知控制点,而扫描项目又需要实现高精度的点云拼接,可以使用 ScanStation C10 导线测量方法(图 4.17)。其具体的步骤如下:

①现场布设临时导线点,即仪器架设点(A、B、C)。

②仪器架设在 B 点朝向 A 点,使用已知方位角设站方法,给定一个方位角,如定义 0°00′00″。

③完成 B 点设站后即可开始扫描,同时扫

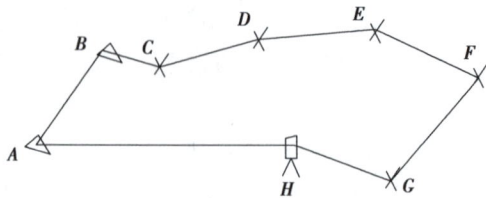

图 4.17　ScanStation C10 导线测量方法

描下一站 C 点标靶,作为前视点。

④将仪器搬至 C 点,使用已知后视点设站方法,扫描前视 B 点标靶完成定向后,即可进行后续扫描,同时扫描前视 D 点标靶。

⑤依次完成各个站的设站和扫描任务,直到前视点为 A 点为止。这样就完成一个闭合导线测量,不仅完成了导线测量,而且完成了各个站的扫描任务。在整个导线测量中,需要量取仪器高和标靶高,以确保获取正确的高程值。

ScanStation C10 外业完成的导线测量数据也可以导入 Cyclone 软件中,进行查看和编辑,以核对各站的点号及仪器高和标高是否正确。

完成编辑后,可以对所有设站数据进行重新拼接,同时查看拼接报告;在报告中,可以查看各导线点的坐标信息、导线总长度以及闭合差等信息。当然,也可以在 Cyclone 软件中非常直观地显示导线图形、各个导线边的长度以及转角的数值。ScanStation C10 导线测量方法成功应用于清东陵古建筑的扫描项目中,对其中的景陵和孝陵进行了扫描,扫描的线路长度达 7 km,扫描的建筑数量将近 50 座。

ScanStation C10 成功引入了传统全站仪的架站方法,轻松实现了外业扫描的导线测量方法,无须其他测量设备,即可完成现场导线控制测量和扫描任务,轻松完成外业扫描数据的拼接任务;尤其在大型扫描项目中,不仅可以提高外业的扫描效率,而且可以减少内业数据的处理时间。

4)点云数据预处理

(1)数据处理流程

三维激光扫描系统的全部工作包括外业数据获取和内业数据处理。

数据预处理流程包括点云数据配准、坐标系转换、降噪与抽稀、图像数据处理、彩色点云制作。内业数据处理可分为预处理与三维建模两个部分。

为保证使用点云数据进行三维建模的质量,点云数据的预处理环节非常重要。预处理后的点云数据质量直接影响三维建模的质量。为顺利完成点云数据的预处理,数据处理提

前做好相关的准备工作是必要的。准备工作包括以下内容：

①数据处理的硬件设备。目前，扫描后生成的数据文件都比较大，计算机的配置需要计算速度快、内存大。

②数据处理的软件。软件包括随机配套软件、建模软件、相关辅助软件。

③相关知识与方法。在数据处理前，处理人员一般要了解数据处理的基本概念、原理等基础知识，可通过图书、论文等获取。对软件的熟悉程度直接影响处理的效率与质量。因此，处理人员应该提前了解相关理论知识，重点是熟悉配套软件常用功能的操作方法。

④数据质量检查。在处理硬件与软件准备的基础上，扫描外业工作完成之后，一般可利用 U 盘或移动硬盘将原始数据文件复制到计算机上。运行配套软件，可打开或导入原始数据。做数据处理前，通过浏览数据功能检查扫描数据的质量，包括测站数量、点云完整性等。

（2）数据配准

点云数据处理时，坐标纠正（又称为坐标配准，也称为点云拼接）是最主要的数据处理方法之一。由于目标物的复杂性，通常需要从不同方位扫描多个测站，才能把目标物扫描完整。每一测站扫描数据都有自己的坐标系统，三维模型的重构要求将不同测站的扫描数据纠正到统一的坐标系下。在扫描区域中设置控制点或标靶点，使得相邻区域的扫描点云图上有 3 个以上的同名控制点或控制标靶；通过控制点的强制附合，将相邻的扫描数据统一到同一个坐标系下，该过程称为坐标纠正。在每一测站获得的扫描数据，都是以本测站和扫描仪的位置、姿态有关的仪器坐标系为基准，需要解决的坐标变换参数共有 7 个：3 个平移参数、3 个旋转参数、1 个尺度参数。

《地面三维激光扫描作业技术规程》（CH/Z 3017—2015）定义了点云配准（Point Cloud Registration）的概念，即把不同站点获取的地面三维激光扫描点云数据变换到同一坐标系的过程。点云数据配准时，应符合下列要求：使用标靶、特征地物进行点云数据配准时，应采用不少于 3 个同名点建立转换矩阵进行点云配准，配准后同名点的内符合精度应高于空间点间距中误差的 1/2；使用控制点进行点云数据配准时，二等及以下应利用控制点直接获取点云的工程坐标进行配准。

常见的配准算法有四元数配准算法、六参数配准算法、七参数配准算法、选代最近点算法（ICP）及其改进算法。目前，国内外关于点云数据的坐标配准的研究都比较多，不同品牌仪器都有与设备配套成熟的软件，如 Cyclone、PolyWorks 软件等。

（3）数据滤波

地面三维激光扫描数据处理的一个基本操作是数据滤波。对于获取的点云数据，由于各方面原因，不可避免地会存在噪声点。产生噪声点的原因主要有以下 3 个方面：

①由被扫描对象表面因素产生的误差，如受不同的粗糙程度、表面材质、波纹、颜色对比度等反射特性引起的误差。

②偶然噪声，即在扫描实施过程中由于一些偶然的因素造成的点云数据错误。例如，扫描建筑物时，有车辆或行人在仪器与扫描对象间经过，这样得到的数据就是直接的"坏点"，很明显应该删除或者过滤掉。

③由测量系统本身引起的误差。处理由随机误差产生的噪声点时，要充分考虑点云数

据的分布特征,根据分布特征采用不同的噪声点处理方法。目前,点云数据的分布特征主要有:扫描线式点云数据,按某一特定方向分布的点云数据;阵列式点云数据,按某种顺序排列的有序点云数据;格网式(三角化)点云数据,数据呈三角网互联的有序点云数据;散乱式点云数据,数据分布无章可循,完全散乱。不同点云数据的表达形式如图 4.18 所示。

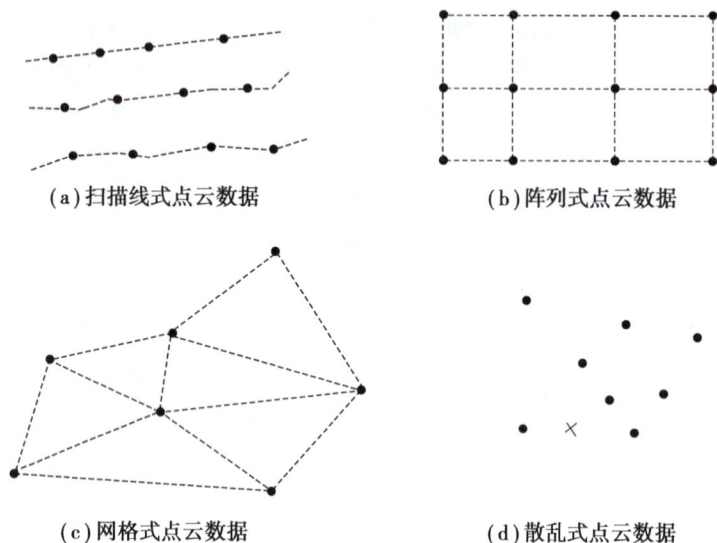

(a)扫描线式点云数据　　　　　　(b)阵列式点云数据

(c)网格式点云数据　　　　　　(d)散乱式点云数据

图 4.18　不同点云数据的表达方式

(4)数据缩减

三维激光扫描仪可在短时间内获取大量的点云数据,目标物要求的扫描分辨率越高、体积越大,获得的点云数据量就越大。大量的数据在存储、操作、显示、输出等方面都会占用大量的系统资源,使得处理速度缓慢,运行效率低下,故需要对点云数据进行缩减。

数据缩减是对密集的点云数据进行缩减,从而实现点云数据量的减小;通过数据缩减,可以极大地提高点云数据的处理效率。

(5)数据分割

对于比较复杂的扫描对象,如果直接利用所有点云数据建模,其过程是十分困难的,会使拟合算法难度增大,三维模型的数学表达式也会变得很复杂。因此,在复杂对象建模之前,需要将点云数据分割,分别建模完成后再组合,就是采用建模过程中"先分割后拼接"的思想,把复杂数据简化,把庞大数据细分化。

点云数据分割应遵守以下准则:第一,分块区域的特征单一且同一区域内没有法矢量及曲率的突变;第二,分割的公共边尽量便于后续的拼接;第三,分块的个数尽量少,可减少后续的拼接复杂度;第四,分割后的每一块要易于重建几何模型。

数据分割的主要方法有基于边的分割方法、基于面的分割方法和基于聚类的分割方法。基于边的分割方法需先寻找出特征线。所谓特征线,也就是特征点所连成的线。目前,最常用的提取特征点的方法是基于曲率和法矢量的提取方法,通常认为曲率或者法矢量突变的点为特征点,如拐点或者角点。提取出特征线之后,再对特征线围成的区域进行分割。基于面的分割方法是一个不断迭代过程,找到具有相同曲面性质的点,将属于同一基本几何特征的点集分割到同一区域,再确定这些点所属的曲面,最后由相邻的曲面确定曲面间的边界。基于聚类的分割方法就是将相似的几何特征参数数据点分类,可用根据高斯曲率和平均曲率来求出其几何特征再聚类,最后根据所属类来分割。

5)三维建模

(1)三维建模的目的和意义

模型是用来表示实际的或抽象的实体或对象。数据模型是一组实体以及它们之间关系的一般性描述,是真实世界的一个抽象。数据结构是数据模型的表示,是建立在数据模型基础上,是数据模型的细化。

目前,如何对三维激光扫描仪获取到的点云数据进行处理建模,从而达到实际应用需求,已经成为各领域研究的热点问题。这些领域主要包括:

①数字城市建设。在数字城市领域,三维城市建模正逐渐成为其研究的热点。将三维点云数据应用于城市建筑物的建模,是数字城市建设运用的一种新的技术手段。

②文物保护领域。在文物保护领域,由于其特殊性,需要高精度、非接触式的测量方式获取数据,三维激光扫描技术成为最精细和最快捷的文物保护手段之一。文物的三维模型准确地记录了文物精确的几何信息,对文物的保护和修复起到重要的作用。

③三维人体模型建模。在服装、医疗及影视等行业,三维人体模型的建模一直是研究的重点和难点。

(2)三维建模软件简介

目前,能够实现三维点云数据建模的主要有两种类型的软件:一种是扫描仪随机自带的软件,既可以用来获取数据,也可以对数据进行一般的处理,如德卡的 Cyclone、Riegl 扫描仪附带的软件 RiscanPro 等;另一种是专业数据处理软件,主要用于点云数据的处理和建模等方面,多为第三方厂商提供,如 Imageware、PolyWorks、Geomagic、3DSMax、SketchUp 和 Point-Cloud 等软件。它们都有点云影像可视化、三维影像点云编辑、点云拼接、影像数据点三维空间量测、空间三维建模、纹理分析和数据格式转换等功能。

(3)三维建模方法

根据三维模型表示的方式不同,对点云数据进行三维模型重建有两种方法:一种是三维表面模型重建,主要是构造网格(三角形网格等)逼近物体表面;另一种是几何模型重建,常见于 CAD 中的轮廓模型。前者构网方法简单,适用于地形数据建模,但对于点云这样的大数据量不适用;后者先把点云转化为实体模型,然后提取实体模型的轮廓线或特征线,生成 CAD 等模型,适用于建筑物等较规则实体对象的建模。面向图形表示的几何模型又分为点模型、线模型、面模型和体模型 4 类。

《地面三维激光扫描作业技术规程》(CH/Z 3017—2015)对规则模型(基于长度、宽度、高度、半径、直径、角度等特征参数构建的三维模型)和不规则模型(基于不规则三角网方式构建的三维模型)分别给出了定义。三维模型构建是成果制作之一。三维模型制作流程包括点云分割、模型制作、纹理映射,并对制作要求进行说明。

基于三维激光扫描获取的点云数据进行三维建模,主要是对点云数据进行一系列后续处理完成的。后续处理过程主要包括点云数据预处理、数据配准、点云滤波、模型构建、纹理

映射等。不同系统所使用的技术和方法不尽相同,但其主要步骤如下:

①点云数据获取。

②点云数据处理。

以上两个步骤的内容在前文中已经有阐述,在此不再赘述。

③模型构建。模型构建是在确定扫描对象的位置之后,根据滤波后的点云数据来提取扫描对象的模型。首先把不同视点下的点云数据融合。融合后的点云数据是离散的,对于复杂对象的表面形状不能真实地再现,就需要将三维点云数据转化为三角网格模型来很好地逼近扫描对象的表面形状。

④纹理映射。纹理映射是还原真实三维模型的关键一步,经过前面步骤得到的三维模型,已经具有了很好的几何精确性,但是为满足可视化的需要、还原真实的三维景观,还需要采用纹理映射技术对三维模型添加真实的色彩。纹理映射(纹理贴图)就是模拟景物表面纹理细节,用图像来替代物体模型中的细节,提高模拟逼真度和系统显示速度。三维模型的细节如果都采用三维模型来表示,将大大增加数据量以及模型的复杂度,对系统运行速度也是非常不利的。通过纹理映射的方法模拟出这些细节则解决了这个问题,兼顾系统对速度、模型对逼真度的要求。

另外,为提高显示效果的真实性,可以用模型渲染的软件做进一步处理。

2. 活动实践

①仿真实践观察,详见右侧二维码。

②实践案例:根据工程案例,对该自然生态保护区通过三维激光扫描得到数据后,再对点云数据进行处理。

仿真实践观察　　工程案例　　参考答案

项目 5　智能施工

【教学目标】了解智能施工的基本知识,掌握智能施工的主要特点;了解智能施工设备,掌握主体施工设备,掌握主体施工工艺流程和质量检测要求;建立坚守职业道德和匠心精神。

任务 5.1　智能放线

活动 5.1.1　放样机器人使用

1. 基本知识交付

1) 应用概述

在建筑施工过程中,测量是项目管理的一项重要工作,其准确性直接关系到建筑工程实体是否与设计成果一致,进而影响建筑是否能顺利交付及使用功能是否满足要求。传统的施工放线工作通常以二维图纸为依据,以全站仪为测量工具,通过大量的人工演算确定全站仪的设站位置、目标点间的角度和距离关系等参数,并由测量人员根据这些参数操作全站仪,指引棱镜到达正确的点位,以完成放线工作。传统的施工放线工作主要依靠测量人员进行,测量误差常受测量人员专业能力、工作态度等影响,存在施工效率不高、精度受工人影响大等问题。随着 BIM 技术的发展,施工放线工作中开始引入 BIM 技术,将 BIM 模型作为施工测量的依据。基于 BIM 的智能放样技术,以智能化的放样机器人为测量工具,通过将模型数据输入放样机器人中,并操作机器人完成放样工作,具有放样速度快、节省人工等优点。

2) 基于 BIM 的智能放样工作流程

智能放样机器人是连接 BIM 模型和施工现场的重要工具,一般由全站仪和平板电脑组成,如图 5.1 所示。其中,全站仪受平板电脑的控制,能够自行转动,在放线工作中用于照准目标;平板电脑是放线机器人的数据处理中心,其中存储有工作区域的设计模型或图纸,通过搭载的专用软件将设置好放样点的 BIM 模型导入机器人中,机器人可直接依据 BIM 模型中的位置信息确定相应点在施工现场的实际位置,简化了复杂的内业计算工作和施工现场反复找点过程。

基于 BIM 的智能放样工作流程主要分为 3 个阶段:放样前的准备工作、放样过程中在施工现场的测量工作和放样完成后的数据处理工作。

(1)准备工作

选定放线工作的范围,获取该范围对应的 BIM 模型或 CAD 设计图并转换为专用软件可接受的文件格式。将模型或图纸导入平板电脑,并选定参考点及待放出的点。

(2)现场工作

现场架设仪器,建立平板电脑和全站仪之间的通信连接后,通过照准 2 个或 3 个已知点确定全站仪自身位置。现场放线通过平板电脑指挥全站仪在地面等处,确定目标点的位置并进行标记。

(3)数据处理

在平板电脑中导出放样报告、实际点位坐标等文件,如图 5.2 所示。

图 5.1　徕卡 iCON Robot60 智能放样机器人

图 5.2　平板电脑端

3) 基于 BIM 的智能放样施工

(1)模型处理

智能放样机器人以 BIM 模型或 CAD 图纸为放样依据。进行放样工作前,需要先获取所放样区域的设计模型或图纸,对模型或图纸进行适当处理后,用于指导放线工作。不同型号的智能放样机器人支持的数据格式不同,常见的能够兼容如 DWG、DXF、SKP、IFC 和 PDF 等格式,查看 3D 设计模型或二维图纸并与之交互。徕卡 iCON Robot60 智能放样机器人与 Revit 无缝兼容,可直接将 BIM 数据导入 CC66 手簿,在现场做点放样。有的智能放样机器人不能与 Revit 软件建立的 RVT 格式 BIM 模型直接使用,需要进行转换。可将 Revit 建立的 BIM 模型转换为 DWG 格式图纸文件,实现与智能放样机器人的数据传递。在楼层平面进行放线时,为便于选取放样点,可在 Revit 软件中选取某一层的平面视图,通过导出图纸的方法将该视图转换为 DWG 格式文件。需要在三维空间中进行放样时,可选取某一层楼的 3D 视图导出为 DWG 格式文件,以方便选取放样点,避免因图元间的遮挡而选取错误的放样点。导出的 DWG 格式模型文件通过 U 盘导入智能放样机器人的平板电脑,并使用专用的软件进行读取。软件在读取图纸文件的同时,会自动为图纸创建相应的工程文件,后续各种操作均以该工程文件为基础。

（2）放样点确定

尽管可以在建模软件中画出施工现场已知点在设计模型或图纸上的对应位置,但直接导入专用软件中的模型和图纸并不能直接用于指导现场放线。为确定已知点和施工现场需要放出的点,需要在专用软件中对这些点进行手动标记,在相应的位置上设置点标记。软件中提供了捕捉图元并进行标记的工具。在标记放样点的过程中,一般选择直接捕捉图元上特征点,通过直接在平板电脑上点击的方式进行标记。在建筑结构施工中,重要的点一般是图上的交叉点、顶点、角点、中点等特征点。软件中提供的工具可直接选中这些点,并通过软件的"创建"命令建立标记点,如图5.3所示。

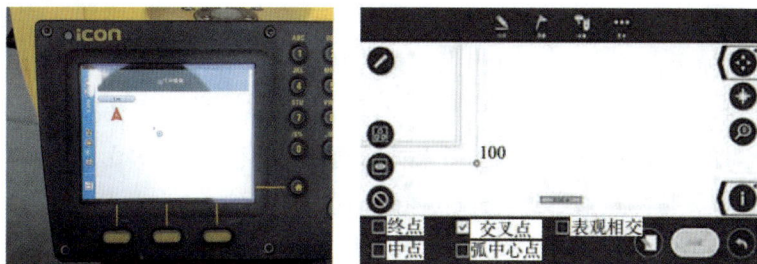

图5.3　在专用软件中标记点

在放样机器人的软件系统中,所有的标记点都是相同的,并不区分哪些点是已知位置的控制点,哪些点是实际位置未知需放出的点。为区分不同类型的点,可通过修改点的编号进行区分。在放样前确定已知点和放样点在图上的位置时,若模型或图纸的尺寸是按照1∶1比例绘制且尺寸精度满足施工要求,可直接使用图纸进行放样点的标记。此时,不需要进行复杂的点坐标计算,仅需在平板电脑上点选所需放出的点,可大幅减少放线施工前内业计算的工作量。

（3）测站设置

完成放样点的设置后,即可携带整套仪器前往现场进行放样。测站设置的方法与传统的全站仪放样基本一致,需将智能放样机器人的全站仪放置在施工现场较平稳位置,同时需确保全站仪所在位置与目标点位可以通视。智能放线机器人的全站仪具有自动整平功能,架设仪器时仅需进行粗略整平即可。

智能放样机器人的设站工作原理与传统全站仪放样时设站的原理相同,均依靠两个已知位置坐标的点确定仪器自身所在位置。与传统全站仪放线所不同的是,智能放样机器人在设站过程中无须输入已知点的坐标值,在平板电脑上点击已标记的已知点后,仪器自动获取点在图上的坐标。通过照准已知位置的两个控制点,智能放样机器人自动计算出全站仪的设站位置,并显示在平板电脑上,如图5.4所示。智能放样机器人在设站过程中,照准两个已知点并完成测量后,软件会自动进行误差计算,并在软件中的模型上进行可视化展示,直观地显示误差大小和方向,辅助测量人员调整棱镜位置或更换使用的已知点。

（4）现场放样

全站仪设站完成后,即可进行现场放样工作,将图纸中待放出的点投在施工现场的地面或其他固定物体上。具有免棱镜照准功能的智能放样机器人,一般有配合棱镜和免棱镜2种放样模式。

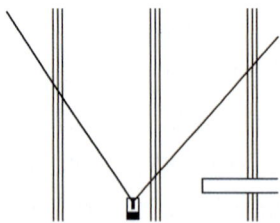

图5.4 确定全站仪设站位置　　图5.5 配合棱镜的放样模式

①在配合棱镜放样模式中,全站仪通过跟踪棱镜进行定位,同时将棱镜、全站仪、待放出点的位置均实时显示在软件中,软件根据棱镜与待放出点的相对位置指挥测量人员移动棱镜至待放出的点。当棱镜所在位置与目标点位距离足够近时,软件会以带有箭头的圆圈显示棱镜与目标点的距离和方向,辅助测量人员精确移动棱镜,如图5.5所示。在使用棱镜放样过程中,全站仪无须测量人员进行操作,全程仅需一名测量人员手持平板电脑和棱镜,在施工现场移动至目标点位并做标记。

②在免棱镜放样模式中,全站仪工作在免棱镜模式下,无须棱镜即可照准并测量目标点的坐标。在该模式下,全站仪镜头中设置的激光发射器发射一条绿色激光,在施工现场的物体上打出一个肉眼可见的绿色激光点。在放样过程中,全站仪自动照准目标点位,绿色激光点指示目标点的位置。测量人员在平板电脑上点击所要放出的点后,全站仪自动旋转照准目标点位并自动进行测量,以获取实际点位坐标数据及放样误差。若仪器测量3次仍无法测得实际点处于误差范围内,则在平板电脑上提示放样不成功。该过程同样仅需一人即可完成全部放样工作。该模式与配合棱镜放样模式的不同在于无需使用棱镜,全站仪直接对目标点进行照准和测量,而不是通过对棱镜的测量计算目标点的位置,免去测量人员手持棱镜在施工现场寻找目标点的过程,适合在缺少参照物的空旷环境下进行放样工作。由于该模式下测量人员依靠全站仪发射激光确定点位,不需要通过望远镜瞄准棱镜,因此放样工作不受外界光照环境影响,即使是在晚间或照明条件较差的环境中仪器仍可正常工作。

(5)数据处理

在使用智能放样机器人进行放样,每次照准并测量目标点位时,软件均会记录所照准点位实际坐标,并计算出实际位置和设计位置间误差,以指导测量人员修正。放样结束后,软件中记录放样时间、放样点编号、放样点设计和实际位置等信息,可通过软件生成固定格式的报告,用于放样工作总结。智能放样机器人配套的专用软件以文档形式对放出点所属项目、放出点的数量、放线工作的时间、测站位置、放出点的编号等内容进行汇总,并且可统计每次放出点的平均速度。对于放出点的位置坐标信息和误差信息,软件可以表格或CAD图的形式进行汇总和展示。

4)基于BIM智能放样技术的优势

BIM智能放样技术与传统全站仪放样技术相比,具有放样效率高、误差受测量人员影响小、可在照明不良的条件下工作等优势。传统的全站仪放样通常需要2个人或3个人共同完成放样任务,其中需要一人操作全站仪进行瞄准和观察,另一人手持棱镜按照全站仪操作者的指令,在施工现场移动寻找目标点。该过程需要测量人员密切沟通,工作效率受测量人员沟通质量和技术水平的影响较大。施工现场的参照物较少时,手持棱镜的施工人员难以快速找到目标点的大概位置,全站仪也难以对棱镜进行实时跟踪并为棱镜移动提供指导,因此全站仪放样工作模式下的放样效率较低。放样点的精度受测量人员的技术水平、工作态度甚至工作当天的心情等因素影响较大。

基于 BIM 的智能放样技术仅需一人即可完成全部放样工作,通过将平板电脑固定在棱镜杆上或使用免棱镜放样模式,可去掉传统模式中全站仪的操作人员,至少可节省一半的人工消耗。平板电脑在放样过程中可视化地展示设计模型和棱镜、目标点的位置,并直观地给出需要移动的方向和距离,免去了测量人员间的指挥和沟通环节,同时全站仪在跟踪棱镜的过程中给予测量人员实时和连续的指导,使测量人员能够更高效地找到目标点。免棱镜放样模式更是直接给出目标点的位置,省去了人工找位置的过程,提高了放出点的速度。在精度方面,使用棱镜时,软件可给出实时的误差和调整方向,测量人员可进行快速调整,以控制放样误差,误差超限时仪器也会给予警告。在免棱镜放样模式下,测量人员依靠全站仪投射出的激光点确定目标点,全部测量和计算工作均由智能放样机器人完成,放样精度基本不受测量人员的影响。传统全站仪放样要求施工现场有较好的光照条件,以便于测量人员能够通过全站仪的望远镜看到棱镜,因此无法在夜间或照明不良的条件下进行工作。智能放样机器人具有免棱镜放样功能,不需要测量人员人工瞄准棱镜,仅需要测量人员看到全站仪投射出的激光点即可完成放样工作,因此可不受外界环境。

2. 活动实践

实践案例:根据工程案例,编制基于 BIM 的智能放样工作流程。

工程案例

参考答案

活动 5.1.2　放线数据处理

可扫描右侧二维码学习。

放线数据处理

任务 5.2　土方与基础工程施工

活动 5.2.1　基坑开挖

1. 基本知识交付

可扫描右侧二维码学习。

基本知识交付

2.活动实践

①扫描右侧二维码,学习深基坑信息化施工检测项目。

②实践案例:根据工程案例,编制基坑开挖的原则及基本要求。

| 深基坑信息化施工检测项目 | 深基坑专项施工方案及计算书 | 参考答案 |

活动5.2.2 基坑监测

1.基本知识交付

基坑监测是基坑工程施工中的一个重要环节,是指在基坑开挖及地下工程施工过程中,对基坑岩土性状、支护结构变位和周围环境条件的变化进行各种观察及分析工作,并将监测结果及时反馈,预测进一步施工后将导致的变形及稳定状态的发展,根据预测判定施工对周围环境造成影响的程度来指导设计与施工,实现所谓信息化施工。

基坑监测主要包括支护结构、相关自然环境、施工工况、地下水状况、基坑底部及周围土体、周围建(构)筑物、周围地下管线及地下设施、周围重要的道路、其他应监测的对象。

1)深基坑信息化施工的监测方法

有多种监测技术和信号传输处理方式,一般有监控专家系统、智能控制系统、可视化监测软件等配套工具,反应时间可控制在1 s内,采样频率可达100 Hz,完全能够做到实时监测,为工程建设提供信息化支持。

2)深基坑信息化施工的监测项目

(1)水平位移监测

测定特定方向上的水平位移时,可采用视准线法、小角度法、投点法等;测定监测点任意方向的水平位移时,可视监测点的分布情况,采用前方交会法、自由设站法、极坐标法等;当基准点距基坑较远时,可采用GPS测量法或三角、三边、边角测量与基准线法相结合的综合测量方法。当监测精度要求比较高时,可采用微变形测量雷达进行自动化、全天候实时监测。

水平位移监测基准点应埋设在基坑开挖深度3倍范围以外不受施工影响的稳定区域,或利用已有稳定的施工控制点,不应埋设在低洼积水、湿陷、冻胀、胀缩等影响范围内;基准点的埋设应按有关测量规范、规程执行。宜设置有强制对中的观测墩;采用精密的光学对中装置,对中误差不宜大于0.5 mm。

(2)竖向位移监测

竖向位移监测可采用几何水准或液体静力水准等方法。

坑底隆起(回弹)宜通过设置回弹监测标,采用几何水准并配合传递高程的辅助设备进行监测。传递高程的金属杆或钢尺等应进行温度、尺长和拉力改正等。

基坑围护墙(坡)顶、墙后地表与立柱的竖向位移监测精度应根据竖向位移报警值确定。

(3)深层水平位移监测

围护墙体或坑周土体的深层水平位移监测宜采用在墙体或土体中预埋测斜管、通过测斜仪观测各深度处水平位移的方法。

（4）倾斜监测

建筑物倾斜监测应测定监测对象顶部相对于底部的水平位移与高差,分别记录并计算监测对象的倾斜度、倾斜方向和倾斜速率。应根据不同的现场观测条件和要求,选用投点法、水平角法、前方交会法、正垂线法、差异沉降法等。

（5）裂缝监测

裂缝监测应包括裂缝的位置、走向、长度、宽度及变化程度,需要时还包括深度。裂缝监测数量根据需要确定,主要或变化较大的裂缝应进行监测。

裂缝监测可采用下列方法:

①裂缝宽度监测。可在裂缝两侧贴石膏饼、画平行线或贴埋金属标志等,采用千分尺或游标卡尺等直接量测的方法,也可采用裂缝计、粘贴安装千分表法、摄影测量等方法。

②裂缝深度量测。当裂缝深度较小时,宜采用凿出法和单面接触超声波法监测;深度较大裂缝宜采用超声波法监测。

③在基坑开挖前,应记录监测对象已有裂缝的分布位置和数量,测定其走向、长度、宽度和深度等,标志应具有可供量测的明晰端面或中心。

裂缝宽度监测精度不宜低于 0.1 mm,长度和深度监测精度不宜低于 1 mm。

（6）支护结构内力监测

坑开挖过程中,支护结构内力变化可通过在结构内部或表面安装应变计或应力计进行量测。对于钢筋混凝土支撑,宜采用钢筋应力计(钢筋计)或混凝土应变计进行量测;对于钢结构支撑,宜采用轴力计进行量测。围护墙、桩及围檩等内力宜在围护墙、桩钢筋制作时,在主筋上焊接钢筋应力计的预埋方法进行量测。支护结构内力监测值应考虑温度变化的影响,对钢筋混凝土支撑尚应考虑混凝土收缩、徐变及裂缝开展的影响。

（7）土压力监测

土压力宜采用土压力计量测。土压力计埋设可采用埋入式或边界式(接触式)。土压力计埋设后应立即进行检查测试,基坑开挖前至少经过一周的监测并取得稳定初始值。

埋设时,应符合下列要求:

①受力面与所需监测的压力方向垂直,并紧贴被监测对象。

②埋设过程中,应有土压力膜保护措施。

③采用钻孔法埋设时,回填应均匀密实,且回填材料宜与周围岩土体一致。

④做好完整的埋设记录。

（8）孔隙水压力监测

孔隙水压力宜通过埋设钢弦式、应变式等孔隙水压力计,采用频率计或应变计量测。孔隙水压力计应满足以下要求:量程应满足被测压力范围的要求,可取静水压力与超孔隙水压力之和的 1.2 倍;精度不宜低于 0.5%F·S,分辨率不宜低于 0.2%F·S。孔隙水压力计埋设可采用压入法、钻孔法等。

（9）地下水位监测

地下水位监测宜采通过孔内设置水位管,采用水位计等方法进行测量。地下水位监测精度不宜低于 10 mm。

（10）锚杆拉力监测

锚杆拉力量测宜采用专用的锚杆测力计,钢筋锚杆可采用钢筋应力计或应变计。当使用钢筋束时,应分别监测每根钢筋的受力。锚杆轴力计、钢筋应力计和应变计的量程宜为设计最大拉力值的 1.2 倍,量测精度不宜低于 0.5% F·S,分辨率不宜低于 0.2% F·S。应力计或应变计应在锚杆锁定前获得稳定初始值。

3）人工监测与自动化监测的对比

基坑施工风险高、难度大,随着基坑施工越来越深,坍塌事故时有发生。传统的基坑监测手段能够起到一定的预防作用,但是传统人工监测手段时间间隔长,尤其是碰上恶劣天气情况,传统人工监测手段很难提供及时准确的数据。自动化监测能够提供更加及时准确的数据,对超限数据实时预警,避免人员伤亡及财产损失。

4）自动化监测系统组成

（1）感知层

利用 RFID、传感器、二维码等能够随时随地采集物体的动态信息。

（2）采集和传输层

利用智能数据采集仪,通过网络将感知的各种信息进行实时传送。

（3）智能平台层

智能平台层包括电脑端和手机端。利用计算机技术,及时地对海量的数据进行信息控制,真正达到了人与物的沟通、物与物的沟通。

自动化监测系统可实现无缝数据连接,多源数据一键录入,多种仪器统一管理;BIM 可视化现场管理;云端数据存储服务模式;具备监测数据、设备管理、人员管理、成本管理等的动态分析的多元化项目管理功能;多种预警方式,联动式安全响应;同时,还可以根据不同客户的不同需求进行模块化流程定制服务。

2. 活动实践

①仿真实践观察,详见右侧二维码。

②实践案例:阅读建筑基坑监测技术标准,编写出基坑监测的要求。

智慧工地-深基坑检测　　建筑基坑工程监测技术标准　　参考答案

活动 5.2.3　基础施工

1. 基本知识交付

1）筏板基础

（1）筏板基础概况

当建筑上部荷载较大而地基承载力较差时,可以由整片钢筋混凝土板承受建筑全部荷载,这种基础称为筏板基础。筏板基础具有整体性好、承载力高、结构布置灵活等优点,广泛用作为高层建筑及超高层建筑基础。筏板基础由整块式钢筋混凝土平板或板与梁等组成,在外形和构造上如同倒置的钢筋混凝土无梁楼盖或肋形楼盖,有平板式筏板基础和梁板式筏板基础两大类,如图5.6、图5.7所示。

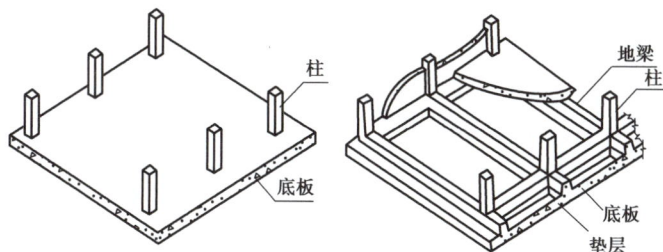

图5.6　平板式筏板基础

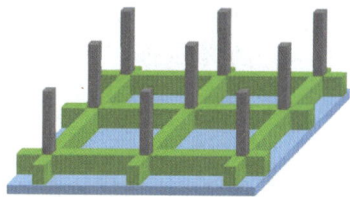

图5.7　梁板式筏板基础

板式筏板基础通常做成一块等厚度的钢筋混凝土板,适用于柱荷载不大、柱间距较小且等柱距的情况;当上部荷载较大时,可加大柱下的板厚,如果荷载很大且不均匀,柱距又较大,可沿柱轴心纵横两个方向设置肋梁,采用梁板式筏板基础。

(2)筏板基础选型

梁板式筏板基础所耗混凝土和钢筋都较平板式筏板基础少,因而具有材耗低、刚度大的特点;平板式筏板基础对地下室空间高度有利,施工也比较方便。筏板基础形式的确定应综合考虑土质、上部结构体系、柱距、荷载大小及施工条件等因素。

在工程设计中,一般认为,柱距变化和柱间的荷载变化不超过20%、柱网间距较小、上部荷载不是很大的结构,可选用平板式筏板基础;纵横柱网间尺寸相差较大、上部结构的荷载也较大时,宜选用梁板式筏板基础。

上部结构为剪力墙体系时,如果每道剪力墙都直通到基础,一般习惯把筏板基础做成平板式的;而对每道剪力墙不都直通到基础的框支剪力墙,必须选用梁板式筏板基础。

(3)筏板基础施工材料要求

①钢筋品种和规格应符合设计要求,具有出厂质量证明书及试验报告,并应现场取样做力学性能试验,合格后方可使用。

②筏板基础的混凝土强度等级不应低于C30。当有地下室时,筏板基础应采用防水混凝土。

(4)筏板基础施工工艺流程

筏板基础施工工艺流程:基底土质验槽→施工垫层→在垫层上弹线抄平→钢筋绑扎→支设模板→浇筑混凝土→养护、拆模。

(5)筏板基础施工要点

①基础施工前,应检查基底土质情况和标高、基础轴线尺寸,确定好混凝土浇筑高程。

②基坑验槽后,应立即浇筑垫层,以保护地基。当垫层浇筑完成达到一定强度后,在其上弹线。

③绑扎钢筋。筏板基础钢筋绑扎如图5.8所示。

a.绑扎底板下层网片钢筋。根据在防水保护层弹好的钢筋位置线,先铺下层网片的长向钢筋,钢筋接头

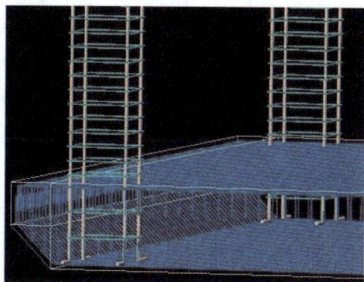

图5.8　筏板基础钢筋绑扎

尽量采用焊接或机械连接;后铺下层网片上面的短向钢筋,钢筋接头尽量采用焊接或机械连接。

b.绑扎地梁钢筋。在放平的梁下层水平主钢筋上,用粉笔画出箍筋间距。箍筋与主筋要垂直,箍筋转角与主筋交点均要绑扎,主筋与箍筋非转角部分的相交点呈梅花形交错绑扎。箍筋的接头,即弯钩叠合处沿梁水平筋交错布置绑扎。

地梁在槽上预先绑扎好后,根据已画好的梁位置线用塔吊直接吊装钢筋梁,并绑扎牢固。

c.绑扎底板上层网片钢筋。设置上层铁马凳:铁马凳用剩余短料焊制而成,铁马凳短向放置,间距为1.2 m;绑扎上层网片下铁:先在铁马凳上绑扎架立筋,在架立筋上画好钢筋位置线,按图纸要求顺序放置上层网的下铁,钢筋接头尽量采用焊接或机械连接,要求接头在同一截面相互错开50%,钢筋尽量减少接头,如图5.9所示。同一绑扎上层网片上铁:根据在上层下铁上画好的钢筋位置线顺序放置上层钢筋,钢筋接头尽量采用焊接或机械连接,要求接头在同一截面相互错开50%,同一根钢筋尽量减少接头。绑扎成形的筏板基础底板钢筋如图5.10所示。

图5.9 筏板基础上层铁马凳

图5.10 筏板基础底板钢筋

d.绑扎暗柱和墙体插筋:根据放好的柱和墙体位置线,将暗柱和墙体插筋绑扎就位,并和底板钢筋点焊固定,要求接头均错开50%。根据设计要求执行,设计无要求时,甩出底板面的长度不小于45d(d为钢筋直径),暗柱绑扎两道箍筋,墙体绑扎一道水平筋。

e.混凝土保护层厚度:根据结构所处耐久性环境的类别确定混凝土保护层的厚度。钢筋混凝土基础宜设置混凝土垫层,基础中钢筋的混凝土保护层厚度应从垫层顶面算起,且不应小于25 mm。保护层垫块间距为600 mm,梅花形布置。

图5.11 筏板基础模板支设

④支设模板。垫层上底板、梁的钢筋和上部柱插筋绑扎验收合格后,先浇筑底板混凝土,待混凝土强度达到设计强度的25%且在1.2MPa以上时,再在底板上支梁侧模板,浇筑梁部分混凝土。

底板和梁模板应一次同时支好,梁侧模用混凝土支墩或钢支脚支承并固定。筏板基础模板支设如图5.11所示。

⑤混凝土浇筑：

a.混凝土浇筑前,应先清除地基或垫层上的淤泥和垃圾,基坑内不得存有积水;木模应浇水湿润,板缝和孔洞应予堵严,钢模板面要涂隔离剂。

b.浇筑高度超过 2 m 时,应使用串筒、溜槽,以防离析;混凝土应分层连续浇筑,每层厚度为 250～300 mm。

c.混凝土浇筑方向应平行于次梁长度方向。对于平板式筏板基础,则应平行于基础长边方向浇筑。

d.浇筑混凝土时,应经常注意观察模板、钢筋、预埋铁杆、预留孔洞和管道有无走动情况。发现变形或位移时,应停止浇筑,在混凝土初凝前处理完后,再继续浇筑。

e.混凝土浇筑振捣密实后,应用木抹子搓平或用铁抹子压光。

⑥后浇带施工缝。当筏板基础长度很长(40 m 以上)时,应考虑在中部适当部位留设后浇带,以避免出现温度收缩裂缝和便于进行施工分段流水作业;对于超厚的筏板基础,应考虑采取降低水泥水化热和浇筑入模温度的措施,以避免出现过大温度收缩应力,导致基础底板裂缝。

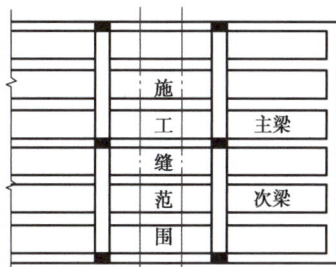

混凝土应一次浇灌完成,若不能整体浇灌完成,则应留设垂直施工缝,并用木板挡住。施工缝留设位置如

图 5.12 所示。当平行于次梁长度方向浇筑时,应留在次梁中部 1/3 跨度范围内;对于平板式筏板基础,可留设在任何位置,但施工缝应平行于底板短边且不应在柱脚范围内。在施工缝处继续浇筑混凝土时,应将施工缝表面清扫干净,清除水泥薄层和松动石子等,并浇水湿润,铺上一层水泥浆或与混凝土成分相同的水泥砂浆,再继续浇筑混凝土。

图 5.12　筏板基础施工缝留设位置

对于梁板式筏板基础梁高出底板部分,应分层浇筑,每层浇灌厚度不宜超过 200 mm。当底板或梁上有立柱时,混凝土应浇筑到柱脚顶面,留设水平施工缝,并预埋连接立柱的插筋。水平施工缝处理与垂直施工缝相同。

⑦基础浇筑完成后,表面应覆盖草帘和洒水养护,时间不少于7 d,并防止浸泡地基。待混凝土强度达到设计强度的25%且在1 MPa 以上时,即可拆除梁的侧模板。

⑧当基础混凝土达到设计强度的30%时,应及时进行基坑回填。基坑回填时,必须先清除基坑中的杂物,在相对的两侧或四周同时回填,并分层夯实。

(6)筏板基础质量要求及检验方法

①钢筋混凝土筏板基础钢筋安装允许偏差如表5.1所示。

表5.1 钢筋安装允许偏差

项目		允许偏差/mm	项目		允许偏差/mm
网片长度、宽度		±10	箍筋、构造筋间距	焊接	±10
网片尺寸	焊接	±10		绑扎	±20
	绑扎	±20	钢筋弯起点位移		20
骨架的宽度、高度		±5			

②筏板基础质量检验标准如表5.2所示。

表5.2 基础质量检验标准

序号	检查项目	允许偏差或允许值		检查方法
		单位	数值	
1	基础标高	mm	±10	用水准仪或拉线尺量检查
2	上表面平整度	mm	10	用水准仪或拉线尺量检查
3	基础轴线位移	mm	15	用经纬仪或拉线尺量检查
4	基础截面尺寸	mm	+8,−5	用钢尺量

2)箱形基础

(1)箱形基础概况

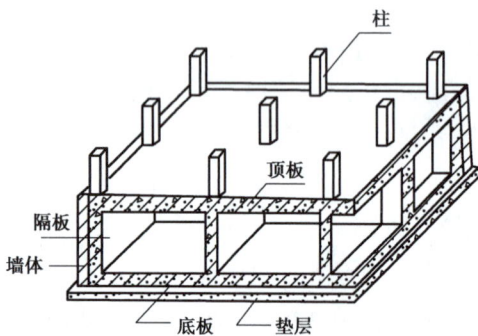

图5.13 钢筋混凝土箱形基础

当建筑有地下室时,地下室的底板、顶板、外墙及部分内墙用钢筋混凝土现浇而成。这种可以用作地下室,又可以提高建筑和基础整体刚度的盒状基础,称为箱形基础,如图5.13所示。箱形基础能够抵抗和协调由于软弱地基在较大荷载产生的不均匀沉降变形,且埋深大、稳定性好、抗震性好,因而常用于高层建筑的基础。箱形基础由于设计要求高、施工难度大及受使用功能的限制,目前一般仅用于人防等特殊用途的建筑中。

(2)箱形基础施工准备

①作业条件:

a.地基土质情况及钎探、地基处理、基础轴线尺寸、基底标高,均经过地勘验并办完隐检手续。

b.完成基槽验线,办完预检手续。

c.地下降水工作完成,具备施工条件。

d. 校核混凝土配合比,根据设计及规范要求进行,做完混凝土配合比试配;完成使用材料的复试,进行技术交底;检查调整后台磅秤,准备好混凝土试模。

②材料要求:

a. 钢筋品种和规格应符合设计要求,具有出厂质量证明书及试验报告,并应取样做力学性能试验,合格后方可使用。

b. 箱形基础的混凝土强度等级不应低于 C25。当有地下室时,箱形基础应采用防水混凝土。

(3)箱形基础工艺流程

箱形基础施工工艺流程:基底土质验槽→施工垫层→在垫层上弹线抄平→钢筋绑扎→浇筑混凝土→养护、拆模。

(4)箱形基础施工要点

①混凝土浇灌前,应先进行验槽,轴线、基坑尺寸和土质应符合设计规定。坑内浮土、积水、淤泥、杂物应清除干净。

②基坑验槽后,应立即进行基础施工。基坑不得长期暴露,更不得积水。当垫层浇筑完成达到一定强度后,在其上弹线,按照图纸标明的钢筋间距,从距模板端头、梁板边 5 cm 起,用墨斗在混凝土垫层上弹出位置线(包括基础梁钢筋位置线)。

③施工缝设置:

a. 箱形基础的底板、内外墙和顶板的支模、钢筋绑扎和混凝土浇筑,可采取分块支模浇筑方法进行,其施工缝留设如图 5.14 所示。外墙水平施工缝应在底板面上部 300~500 mm 和无梁顶板下部 30~50 mm 处,并应做成企口形式。

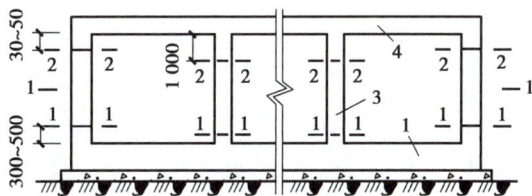

图 5.14 箱形基础施工缝留设(单位:mm)

1—底板;2—外墙;3—内隔板;4—顶板;1-1、2-2—施工缝位置

b. 有严格防水要求时,应在企口中部设镀锌钢板(或塑料板)止水带,外墙的垂直施工缝宜用凹缝,内墙的水平和垂直施工缝多采用平缝,内墙与外墙之间可留垂直缝。继续浇筑混凝土前必须清除杂物,将表面冲洗洁净,注意接浆质量,然后浇筑混凝土。

④钢筋绑扎。按弹出的钢筋位置线铺底板下层钢筋。如设计无要求,一般情况下,先铺短向钢筋,再铺长向钢筋。钢筋绑扎时,靠近外围两行的相交点每点都绑扎,中间部分的相交点可相隔交错绑扎,双向受力钢筋必须将钢筋交叉点全部绑扎。绑扎时,采用八字扣或交错变化方向绑扎,必须保证钢筋不发生位移。

底板如有基础梁,可预先分段绑扎骨架,然后安装就位,或根据梁位置线就地绑扎成形。基础底板采用双层钢筋时,绑完下层钢筋后,摆放钢筋马凳或钢筋支架(间距以人踩不变形为准,一般 1 m 左右一个为宜)。在铁马凳上摆放纵横两个方向定位钢筋,钢筋上下次序及绑扣方法同底板下层钢筋。基础底板和基础梁钢筋接头位置要符合设计要求,同时进行抽样检测。箱形基础钢筋绑扎如图 5.15 所示。

钢筋绑扎应注意形状和位置准确,接头部位用闪光对焊或套管挤压,严格控制接头位置及数量,混凝土浇筑前须经验收。

⑤模板支设。外部模板宜采用大块模板组装,内壁用定形模板;墙间距采用直径 12 mm 穿墙对接螺栓控制墙体截面尺寸,埋设件位置应准确固定。箱顶板应适当预留施工洞口,以便内墙模板拆除取出。箱形基础模板支设如图 5.16 所示。

图 5.15　箱形基础钢筋绑扎　　　　图 5.16　箱形基础模板支设

⑥混凝土浇筑:

a.混凝土浇筑要均匀、连续,避免出现过多的施工缝和薄弱层面。

b.底板混凝土浇筑,一般应在底板钢筋和墙壁钢筋全部绑扎完毕、柱子插筋就位后进行,可沿长方向分两三个区,由一端向另一端分层推进,分层均匀下料。

当底面积大或底板呈正方形时,宜分段分组浇筑。当底板厚度小于 50 cm 时,可不分层,采用斜面赶浆法浇筑,表面及时整平;当底板厚度不小于 50cm 时,宜水平分层和斜面分层浇筑,每层厚度为 25～30 cm,分层用插入式或平板式振捣器捣固密实,防止漏振,每层应在水泥初凝时间内浇筑完成,以保证混凝土的整体性和强度,提高抗裂性。

c.墙体浇筑应在墙全部钢筋绑扎完成,包括顶板插筋、预埋件、各种穿墙管道敷设完毕,模板尺寸正确,支撑牢固安全,经检查无误后进行。一般先浇筑外墙、后浇筑内墙,或内外墙同时浇筑。

外墙浇筑可采取分层分段循环浇筑法,即将外墙沿周边分成若干段,一般分成 3 或 4 段,绕周长循环转圈进行,周而复始,直至外墙体浇筑完成。

⑦后浇带设置:

a.箱形基础底板、内外墙和顶板宜连续浇筑完成。对于大型箱形基础工程,当基础长度超过 40 m 时,宜设置一道不少于 700 mm 的后浇带,以防产生温度收缩裂缝。

b.后浇带的位置应设置在柱距三等分的中间范围内,宜四周兜底贯通顶板、底板及墙板,且后浇带处的钢筋不切断。

c.后浇带施工须待顶板浇捣后两周以上进行,使用比原设计强度等级提高一级的半干硬性混凝土。

d.混凝土继续浇筑前,应将后浇带的混凝土表面凿毛,清除杂物,表面冲洗干净,注意接浆质量,然后浇筑混凝土,并加强养护。

⑧大体积混凝土处理。大体积混凝土浇筑时,积聚在内部的水泥水化热不易散发,混凝土内部的温度将显著上升,产生较大的温度变化和收缩作用,导致混凝土表面裂缝和贯穿性或深进裂缝,影响结构的整体性、耐久性和防水性,影响正常使用。一般采取的措施有:

a.对混凝土结构进行温度应力计算,用以确定是否可以分块浇捣,以减少混凝土的收缩徐变内应力。

b.采用水化热较低的矿渣硅酸盐水泥和掺磨细粉煤灰掺合料,以减少水泥水化热,增加和易性,减少泌水性。

c.加强混凝土表面的保温养护,延缓降温速度,控制混凝土内外温差。

d.降低混凝土的入模温度。

e.在应力集中部位设置变形缝。

f.在适当部位设置后浇带。

⑨箱形基础混凝土浇筑完成后,要加强覆盖并浇水养护。箱形基础施工完成后,应防止长期暴露,要抓紧进行基坑回填。回填时,要在相对的两侧或四周同时均匀进行,分层夯实;停止降水时,应验算箱形基础的抗浮稳定性;如不能满足时,必须采取有效措施,防止基础上浮或倾斜。地下室施工完成后,方可停止降水。

(5)箱形基础质量要求及检验方法

①钢筋混凝土箱形基础钢筋安装允许偏差如表5.1所示。

②箱形基础质量检验标准如表5.2所示。

3)桩基础

一般建筑物都应充分利用地基土层的承载能力,尽量采用浅基础。但若浅层土质不良,无法满足建筑物对地基变形和强度的要求时,可以利用下部坚实土层作为持力层,这就要采用有效的施工方法建造深基础。深基础中,以桩基础最为常用,按制作方法分为预制桩(图5.17)和灌注桩(图5.18)。

图5.17　预制桩基础施工

图5.18　灌注桩基础施工

(1)桩基础作用

桩基础是一种常用的基础形式。它是一种把若干根土中单桩在顶部用承台或梁连接起来的基础形式。当天然地基上部土层的土质不良,不能满足建筑物对地基强度和变形等方面的要求时,往往采用桩基础。

桩的作用是将上部建筑物的荷载传递到承载力较大的深处土层中,或使软弱土层挤密,以提高地基的密实度及承载力,保证建筑物的稳定和减小其沉降。在土质较差和有地下水的地区进行大开槽施工时,可打桩作为临时土壁支撑,以防止塌方,也可以起防水、防流沙的作用。因此,桩基础在工业建筑、高层建筑、高耸构筑物及抗震设防建筑中广泛应用。

(2)桩基础分类

桩按传力及作用性质不同,分为端承桩和摩擦桩两种,如图 5.19 所示。端承桩是穿过软弱土层达到坚实土层的桩,上部建筑的荷载主要由桩尖土层的阻力来承受。摩擦桩只打入软弱土层一定深度,将软弱土层挤压密实,提高土层的密实度及承载力,上部建筑物的荷载主要由桩身侧面与土层之间的摩擦力及桩尖的土层阻力承担。

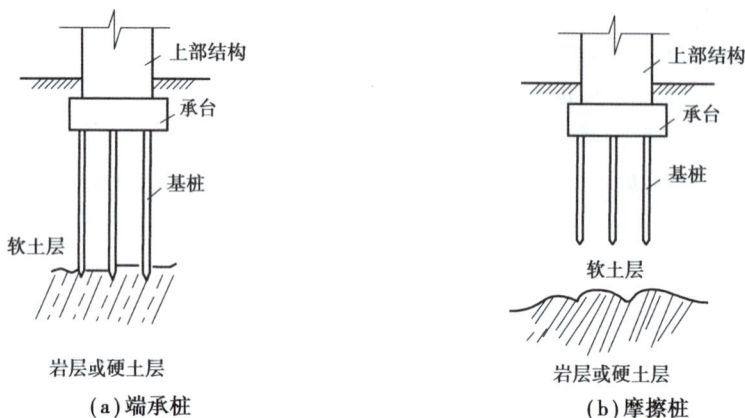

图 5.19　端承桩和摩擦桩

桩基础按制作方法分为预制桩和灌注桩两大类。预制桩是在工厂或施工现场制作的各种材料和形式的桩(钢管桩、钢筋混凝土实心方桩、钢筋混凝土管桩等),然后用沉桩设备将桩沉入土中。预制桩按沉桩方法不同,分为锤击沉桩(打入桩)、静力压桩、振动沉桩和水冲沉桩等。灌注桩是在施工现场的桩位处成孔,然后在空中安放钢筋骨架,再浇筑混凝土成桩。灌注桩成孔按设计要求和地质条件、设备情况,可采用钻孔、冲孔、抓孔和挖孔等不同方式。成孔作业还分为干式作业和湿式作业,分别采用不同的成孔设备和技术措施。

(3)钢筋混凝土预制桩施工

钢筋混凝土预制桩施工包括桩的制作、起吊、运输、堆放和沉桩、接桩等工艺。

①桩的制作。钢筋混凝土预制桩有实心方桩和空心管桩两种。为便于制作,实心桩大多数做成方形断面,断面边长一般为 250～550 mm。管桩是在工厂用离心法成形的空心圆柱形预制桩,其直径从 400～1 000 mm 不等。与实心桩相比,使用相同体积混凝土,管桩的直径大、表面积大、承载能力高。

单节桩的最大长度取决于打桩架的高度,一般在 27 m 以内,必要时可做到 30 m。若桩长超过桩架高度,则应分节(段)制作;打桩时,采用接桩的方法把桩接长。

钢筋混凝土预制桩所用混凝土强度等级不宜低于 C30。采用静压沉桩时,不宜低于 C20,预应力混凝土桩的混凝土强度等级不宜低于 C60。主筋根据桩断面及吊装验算确定,一般为 4～8 根,直径为 12～25 mm;箍筋直径为 6～8 mm,间距不大于 200 mm。在桩顶和桩尖部分应加强配筋。

较短的桩(长度在 12 m 以下)多在预制厂制作,较长的桩一般在施工现场附近露天就地预制。确定单节桩制作长度应考虑桩架的有效高度、制作场地大小、运输和装卸能力等,同时应考虑将接桩节点的竖向位置避开硬夹层。

施工现场预制桩多采用叠层浇筑,重叠生产的层数应根据施工条件和地基承载力确定,一般不宜超过 4 层。预制场地应平整坚实,不应出现浸水湿陷和不均匀沉陷。上下层桩之间、邻桩之间及桩与地模和模板之间应做好隔离层,以防接触面黏结及拆模时损坏棱角。常用的隔离剂有纸筋石灰浆、皂角滑石粉浆、塑料布等。隔离剂要求干燥快、隔离性能好、施工方便、造价低廉。上层桩及邻桩的混凝土浇筑,应在下层桩及邻桩混凝土达到设计强度等级的 30% 以上之后进行。

钢筋混凝土预制桩的钢筋骨架宜采用对焊连接,主筋接头配置在同一截面内(30 倍钢筋直径区域内,但不小于 500 mm)的数量不得超过 50%;同一钢筋两个相邻接头间应大于30 倍钢筋直径,且不小于 500 mm。桩尖应对正轴线,桩尖模板采用钢模板,也可用钢板焊在钢筋骨架上。桩顶主筋上部以伸至最上一层钢筋网片之下为宜,应连接成"I"形,以有效接受和传递锤的冲击力。桩身混凝土保护层不可过厚,宜为 25 mm,否则打桩时易脱落。钢筋混凝土预制桩如图 5.20、图 5.21 所示。

制桩时,混凝土的粗集料应用碎石或碎卵石,粒径为 5 ~ 40 mm;混凝土宜用机械搅拌、机械振捣,由桩顶向桩尖连续浇筑,不得中断。

桩的制作应按规定做好检查记录,以供验收时查用。钢筋混凝土预制桩的允许偏差如表 5.3 所示。

图 5.20　钢筋混凝土预制方桩　　　　图 5.21　钢筋混凝土预制圆桩

表 5.3　钢筋混凝土预制桩的允许偏差

项次	项目	允许偏差
1	横截面边长	±5 mm
2	桩顶对角线之差	10 mm
3	保护层厚度	±5 mm
4	桩身弯曲矢高	≤1‰桩长,且≤20 mm
5	桩尖中心线	10 mm

续表

项次	项目	允许偏差
6	桩顶平面对桩中心线的倾斜	≤3 mm
7	钢筋预留孔深	0～20 mm
8	浆锚预留孔位置	5 mm
9	浆锚预留孔径	±5 mm
10	锚筋孔的垂直度	≤1%

此外,桩的制作质量还应符合下列规定:

a.桩顶及桩身表面应平整坚实。掉角深度不应超过 10 mm,且局部蜂窝和掉角缺损总面积不得超过全部表面积的 0.5%,且不得过分集中。

b.由于混凝土收缩产生的裂缝深度不得大于 20 mm、宽度不得大于 0.25 mm,横向裂缝长度不得超过边长或直径的一半。

c.桩顶和桩尖处不得有蜂窝、麻面、裂缝和掉角。

②桩的起吊、运输。钢筋混凝土预制桩应在混凝土达到设计强度标准值的 70% 后方可起吊,达到设计强度标准值的 100% 才能运输和打桩。如提前起吊,必须做强度和抗裂度验算,并采取必要措施。起吊时,吊点位置应符合设计规定。无吊环时,绑扎点的数量和位置视桩长而定;当吊点或绑扎点不多于 3 个时,其位置按正负弯矩相等原则由计算确定;当吊点或绑扎点超过 3 个时,应按正负弯矩相等且吊点反力相等的原则确定吊点位置。不同吊点位置如图 5.22 所示。

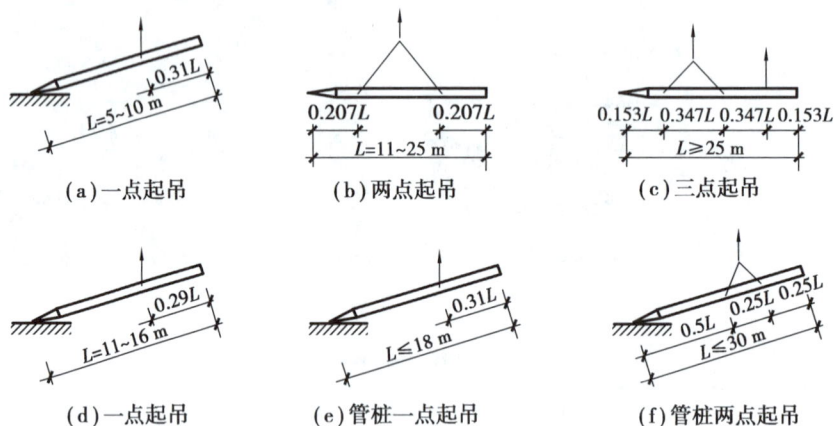

图 5.22 预制桩的吊点位置

桩的运输应根据打桩进度和打桩顺序确定,宜采用随打随运的方法,以减少二次搬运。运输时,其支点应与吊点位置一致,并使桩身平稳放置,避免较大振动。当桩的运输距离较短时,可以在桩下垫滚筒,用卷扬机拖动桩身前进;当运距较远时,可采用平板拖车或轻轨平板车运输;对于工厂生产的短桩,可采用汽车或平板拖车运输。

③桩的堆放。打桩前,需要将桩运输到现场堆放;桩在堆放和运输时,应使桩尖的方向

符合桩吊升的要求,避免打桩时因桩掉头发生困难。堆放时,垫木位置应与吊点位置相同,保持在同一平面上,且上下对齐。最下层垫木应适当加宽。堆放场地应平整、坚实,堆放层数一般不宜超过 4 层,不同规格的桩应分别堆放。

④沉桩——锤击沉桩施工。

锤击沉桩也称打入桩,是利用桩锤下落产生的冲击能量将桩沉入土中,锤击沉桩是预制钢筋混凝土桩最常用的沉桩方法。该方法施工速度快,机械化程度高,适用范围广;但施工时有噪声污染和振动,在城市中心和夜间施工有所限制。

a.打桩机具及选择。打桩机具主要有打桩机及辅助设备。打桩机主要包括桩锤、桩架和动力装置 3 个部分。

● 桩锤。桩锤是对桩施加冲击力、将桩打入土层中的主要机具。打入桩桩锤按动力源和动力作用方式不同,分为落锤、单动气锤、双动气锤、柴油锤、振动桩锤和液压锤等。

选择桩锤时,应遵循“重锤低击”的原则;否则,锤击能量很大部分会被桩身吸收,桩不仅不容易打入,且容易打碎桩头。应根据地质条件、桩的类型、桩的长度、桩身结构强度、桩群密度及施工条件等因素确定桩锤类型及质量,其中尤以地质条件影响最大。当锤重为桩重的 1.5 ~ 2 倍时,沉桩效果较好。

● 桩架。桩架的作用是吊桩就位、悬吊桩锤、打桩时引导桩身方向。桩架要求稳定性好、锤击准确、可调整垂直度,机动性、灵活性好,工作效率高。桩架的种类和高度,应根据桩锤的种类、桩的长度和施工条件确定。桩架高度应为桩长+桩帽高度+桩锤高度+滑轮组高度+起锤工作伸缩的余位高度(1 ~ 2 m)。若桩架高度不满足,则桩可考虑分节制作、现场接桩;若采用落锤,还应考虑落距。

● 动力装置。打桩机的动力装置及辅助设备主要根据选定的桩锤种类而定。落锤以电源为动力,再配置电动卷扬机、变压器、电缆等;蒸汽锤以高压饱和蒸汽为驱动力,配置蒸汽锅炉、蒸汽绞盘等;气锤以压缩空气为动力源,需配置空气压缩机、内燃机等;柴油锤以柴油为能源,桩锤本身有燃烧室,不需要外部动力设备。

b.打桩前的准备工作:

● 清除妨碍打桩施工的高空及地下障碍物并平整场地。做好施工现场自然条件、地质状况、附近建筑物及附近地下管线等相关资料的调查。打桩前,应清除地上、地下的障碍物,如地下管线、旧有基础、树木等。桩机进场及移动范围内的场地应平整压实,使地基承载力满足施工要求,并保证桩架的垂直度。施工现场及周围应保持排水通畅。架空高压电线距桩架顶部净空不小于 10 m。

● 材料机具准备及接通水、电源。桩机进场后,按施工顺序铺设轨道,选定位置架设桩机和设备,接通水、电源或燃炉升火,进行试机并移机至起点就位,力求桩架平稳垂直;做好对桩的质量检验。

● 抄平放线、定桩位、设标尺。打桩现场附近应设置水准点,数量不少于两个,用以抄平场地和检查桩的入土深度;然后根据建筑物的轴线控制桩,定出桩基轴线位置及每个桩的桩位,其轴线位置允许偏差为 20 mm。当桩较稀疏时,可用小木桩定位;当桩较密集时,用龙门板(标志板)定位,以防打桩时土体挤压位移使桩错位。

应在桩架或桩侧面设置标尺,以观测、控制桩的入土深度。

c. 打桩试验。打桩试验主要是检验打桩设备和工艺是否符合要求,了解桩的贯入深度、持力层强度及桩的承载力,以确定打桩方案和打桩技术。试桩时应做好试桩记录,画出各土层深度,记录打入各土层的锤击次数,最后精确测量贯入度。按规范规定,试桩不得少于两根。

d. 确定打桩顺序。打桩时,由于桩对土体的挤密作用,先打入的桩被后打入的桩水平挤推而造成偏移和变位,或被垂直挤拔造成浮桩;而后打入的桩难以达到设计标高或入土深度,造成土体隆起和挤压,截桩过大。有时,打桩可能对周围建筑物产生一定的影响。因此,群桩施打时,为保证质量和进度、防止破坏周围建筑物,打桩前应根据桩的密集程度、桩的规格、长短和便于桩架移动来正确选择打桩顺序。

● 当桩较密集(桩中心距小于或等于4倍边长或直径)时,应由中间向两侧对称施打[图5.23(a)]或由中间向四周施打[图5.23(b)]。打桩时,土体由中间向两侧或四周挤压,易于保证施工质量。当桩数较多时,也可采用分区段施打。

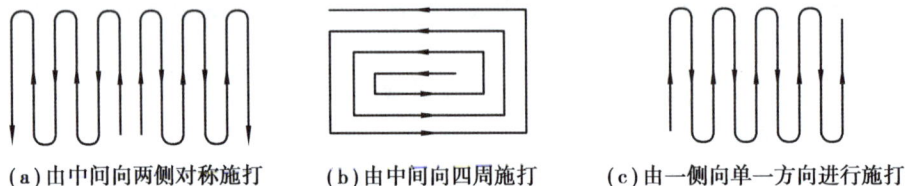

(a)由中间向两侧对称施打　　(b)由中间向四周施打　　(c)由一侧向单一方向进行施打

图5.23　打桩顺序

● 当桩较稀疏(桩中心距大于4d,d为桩径)时,可采用由一侧向单一方向进行施打的方式,即逐排施打,如图2.23(c)所示。这样,桩架单方向移动,打桩效率高。但打桩前进方向一侧不宜有防侧移、防振动的建筑物、构筑物、地下管线等,以防土体挤压破坏。

● 对于同一工程的桩,当其规格、埋深、长度不同时,宜遵循"先大后小、先深后浅、先长后短"的原则施打。

e. 打桩施工:

● 提锤吊桩。桩机就位后应平稳、垂直,导杆中心线与打桩方向应一致,并检查桩位是否正确,然后将桩锤和桩帽吊起使锤底高于桩顶,以便进行吊桩。

吊桩用桩架上的钢丝绳和卷扬机将桩提升就位,吊点数量和位置与桩运输起吊时相同。桩提升到垂直状态后,送入桩架导杆内,桩尖垂直对准桩位中心,扶正桩身,将桩缓缓下放插入土中。桩的垂直度偏差不得超过0.5%。

桩就位后,在桩顶放上弹性衬垫(如草纸、麻袋、草绳等),扣上桩帽或桩箍。待桩稳定后,即可脱去吊钩,再将桩锤缓慢落在桩帽上。桩锤底面、桩帽上下面及桩顶应保持水平,桩锤、桩帽(送桩)和桩身应在同一中心线上。在锤重作用下,桩沉入土中一定深度达到稳定位置,再次校正桩位和垂直度后即可打桩。

● 打桩。初打应采用小落距轻击桩顶数锤,落距以0.5~0.8 m为宜,随即观察桩身与桩锤、桩架是否在同一垂线上。待桩入土一定深度,桩尖不易发生偏移时,再全落距施打,打桩宜采用重锤低击。重锤低击对桩顶的冲击小,桩顶不易损坏,大部分能量用于克服桩身摩擦力与桩尖阻力;桩身反弹小,不致使桩身被拉坏;桩锤的落距小,打桩速度快,效率高。当采用落锤或单动气锤时,落距不宜大于 1 m,采用柴油锤应使桩锤跳动正常,落距不超过 1.5 m。

打桩时,入土速度应均匀,锤击间歇时间不应过长,否则会使桩身与土层之间摩擦力恢复,造成固结现象,使桩施打困难。因此,在组织施工和现场接桩时,应尽量加快速度,保证施工连续进行。

打桩工程属于隐蔽工程。为确保工程质量,应对每根桩施工过程进行观测,并做好记录,作为验收时鉴定质量的依据。开始打桩时,应测量记录桩身每沉入 1 m 的锤击次数及桩锤落距的平均高度。当桩下沉接近设计标高时,应在规定落距下,锤击一阵(每阵 10 击)后测量其贯入度。当最后贯入度小于设计要求时,打桩即停止。施工中,所控制的贯入度以合格的试桩数据为准。

桩顶要打入土中一定深度时,应采用送桩器,以减小预制桩的长度、节省材料。送桩器是将桩送入地下的工具式短桩,安放在桩顶承受锤击,通常用钢材制作,其长度和尺寸视需要而定。施打时,应保证桩与送桩器尽量在同一垂直轴线上。送桩器两侧应设置拔出吊环,拔出送桩器后,桩孔应及时回填。

打桩时,应随时注意观察桩锤回弹情况。若桩锤经常回弹较大,桩的入土速度慢,说明桩锤太轻,应更换桩锤;若桩锤发生突发的较大回弹,说明桩尖遇到障碍,应停止锤击,找出原因后进行处理。如果继续施打,贯入度突增,说明桩尖或桩身遭受破坏。打桩时,还要随时注意观察贯入度的变化。贯入度过小,可能遇到土中障碍;贯入度突然增大,可能遇到软土层、土洞或桩尖、桩身破坏。当贯入度剧变、桩身发生突然倾斜、移位或严重回弹,桩顶、桩身出现严重裂缝或破坏时,应暂停打桩并及时研究处理。

f.接桩。当设计桩较长时,受桩架有效高度、现场情况、运输、吊装能力等限制,桩只能分节制作,逐节打入,现场接桩。常用的接桩方法有焊接接桩、法兰接桩和硫黄胶泥锚接接桩,如图 5.24 所示。

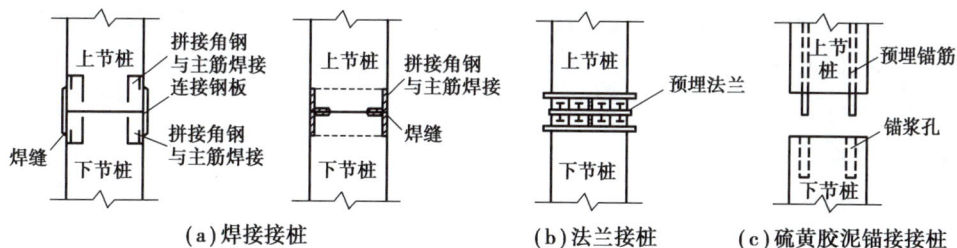

图 5.24 预制桩的接桩方法

- 焊接接桩是在上下两节桩端部预埋钢板或角钢,将上节桩用桩架吊起,对准下节桩头检查无误后,用点焊将四角连接角钢与预埋钢板临时焊接,再次检查位置及垂直度后,随即由两名焊工对角对称施焊。焊接接桩适用于各类土层。
- 法兰接桩主要用于离心法成形的钢筋混凝土管桩。该法适用于各种土层的离心管桩接桩。
- 硫黄胶泥锚接接桩又称浆锚法,接桩时,将上节桩下端伸出的 4 根锚筋插入下节桩的锚筋孔,上下桩间隙为 20 mm 左右。然后在四周安设施工夹箍,将熔化的硫黄胶泥注满锚筋孔内,并使之溢出桩面,然后将上节桩下落,当硫黄胶泥冷却后,拆除施工夹箍,则可继续压桩和打桩。硫黄胶泥锚接接桩节约钢材、操作简单、施工速度快、质量好,适用于软弱土层中打桩和压桩。

g. 截桩。预制桩施打完毕,按设计桩顶标高,应将桩头多余部分凿去,如图 5.25 所示。凿桩头可用人工或风镐完成,也可以用切割的方法,但不得打裂桩身混凝土,并保证桩顶嵌入承台梁内的长度不小于 50 mm;当桩主要承受水平力时,不小于 100 mm。

图 5.25　截桩

h. 打桩质量控制。打桩质量评定主要有两个方面:一是能否满足贯入度或标高的设计要求,二是桩的位置偏差是否在施工及验收规范允许范围以内。

当桩尖位于坚硬、硬塑的黏土、碎石土、中密以上砂土或风化岩等土层时,打桩以贯入度控制为主,以桩尖进入持力层深度或桩尖标高作为参考。当贯入度已达到要求而桩尖标高未达到要求时,应继续锤击 3 阵,每阵 10 击的平均贯入度不应大于规定数值。当桩尖位于其他软土层时,以桩尖设计标高控制为主,贯入度作为参考。控制贯入度应通过打桩试验或与有关单位会商确定。打桩时,如控制指标已符合要求,而其他指标与要求相差较大时,应会同有关单位研究确定。

此外,按标高控制的预制桩桩顶的允许误差为($-50 \sim +100$)mm,钢筋混凝土预制桩在沉桩后垂直度偏差不大于 1%,平面位置偏差不大于 1/2 ~ 1 个桩直径或边长。

贯入度指每锤击一次桩的入土深度,而工程中通常指最后贯入度,即最后 10 击桩的累计入土深度。

i. 打桩时,常见问题的分析和处理如下:

● 桩顶、桩身被打坏。该现象一般是因桩顶四周和四角打坏,或者顶面板打碎。有时甚至将桩头钢筋网部分的混凝土全部打碎,几层钢筋网都露在外面,有的是桩身混凝土崩裂脱落,甚至桩身断折。

发生桩顶、桩身被打坏的原因如下:打桩时,桩的顶部由于直接受到冲击而产生很高的局部应力。因此,桩顶的配筋应做特别处理。桩身混凝土保护层太厚,直接受冲击的是素混凝土,故容易剥落。主筋放得不正是引起保护层过厚的原因,必须注意避免。桩的顶面与桩的轴线不垂直,则桩处于偏心受冲击状态,局部应力增大,极易损坏。桩下沉速度慢而施打时间长、锤击次数多或冲击能量过大称为过打。遇到过打时,应分析地质资料,判断土层情况,改善操作方法,采取有效措施解决。

● 打歪。桩顶不平、桩身混凝土凸肚、桩尖偏心、接桩不正或土中有障碍物,都容易使桩打歪;另外,桩被打歪往往与操作有直接关系,如桩初入土时桩身歪斜,但未纠正就再施打,很容易把桩打歪。

● 打不下。在城市内打桩,如初入土 1～2 m 就打不下去,贯入度突然变小,桩锤严重回弹,则可能遇上旧的灰土或混凝土基础等障碍物。必要时,应彻底清除或钻透后再打,或者将桩拔出,适当移位后再打。如桩已打入土中很深,突然打不下去,可能有以下 3 种情况:桩顶或桩身已打坏,土层中央有较厚的砂层或其他硬土层,遇上钢渣、孤石等障碍。

● 一桩打下,邻桩上升。这种现象多在软土中发生,桩贯入土中时,由于桩身周围的土体受到急剧的挤压和扰动,被挤压和扰动的土在靠近地面的部分出现地表面隆起,产生水平移动。若布桩较密,打桩顺序又欠合理时,一桩打下,将影响到邻桩上升,或将邻桩拉断,或引起周围土坡开裂、建筑物出现裂缝。

打桩施工常会发生打坏、打歪、打不下等问题。出现这些问题的原因是复杂的,有工艺和操作上的原因,有桩的制作质量上的原因,也有土层变化复杂等原因。因此,出现这些问题时,必须具体分析、具体处理。必要时,应与设计单位共同研究解决。

⑤沉桩——静力压桩施工。

a.特点及原理。静力压桩是在软土地基上,利用静力压桩机或液压压桩机用无振动的静压力(自重和配重)将预制桩压入土中的一种沉桩新工艺,在我国沿海软土地基上应用较为广泛。与锤击沉桩相比,它具有施工无噪声、无振动、节约材料、降低成本、提高施工质量、沉桩速度快等特点,特别适宜于扩建工程和城市内桩基工程施工。其工作原理是:通过安置在压桩机上的卷扬机的牵引,由钢丝绳、滑轮及压梁将整个桩机的自重(800～1 500 kN)反压在桩顶上,以克服桩身下沉时与土的摩擦力,迫使预制桩下沉。

b.压桩机械设备。压桩机有机械静力压桩机和液压静力压桩机两种。

c.静力压桩施工工艺与方法:

● 施工程序。静力压桩的施工程序为:测量定位→桩机就位→吊桩插桩→桩身对中调直→静压沉桩→接桩→再静压沉桩→终止压桩→切割桩头。

● 压桩方法。用起重机将预制桩吊运或用汽车运至桩机附近,再利用桩机自身设置的起重机将其吊入夹持器中,夹持油缸将桩从侧面夹紧,压桩油缸做伸程动作把桩压入土层中。伸程动作完成后,夹持油缸松夹,压桩油缸回程,重复上述动作,可实现连回压桩操作,直至把桩压入预定深度土层中。

● 桩拼接的方法。一般情况下,静力压桩分段预制、分段压入、逐段接长。每节桩长度取决于桩架高度,一般在 12 m 以内,压桩桩长可达 30 m 以上,管桩外径有 300 mm、400 mm、500 mm 等多种规格。接桩方法常用焊接法。

d.压桩施工要点:

● 压桩应连续进行,因故停歇时间不宜过长,否则压桩力将大幅度增长而导致桩压不下去或桩机被抬起。

●压桩的终压控制很重要。对于长度大于21 m的静压桩,应以设计桩长控制为主,终压力值作为对照;对于一些设计承载力较高的桩基,终压力值宜尽量接近压桩机满载值;对于长度为14～21 m的静压桩,应以终压力达满载值为终压控制条件;对于桩周土质较差且设计承载力较高的桩,宜复压一两次为佳;对于长度小于14 m的桩,宜连续多次复压,特别对长度小于8 m的短桩,连续复压的次数应适当增加。

●静力压桩单桩竖向承载力,可通过桩的终止压力值大致判断。如判断的终止压力值不能满足设计要求,应立即采取送桩加深处理或补桩,以保证桩基的施工质量。

压桩时,应始终保持桩轴心受压;若有偏移,应立即纠正。接桩应保证上下节桩轴线一致,并应尽量减少每根桩的接头个数,一般不宜超过4个。

(4)钢筋混凝土灌注桩施工

钢筋混凝土灌注桩是直接在施工现场桩位上成孔,然后在孔内安装钢筋骨架,浇筑混凝土成桩。与预制桩相比,由于避免了锤击和挤土(套管成孔灌注桩除外)的影响,桩混凝土强度和配筋要求相对较低,具有节约钢筋、节省模板、施工方便、工期短、成本低等优点,并可制作大直径、大承载力桩。此外,灌注桩能适应持力层变化制成不同长度的桩,桩径大,不需要接桩,施工时无振动、无挤土、无噪声;但也存在着不能立即承受荷载,操作要求严,在软土地基中易出现缩颈、断桩等质量问题,存在冬期施工困难等缺点。施工时,应严格遵守操作规程和技术规范。

灌注桩按成孔方法可分为钻孔灌注桩、套管成孔灌注桩、人工挖孔灌注桩等。

①钻孔灌注桩施工。

图5.26　螺旋钻机施工

a.干作业成孔灌注桩:先用螺旋钻机等成孔设备在桩位处成孔,然后在孔内放入钢筋笼,再浇筑混凝土而成桩。该方法适合在地下水位以上的黏性土、粉土、填土、中等密实以上的砂土、风化岩层中成孔。

●施工设备。干作业成孔机械主要有螺旋钻机和钻扩机等,目前常用的是螺旋钻机。螺旋钻机施工如图5.26所示。

螺旋钻机由主机、滑轮组、螺旋钻杆、钻头、滑动支架、出土装置等组成。成孔时,由螺旋钻头切削土体,切下的土随钻头旋转并沿螺旋叶片上升而排出孔外。其成孔直径一般为400～600 mm,成孔深度一般在12 m以内。

●施工方法。钻机钻孔前,应做好现场准备工作。钻孔场地必须平整、碾压或夯实。雨季施工时,需要加白灰碾压以保证钻孔行车安全。钻机按桩位就位时,钻杆要垂直对准桩位中心,放下钻机使钻头触及土面。钻孔时,开动转轴旋动钻杆钻进,先慢后快,避免钻杆摇晃,并随时检查钻孔是否偏移,有问题应及时纠正。施工中,应注意钻头在穿过软硬土层交界处时,保持钻杆垂直,缓慢进尺。在含砖头、瓦块的杂填土或含水率较大的软塑黏性土层中钻进时,应尽量减小钻杆晃动,以免扩大孔径及增加孔底虚土。当出现钻杆跳动、机架摇晃、钻不进等异常现象时,应立即停钻检查。钻进过程中,应随时清理孔口积土,遇到地下水、缩孔、坍孔等异常现象,应会同有关单位研究处理。图5.27所示为干作业成孔灌注桩施工程序。

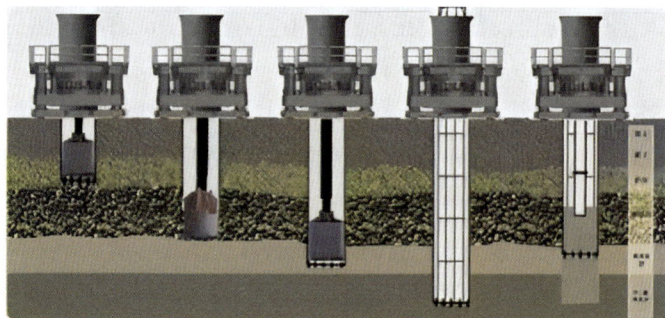

图5.27 干作业成孔灌注桩施工程序

钻孔至要求深度后,可用钻机在原处空转清土,然后停止回转,提升钻杆卸土。如孔底虚土超过容许厚度,可用辅助掏土工具或二次投钻清底。清孔完毕后,应用盖板盖好孔口。

桩孔钻成并清孔后,先吊放钢筋笼,后浇筑混凝土。为防止孔壁坍塌,避免雨水冲刷,成孔经检查合格后,应及时浇筑混凝土。若土层较好,没有雨水冲刷,从成孔至混凝土浇筑的时间间隔,也不得超过24 h。灌注桩的混凝土强度等级不得低于C25,坍落度一般采用80~100 mm;混凝土应连续浇筑,分层捣实,每层的高度不得大于1.50 m;当混凝土浇筑到桩顶时,应适当超过桩顶标高,以保证在凿除浮浆层后,使桩顶标高和质量符合设计要求。

• 质量要求:垂直度容许偏差为1%。孔底虚土容许厚度不大于100 mm。桩位允许偏差:单桩、条形桩基沿垂直轴线方向和群桩基础边沿的偏差为1/6桩径,条形桩基沿顺轴方向和群桩基础中间桩的偏差为1/4桩径。

b. 泥浆护壁成孔灌注桩施工。干作业钻孔的灌注桩一般应用于地下水位以上、地质条件较好的情况。当地下水位较高或土质较差(如淤泥、淤泥质土、砂土等)容易塌孔时,应采用泥浆护壁成孔的方法进行施工,这种桩也称为湿作业成孔灌注桩。泥浆护壁成孔灌注桩施工程序如图5.28所示。

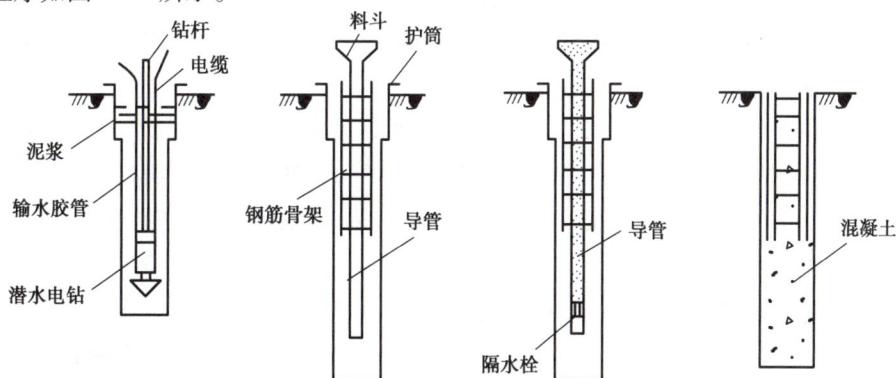

图5.28 泥浆护壁成孔灌注桩施工程序

泥浆护壁成孔灌注桩施工时,先在施工现场测量放线定桩位,修筑泥浆池、安装桩架和导管架等。

● 埋设护筒。护筒是用3~5 mm厚钢板制成的圆筒(图5.29)。护筒内径应大于钻头直径,采用回转钻时,宜大100 mm;采用冲击钻时,宜大200 mm。埋设护筒时,先挖去桩孔处表土,将护筒埋入土中;其埋设深度,在黏土中不宜小于1 m,在砂土中不宜小于1.5 m。护筒中心线应与桩位中心线重合,偏差不得大于50 mm,护筒与坑壁之间用黏土填实,以防漏水;护筒顶面应高于地面300 mm左右,上部留有1个或2个溢浆口,并应保持孔内泥浆面高出地下水位1 m以上。钻进过程中,要经常检查护筒是否发生偏移和下沉,并要及时处理。

护筒的作用是固定桩孔位置,防止地面水流入,保护孔口,增高桩孔内水压力,防止塌孔,成孔时引导钻头方向。施工中的护筒如图5.30所示。

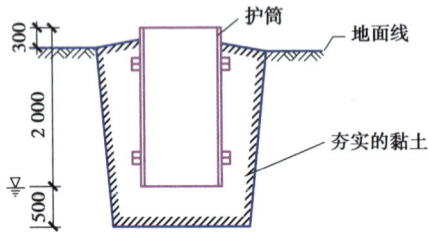

图5.29　护筒(单位:mm)

图5.30　施工中的护筒

● 制备泥浆。泥浆在桩孔内吸附在孔壁上,形成一层透水性较差的泥皮,将孔壁上空隙填塞密实,防止漏水;由于孔内的水位高于地下水位,同时泥浆相对密度大于水的相对密度,因此,孔内的水压大于孔外的水压,护壁泥浆起到液体支撑的作用,以稳固土壁,防止塌孔。泥浆有一定黏度,通过循环泥浆可将切削碎的泥石渣屑悬浮后排出,起到携砂、排土的作用。泥浆对钻头有冷却的作用,对钻头切削土体有润滑的作用,可减少切削阻力。

制备泥浆方法应根据土质条件确定。在黏性土和粉质黏土中成孔时,可在孔中注入清水;钻机旋转时,切削土屑与水旋拌,用原土造浆。在砂土或其他土中钻孔,应采用高塑性黏土或膨润土加水配制护壁泥浆。泥浆的性能指标要符合规定的要求。施工中,应经常测定泥浆密度,并定期测定黏度、含砂率和胶体率等。

泥浆的选料既要考虑护壁效果,又要考虑经济性,尽可能使用当地材料。为保证成孔质量,应在钻孔过程中,随时补充泥浆并调整泥浆的密度。在黏性土和粉质黏土中成孔时,泥浆密度应控制在$1.1 \sim 1.2$ t/m^3;在砂土和较厚的夹砂层中成孔时,泥浆密度应控制在$1.1 \sim 1.3$ t/m^3;在穿过砂夹卵石层或容易塌孔的土层中成孔时,泥浆密度为$1.3 \sim 1.5$ t/m^3。

● 成孔。泥浆护壁成孔灌注桩成孔方法有钻孔、冲孔和抓孔3种。

钻孔:常用潜水钻机。它是一种将动力、变速机构与钻头连在一起加以密封、潜入水中工作的体积小而轻的钻机。钻机的钻头带有合金刀齿,由电动机带动刀齿切削土体。钻头靠桩架悬臂吊杆定位,钻孔时钻杆不旋转,正循环送入泥浆,被切碎的土屑靠泥浆循环排出孔外。该钻机桩架轻便、移动灵活、钻进速度快(0.5~2 m/min)、噪声小,钻孔直径为 600~800 mm,钻孔深度可达 50 m。钻孔成孔适用于黏性土、淤泥及淤泥质土及砂土,也可钻入岩层,尤其适于地下水位较高的土层中成孔。

冲孔:用冲击钻机把带钻刃的重钻头(又称冲锤)提高,靠自由下落的冲击力来削切岩层,排出碎渣成孔。它适用于各类土层及风化岩、软质岩。

抓孔:将冲抓锥头提升到一定高度,锥斗内有压重铁块和活动抓片,下落时抓片张开,钻头自由下落冲入土中,然后开动卷扬机拉升钻头,此时抓片闭合抓土,将冲抓锥整体提升至地面卸土,依次循环成孔。冲抓锥成孔适用于碎石土、砂土、砂卵石、黏性土、粉土、强风化岩。

● 泥浆循环排渣:分为正循环排渣法和反循环排渣法。

正循环排渣法指泥浆由钻杆内部沿钻杆从底部喷出,携带土渣的泥浆沿孔壁向上流动,由孔口将土渣带出,流入沉淀池,经沉淀的泥浆流入泥浆池,再由泵注入钻杆,如此循环。采用正循环回转钻机成孔,设备简单,操作方便,工艺成熟。当孔径小于 1 000 mm 且孔深不大时,效率较高。

反循环排渣法指泥浆由孔口流入孔内,同时泥浆泵通过钻杆底部吸渣,使钻下的土渣由钻杆内腔吸出并排入沉淀池,沉淀后流入泥浆池。由于钻杆内腔断面比钻杆与孔壁间隙断面面积小得多,因此,泥浆的上返速度大,一般可达到 2~3 m/s,可以提高排渣能力,保持孔内清洁,减少渣土在孔底重复破碎的几率,提高成孔效率。反循环排渣法是目前大直径成孔施工中一种高效、先进的工艺,应用较广泛。

● 清孔。钻孔达到要求的深度后,要清除孔底沉渣,以防止灌注桩沉降过大、承载力降低。当孔壁土质较好、不易塌孔时,可用空气吸泥机清孔;使泥浆密度控制在 1.1 t/m³;孔壁土质较差时,宜用反循环排渣法清孔。清孔后泥浆密度应控制在 1.15~1.25 t/m³。清孔满足要求后,应立即安放钢筋笼,浇筑混凝土。

清孔是否彻底对泥浆护壁成孔灌注桩的承载力和沉降量影响较大,施工时应严格控制。清孔后孔内沉渣厚度应小于 100 mm。

● 钢筋骨架。制作钢筋骨架采用加劲筋成型法。即按照钢筋骨架的外径尺寸制作样板,将箍筋围绕样板弯制成箍筋圈,在箍筋圈上标出主筋位置。然后在水平的工作台上,在主筋长度范围内,放好全部箍筋圈,将两根主筋深入箍筋圈内,按钢筋上所标位置的记号相对准,依次扶正箍筋并一一焊好,再将其余的主筋穿进箍筋圈内焊成骨架。根据钢筋笼的长度和起吊设备的条件,钢筋笼应分段。制作好的骨架要写明墩号、桩号等标志,以免混淆。

根据图纸要求,用混凝土垫块设置灌注桩保护层。钢筋保护层还可焊接钢筋"耳朵"(图 5.31)。钢筋"耳朵"用断头钢筋(直径不小于 16 mm)弯制

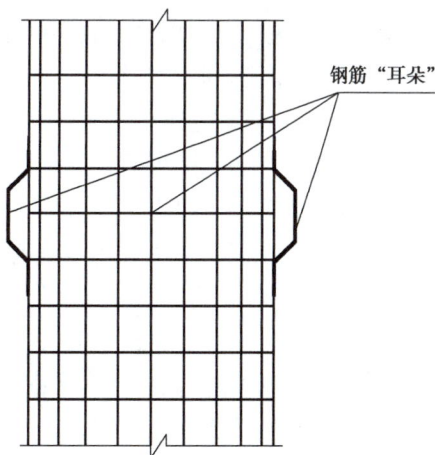

钢筋"耳朵"

图 5.31　钢筋笼保护层形式

而成,长度不小于 15 cm,高度不小于保护层厚度,焊在主筋外侧。为防止"耳朵"进入孔壁泥土中,"耳朵"要加密(横截面上宜为 4~6 个)。

• 水下浇筑混凝土:常用导管法。导管直径不大于 250~300 mm,每节长 3 m,但第一节底管长度应不小于 4 m;节之间用法兰连接,要求接头严密,不漏浆、不进水。图 5.32 所示为水下混凝土浇筑。

图 5.32　水下混凝土浇筑

采用导管法浇筑混凝土时,先将安装好的导管吊入桩孔内,导管顶部连接漏斗,底部距桩孔底 0.3~0.5 m。在导管内设隔水栓(塞),用细钢丝悬吊在导管下口。隔水栓可用预制混凝土块四周加橡胶封圈、橡胶球胆或软木球。

保证混凝土下落后能将导管下端埋入不小于 500 mm,然后剪断钢丝,隔水栓下落,混凝土随隔水栓冲出导管下口,并把导管底部埋入混凝土内。由于混凝土的密度比泥浆大,因此混凝土下沉而泥浆上浮。然后连续浇筑混凝土,当导管埋入混凝土达 2~2.5 m 时,即可提升导管,提升速度不宜过快,应保持导管埋在混凝土内 1 m 以上。这样边浇筑、边拔管、边拆除上部导管,直至桩顶。

水下浇筑混凝土时,其强度等级不应低于 C25,粗骨料粒径不宜大于 30 mm,坍落度为 160~220 mm。混凝土保护层厚度不应小于 50 mm。导管最大外径应比钢筋笼内径小 100 mm 以上,以便顺利提出。

混凝土浇筑应在钢筋笼下放到桩孔后 4 h 内进行,以防止在钢筋表面形成过厚的泥皮,影响钢筋与混凝土之间的黏结强度。

整个导管安置在起重设备上,可以升降和拔管后水平移动。采用导管既可以防止混凝土中水泥浆被水带走,又可防止泥浆进入混凝土内形成软弱夹层,保证混凝土的密实性和强度,还可以减轻混凝土自由下落所造成的离析现象。

最后,混凝土浇筑面应超过设计标高 300~500 mm。当混凝土达到一定强度时,将这 300~500 mm 的浮浆软弱层凿除。

• 常见质量问题及处理方法。泥浆护壁成孔灌注桩施工时,常易发生孔壁坍塌、斜孔、孔底隔层、夹泥、流砂等问题。水下混凝土浇筑属隐蔽工程,一旦发生质量事故难以观察和补救,应严格遵守施工操作规程,在有经验的施工技术人员指导下认真施工,并做好隐蔽工程记录,以确保工程质量。

塌孔:在成孔过程中或成孔后,泥浆中不断出现气泡或护筒内的水位突然下降,均是塌孔的迹象。其形成原因主要是土质松散、泥浆护壁不力、护筒周围未用黏土紧密填实、孔内泥浆液面下降、孔内水压降低等。如发生塌孔,应探明塌孔位置,将砂和黏土混合物回填到塌孔位置以上 1～2 m。如塌孔严重,应全部回填,等回填物沉积密实后再重新钻孔。

斜孔:成孔过程中出现孔位偏移或孔身倾斜。其主要原因是桩架不稳固、钻杆不垂直或土层软硬不均。处理方法:将桩架重新安装牢固、平稳垂直;钻孔偏斜时,可提起钻头上下反复扫钻几次;如偏移量过大,应填入砂和黏土混合物,重新成孔。

孔底隔层:指孔底残留石渣过厚,孔脚涌进泥沙或坍壁泥土落底。其主要原因是清孔不彻底,清孔后泥浆浓度减小或浇筑混凝土、安放钢筋骨架时碰撞孔壁造成塌孔落土。主要防治方法:做好清孔工作;注意泥浆浓度及孔内水位变化,施工时注意保护孔壁。

夹泥或软弱夹层:桩身混凝土混进泥土或形成浮浆泡沫软弱夹层。其主要原因是浇筑混凝土时,孔壁坍塌或导管下口埋入混凝土高度太小,泥浆被喷翻,掺入混凝土中。防治措施:经常注意混凝土表面标高变化,保持导管下口埋入混凝土下的高度,并在钢筋笼下放孔后 4 h 内浇筑混凝土。

②套管成孔灌注桩施工。

套管成孔灌注桩是利用锤击沉桩或振动沉桩方法,将带有桩尖的钢制桩管沉入土中,然后在钢管内放入钢筋骨架,边浇筑混凝土,边锤击、振动套管,边上拔套管,最后成桩。前者利用锤击沉管成孔,称为锤击沉管灌注桩;后者利用振动沉管成孔,称为振动沉管灌注桩。套管成孔灌注桩整个施工过程在套管护壁条件下进行,不受地下水位和土质条件的限制,适合于地下水位高、地质条件差的可塑、软塑、流塑以上黏土、淤泥及淤泥质土、稍密和松散的砂土中施工。但由于设备性能的特点使桩径、桩长都受到限制,施工有振动,噪声大,施工工艺不当易造成质量问题。图 5.33 所示为套管成孔灌注桩施工过程。

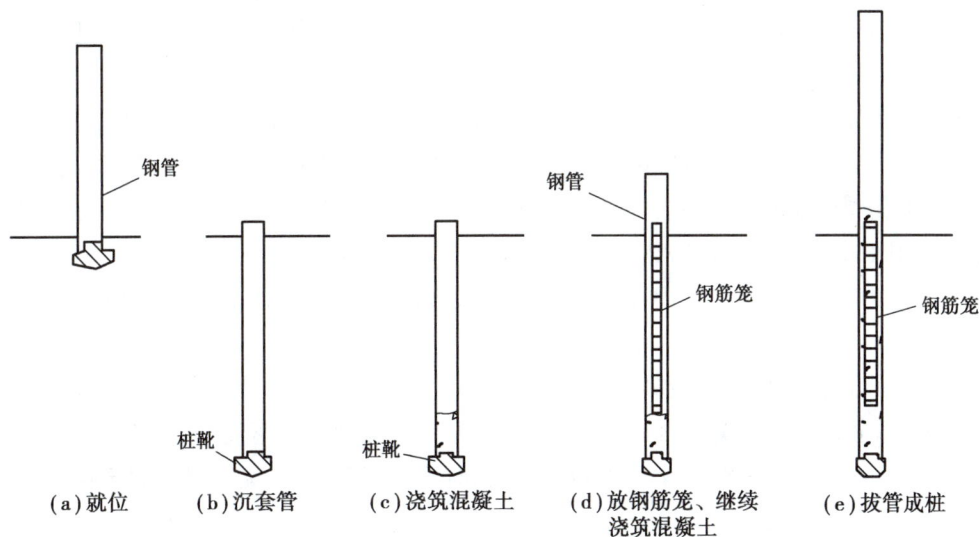

图 5.33   套管成孔灌注桩施工过程

③锤击沉管灌注桩施工。

锤击沉管灌注桩又称为打拔管式灌注桩,是用锤击沉桩设备(落锤、气锤、柴油锤)将桩

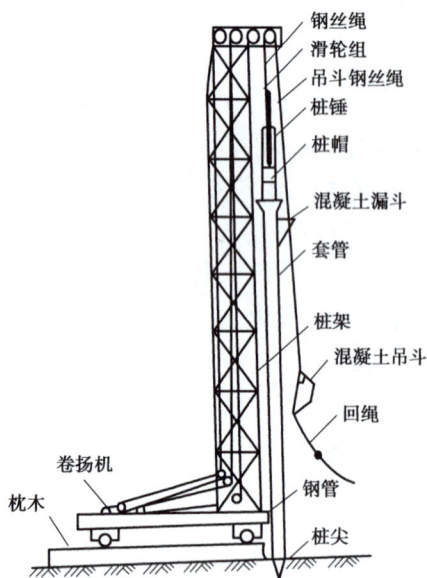

图 5.34　锤击沉管灌注桩桩机

管打入土中成孔,然后灌注混凝土或钢筋混凝土,抽出钢管而成。其施工工艺流程为:桩机就位→安放桩尖→吊放桩管→扣上桩帽→锤击沉管至要求贯入度或标高,用吊砣检查管内有无泥水并测孔深→提起桩锤→安放钢筋笼→浇筑混凝土→拔管成桩。

锤击沉管灌注桩施工时,首先将打桩机就位(图 5.34),吊起桩管,对准预先在桩位埋好的预制混凝土桩尖,放置麻、草绳垫于桩管和桩尖连接处,以作缓冲和防止泥水进入桩管,然后缓慢放下桩管,套入桩尖,将桩管压入土中;然后在桩管上部扣上桩帽,检查桩管与桩锤、桩尖是否在一条垂直线上,其垂直度偏差应小于 0.5% 桩管高度。

初打应低锤轻击,观察桩管无偏移时,方可正常施打。桩锤施打的冲击频率视桩锤的类型和土质而定,宜采用低锤密击,即小落距、高频率,尽量控制每分钟击打 70 次以上,直至将桩管打至设计要求贯入度或桩尖标高,并检查管内有无泥浆或水进入,即可安放钢筋笼、灌注混凝土。浇筑混凝土以及拔管时,应保证混凝土的质量。桩管内应尽量灌满混凝土,并应保持不小于 2 m 高度,然后开始拔管。拔管要均匀,第一次拔管高度控制在能容纳第二次需要灌入量为限,不宜拔管过高,以后始终保持管内的混凝土量略高于地面,直到桩管全部拔出地面为止。拔管时,应保持连续密锤低击不停,并控制拔出速度:对于一般土层,以不大于 1 m/min 为宜;在软弱土层及软硬土层交界处,应控制在 0.8 m/min 以内。

前述的灌注桩施工方法称为单打法。为提高桩的质量和承载能力,常采用复打法扩大灌注桩。其施工方法是在第一次单打法(不安放钢筋笼)施工完毕并拔出桩管后,清除桩管外壁上和桩孔周围地面上的污泥,立即在原桩位上再次安放桩尖,做第二次沉管,使未凝固的混凝土向四周挤压扩大桩径,然后(安放钢筋笼)第二次灌注混凝土,拔管方法与第一次相同。复打法施工时,要注意前后两次沉管的轴线应重合,复打必须在第一次灌注的混凝土初凝之前进行。

锤击沉管灌注桩施工时,应满足下列要求:

a. 锤击沉管灌注桩混凝土强度等级应不低于 C25;混凝土坍落度,在配筋时宜为 80 ~ 100 mm,无筋时宜为 60 ~ 80 mm;碎石粒径,配筋时不大于 25 mm,无筋时不大于 40 mm;桩尖混凝土强度等级不得低于 C30。

b. 当桩的中心距为桩管外径的 5 倍以内或小于 2 m 时,均应跳打;中间空出的桩须待邻桩混凝土达到设计强度的 50% 以后,方可施打。

c. 桩位允许偏差:群桩不大于 $0.5d$(d 为桩管外径)。对于两个桩组成的基础,在两个桩的连线方向上偏差不大于 $0.5d$,垂直此线的方向上则不大于 $d/6$;墙基由单桩支承的,平行于墙的方向偏差不大于 0.5d,垂直于墙的方向不大于 d/6。

④振动沉管灌注桩施工。

振动沉管灌注桩是采用振动冲击锤(激振器)沉入套管,它与锤击沉管灌注桩的区别是用振动箱代替桩锤。振动箱与桩管刚性连接,桩管下安设活瓣桩尖,活瓣桩尖应有足够的强度和刚度,活瓣间缝隙应紧密。

振动沉管施工时,先安装好桩机,将桩管下端活瓣闭合,对准桩位,徐徐放下桩管压入土中,然后校正垂直度,即可开动振动器沉管。当降沉到设计要求的深度后,停止振动,立即利用吊斗向管内灌满混凝土,并再次开动振动器,边振动边拔管,同时在拔管过程中继续向管内浇筑混凝土。如此反复进行,直至桩管全部拔出地面后即形成混凝土桩身。

振动沉管灌注桩可采用单振法、反插法和复振法。

a.单振法。施工时,桩管内灌满混凝土,开动振动桩机,振动 5~10 s,开始拔管,边振动边拔。每拔 0.5~1.0 m,停拔振动 5~10 s,如此反复,直到桩管全部拔出为止。拔管时,应控制拔管速度,在一般土层中为 1.2~1.5 m/min,在较软弱土层中不宜大于 0.8~1.0 m/min。

单振法施工速度快,混凝土用量少,但桩的承载力低,适用于含水率较小的土层。

b.反插法。桩管内灌满混凝土后,先振动再开始拔管。每次拔管高度为 0.5~1.0 m,再向下反插 0.3~0.5 m,如此反复进行并始终保持振动,直至桩管拔出地面。反插法能使混凝土的密实性增加,桩的直径增大,从而提高桩的承载力。反插法混凝土耗用量大,一般适用于饱和软土层。

c.复振法。复振法施工及要求与锤击沉管灌注桩的复打法大致相同。

振动沉管灌注桩施工时,应满足下列要求:

● 振动沉管灌注桩的混凝土强度等级不宜低于 C25;混凝土坍落度,配筋时宜为 80~100 mm,无筋时宜为 60~80 mm;骨料粒径不得大于 30 mm。

● 在拔管过程中,桩管内应随时保持不少于 2 m 高度的混凝土,以便有足够的压力。

● 振动沉管灌注桩的中心距不宜小于 4 倍桩管外径,否则应采取跳打。其间隔时间不得超过混凝土的初凝,防止混凝土在管内阻塞。

● 为保证桩的承载力要求,必须严格控制最后两个两分钟的贯入度或根据试桩和当地长期的施工经验确定。

● 桩位允许偏差同锤击沉管灌注桩。

d.施工中常见问题及处理方法:

● 断桩:指裂缝贯通全截面,呈水平或略倾斜状,多出现在地面以下软硬土层交界处。断桩产生的主要原因是桩距过小,邻桩施打时土体水平挤压产生的横向水平力和土体反弹、隆起的竖向上拔力共同作用,使刚终凝不久的桩身混凝土受弯、受剪而造成断桩。避免断桩的措施为布桩不宜过密。过密时,可采用跳打法或控制时间法以减少振动的影响;合理制订打桩顺序和桩架行走路线;当桩身混凝土强度较低时,应避免振动、挤压的影响。断桩检查时,可用锤敲击桩头侧面,同时用脚踏在桩头上,如桩已断,会感到浮振。一旦发现断桩,应将断桩段拔去,略增大面积或加铁箍连接,再重新浇筑混凝土补做桩身。

● 瓶颈桩:指桩的某处直径缩小形似"瓶颈",其断面面积不符合设计要求。多数发生在黏性土、土质软弱、含水率大的情况下,特别是饱和的淤泥或淤泥质软土层中。产生瓶颈桩的主要原因:在含水率较大的软弱土层中沉管时,土体受到强烈扰动和挤压,产生很高的孔隙水压,拔管后便挤向新浇筑的混凝土,使桩身产生不同程度的缩径;拔管速度过快;混凝土量少、和易性差,混凝土出管扩散性差。处理方法:施工中应保持管内混凝土略高于地面,使之有足够的扩散压力;拔管时,采用复打法或反插法,并严格控制拔管速度。

● 吊脚桩:指桩的底部混凝土隔空或混进泥沙而形成软弱夹层的桩。其产生的主要原因:预制钢筋混凝土桩尖承载力或钢活瓣桩尖刚度不够,沉管时被破坏或变形,因而水或泥沙进入桩管;拔管时,桩靴未脱出或活瓣未张开,混凝土未及时从管内流出等。处理方法:应拔出桩管,填砂后重打;或者采取密振动慢拔,开始拔管时先反插几次再正常拔管等。

● 桩尖进水或进泥沙:常发生在地下水位高或含水率大的淤泥和粉泥土土层中。产生的主要原因:钢筋混凝土桩尖与桩管接合处或钢活瓣桩尖闭合不紧密;钢筋混凝土桩尖被打破或钢活瓣桩尖变形等。处理方法:将桩管拔出,清除管内泥砂,修整桩尖钢活瓣变形缝隙,用黄砂回填桩孔后再重打;若地下水位较高,待沉管至地下水位时,先在桩管内灌入 0.5 m 厚的水泥砂浆作封底,再灌 1 m 高度混凝土增压,然后再继续下沉桩管。

⑤人工挖孔灌注桩施工。

人工挖孔灌注桩是指桩孔采用人工挖掘方法进行成孔,然后安放钢筋笼,浇筑混凝土而成的桩,如图 5.35 所示。其施工特点是设备简单;无噪声,无振动,不污染环境,对施工现场周围原有建筑物的影响小;施工速度快,可按施工进度要求决定同时开挖桩孔的数量,必要时,各桩孔可同时施工;土层情况明确,可直接观察到地质变化,桩底沉渣能清除干净,施工质量可靠。尤其当高层建筑选用大直径的灌注桩,而其施工现场又在狭窄的市区时,采用人工挖孔比机械挖孔具有更大的适应性。但其缺点是人工耗量大,开挖效率低,安全操作条件差。

图 5.35　人工挖孔灌注桩施工

a. 适用范围:适用于桩径 800 mm 以上,无地下水或地下水位较低的黏土、粉质黏土、含少量砂及砂卵石的黏土层等地质条件,可在高层建筑、公用建筑、水工结构(如泵站、桥墩)作桩基、支承、抗滑、挡土之用。对软土、流砂、地下水位较高、涌水量大的土层不宜采用。

b. 一般构造要求:人工挖孔桩直径(d)一般为 800～2 000 mm,最大直径可达 3 500 mm;桩埋置深度(桩长)一般在 20 m 左右,最深可达 40 m;底部扩底时,扩底直径一般为 1.3d～3.0 d,最大扩底直径可达 4.5 d;扩底直径尺寸按$(d_1-d)/2:H=1:4$、$h\geq(d_1-d)/4$ 进行控制。桩底应承台支承在可靠的持力层上。

c. 施工设备：一般可根据孔径、孔深和现场具体情况选用，常用的有电动葫芦、提土桶、潜水泵、鼓风机和输风管、镐、锹、土筐、照明灯、对讲机及电铃等。

d. 施工工艺。人工挖孔灌注桩的施工程序为：场地整平→放线、定桩位→挖第一节桩孔土方→支模浇灌第一节混凝土护壁→在护壁上二次投测标高及桩位十字轴线→安装活动井盖，设置垂直运输架，安装卷扬机或电动葫芦、吊土桶、照明设施等→挖第二节桩孔土方→清理桩孔四壁，校核桩孔垂度和直径→拆上节模板，支第二节模板，浇筑第二节混凝土护壁→重复上述施工过程直至设计深度→检查持力层后进行扩底→对桩孔直径、深度、扩底尺寸、持力层进行全面检查验收→清理虚土、排除孔底积水→吊放钢筋笼→浇筑桩身混凝土。

混凝土护壁分段高度根据土质情况和施工方便而定，一般为 0.9～1.0 m，厚度为 8～15 cm，或加配适量直径为 6～8 mm 的光圆钢筋。混凝土强度等级不得低于 C25，相邻两节护壁之间用钢筋拉接。

护壁施工采取一节组合钢模板拼装而成，拆上节、支下节，循环周转使用。模板之间用 U 形卡连接，上、下设两半圆组成的钢圈顶紧，中间用螺栓连接，不另设支撑。第一节混凝土护壁宜高出地面 200 mm，便于挡水和定位，也可防止地面土块滚入桩孔中。

为防止桩孔土体坍滑，确保施工操作安全，大直径桩孔在施工中一般需设置护壁。护壁可采用现浇混凝土（或配少量钢筋）、喷射混凝土或型钢-木板工具式护壁、沉井等。由于现浇混凝土护壁整体性好，能紧靠土壁，受力均匀，应用较为广泛。对于桩径较小、深度不大、土质较好、地下水量少的桩孔，也可采用型钢-木板组合工具式护壁或不设护壁。

e. 质量要求：

● 必须保证桩孔的挖掘质量。桩孔挖成后，应有专人下孔检验，检查土质是否符合勘察报告、扩孔几何尺寸与设计是否相符、孔底虚土残渣情况，检查结果作为隐蔽验收记录归档。

● 按规程规定桩孔中心线的平面位置偏差不大于 20 mm，桩的垂直度偏差不大于 1% 桩长，桩径不得小于设计直径。

● 钢筋骨架要保证不变形，箍筋与主筋要点焊；钢筋笼吊入孔内后，要保证其与孔壁间有足够的保护层。

● 混凝土坍落度宜在 100 mm 左右，用浇灌漏斗桶直落浇筑，避免离析，必须振捣密实。

f. 安全措施。人工挖孔桩施工应对施工安全予以特别重视，应制订周密可靠的安全技术措施、安全操作规定，并严格认真执行，经常检查。

桩孔内操作人员必须戴安全帽；孔下有人时，孔口必须有监护人员；护壁要高出地面 150～200 mm，以防杂物滚入孔内；孔内必须设置应急软爬梯；供人员上下井使用的电葫芦、吊笼等应安全可靠并配有自动卡紧保险装置，不得使用麻绳和尼龙绳吊挂或脚踏井壁凸缘上下。使用前，必须检验其安全起吊能力；每日开工前，必须检测井下的有毒有害气体，并应有足够的安全防护措施。桩孔开挖深度超过 10 m 时，应有专门向井下送风的设备。

孔口四周必须设置护栏。挖出的土石方应及时运离孔口，不得堆放在孔口四周 1 m 范围内，机动车辆的通行不得对井壁的安全造成影响。

施工现场的一切电源、电路的安装和拆除必须由持证电工操作；电器必须严格接地、接零和使用漏电保护器。各孔用电必须分闸,严禁一闸多用。孔上电缆必须架空 20 m 以上,严禁拖地和埋压土中,孔内电缆、电线必须有防磨损、防潮、防断等保护措施。照明应采用安全矿灯或 12 V 以下的安全灯。

(5)桩基础的检测

成桩的质量检测有静载试验法(或称破损试验)和动测法(或称无破损试验)两种基本方法。

图 5.36　静载试验

①静载试验法。

a.试验目的:采用接近于桩的实际工作条件,通过静载加压,确定单桩的极限承载力,作为设计依据,或对工程桩的承载力进行抽样检验和评价。

b.试验方法:根据模拟实际荷载情况,通过静载加压,得出一系列关系曲线、综合评定确定其容许承载力的一种试验方法,如图 5.36 所示。它能较好地反映单桩的实际承载力。荷载试验有多种,通常采用单桩竖向抗压静载试验、单桩竖向抗拔静载试验和单桩水平静载试验。

c.试验要求。预制桩在桩身强度达到设计要求的前提下,砂类土不应少于 10 d,粉土和黏性土不应少于 15 d,淤泥或淤泥质土不应少于 25 d,待桩身与土体的结合基本趋于稳定,才能进行试验。

就地灌注桩和爆扩桩应在桩身混凝土强度达到设计等级的前提下,砂类土不少于 10 d,一般黏性土不少于 20 d,淤泥或淤泥质土不少于 30 d,才能进行试验。

对于地基基础设计等级为甲级或地质条件复杂、成桩质量可靠性低的灌注桩,应采用静载荷试验的方法进行检验,检验桩数不应少于总数的 1%,且不应少于 3 根;当总桩数少于 50 根时,不应少于 2 根,其桩身质量检验时,抽检数量不应少于总数的 30%,且不应少于 20 根;其他桩基工程的抽检数量不应少于总数的 20%,且不应少于 10 根;对于混凝土预制桩及地下水位以上且终凝后经过核验的灌注桩,检验数量不应少于总桩数的 10%,且不得少于 10 根。每根柱子承台下不得少于 1 根。

②动测法。

a.特点。动测法又称动力无损检测法(或声波透射法),是检测桩基承载力及桩身质量的一项新技术,作为静载试验的补充。

一般静载试验装置较复杂笨重,装、卸操作费工费时,成本高,测试数量有限,并且易破坏桩基。动测法的试验仪器轻便灵活,检测快速,单桩试验时间仅为静载试验的 1/50 左右,可大大缩短试验时间;测试数量多,不破坏桩基,相对也较准确,可进行普查,费用低,单桩测试费约为静载试验的 1/30,可节省静载试验锚桩、堆载、设备运输、吊装焊接等大量人力、物力。

b.试验方法。动测法是相对静载试验法而言的,它是对桩土体系进行适当的简化处理,建立起数学-力学模型,借助于现代电子技术与量测设备采集桩-土体系在给定的动荷载作用下所产生的振动参数,结合实际桩土条件进行计算,所得结果与相应的静载试验结果进行对比,在积累一定数量的动静试验对比结果的基础上,找出两者之间的某种相关关系,并以此作为标准来确定桩基承载力。单桩承载力的动测方法种类较多,国内有代表性的方法有动力参数法、锤击贯入法、水电效应法、共振法、机械阻抗法、波动方程法等。

c.桩身质量检验。在桩基动态无损检测中,国内外广泛使用应力波反射法,又称低(小)应变法。其原理是根据一维杆件弹性反射理论(波动理论),采用锤击振动力法检测桩体的完整性,即以波在不同阻抗和不同约束条件下的传播特性来判别桩身质量。

(6)桩基验收

①桩基验收规定:

a.当桩顶设计标高与施工场地标高相同或桩基施工结束后,有可能对桩位进行检查时,桩基工程的验收应在施工结束后进行。

b.当桩顶设计标高低于施工场地标高,送桩后无法对桩位进行检查时,对打入桩可在每根桩桩顶沉至场地标高时,进行中间验收;待全部桩施工结束,承台或底板开挖到设计标高后,再做最终验收;对于灌注桩,可对护筒位置做中间验收。

②桩基验收资料:工程地质勘察报告、桩基施工图、图纸会审纪要、设计变更及材料代用通知单等;经审定的施工组织设计、施工方案及执行中的变更情况;桩位测量放线图,包括工程桩位复核签证单;制作桩的材料试验记录、成桩质量检查报告;单桩承载力检测报告;基坑挖至设计标高的基桩竣工平面图及桩顶标高图。

③桩基允许偏差:

a.预制桩。打(压)入桩(预制混凝土方桩、先张法预应力管桩、钢桩)的桩位偏差必须符合表5.4的规定。斜桩倾斜度的偏差不得大于倾斜角正切值的15%(倾斜角是桩的纵向中心线与铅垂线间夹角)。

b.灌注桩。灌注桩的桩位偏差必须符合表5.5的规定,桩顶标高至少要比设计标高高出0.5 m;桩底清孔质量按不同的成桩工艺有不同的要求,应按规范要求执行。每浇筑50 m必须有一组试件。对于小于50 m³的桩,每根桩必须有一组试件。

表 5.4　预制桩(钢桩)桩位的允许偏差

序号	项目		允许偏差/mm
1	盖有基础梁的桩	垂直于基础梁的中心线	$100+0.01H$
		沿基础梁的中心线	$150+0.01H$
2	桩数为 1~3 根桩基中的桩		100
3	桩数为 4~16 根桩基中的桩		1/2 桩径或边长
4	桩数大于 16 根桩基中的桩	最外边的桩	1/3 桩径或边长
		中间桩	1/2 桩径或边长

注:H 为施工现场地面标高与桩顶设计标高的距离。

表5.5 灌注桩平面位置和垂直度的允许偏差

序号	成孔方法		桩径允许偏差/mm	垂直度允许偏差/%	桩位允许偏差/mm	
					1～3根、单排桩基垂直于中心线方向和群桩基础的边桩	条形桩基沿中心线方向和群桩基础的中间桩
1	泥浆护壁钻孔桩	$D \leq 1\,000$ mm	±50	<1	$D/6$ 且不大于 100	$D/4$ 且不大于 150
		$D > 1\,000$ mm	±50		$100+0.01H$	$150+0.01H$
2	套管成孔灌注桩	$D \leq 500$ mm	−20	<1	70	150
		$D > 500$ mm			100	150
3	干成孔灌注桩		−20	<1	70	150
4	人工挖孔桩	混凝土护壁	+50	<0.5	50	150
		钢套管护壁	+50	—	100	200

注:①桩径允许偏差的负值是指个别断面。

②采用复打、反插法施工的桩的桩径允许偏差不受表中限制。

③H 为施工现场地面标高与桩顶设计标高的距离,D 为设计桩径。

2. 活动实践

①扫描右侧二维码,学习桩基础的作用、分类及检测与验收。

②实践案例:根据工程案例,编制灌注桩常见质量问题及防治措施。

桩基础的作用、分类及检测与验收

钻孔灌注桩施工方案

参考答案

任务5.3 主体结构施工

活动5.3.1 钢筋混凝土工程施工

1. 基本知识交付

钢筋混凝土预制构件制作好后,要通过一定的方式进行存放或运输到施工现场。

1)钢筋混凝土预制构件的运输

预制构件的运输包括预制场生产场内运输和到达施工现场的运输。

(1)生产场内运输

预制构件场内运输应符合下列规定:

①应根据构件尺寸及质量要求选择运输车辆,装卸及运输过程应考虑车体平衡。

②运输过程中,应采取防止构件移动或倾覆的可靠固定措施。

③运输竖向薄壁构件时,宜设置临时支架。

④构件边角部及构件与捆绑、支撑接触处,宜采用柔性垫衬加以保护。

⑤预制柱、梁、叠合楼板、阳台板、楼梯、空调板宜采用平放运输,预制墙板宜采用竖直立放运输。

⑥现场运输道路应平整,并应满足承载力要求。

预制构件场内的平放驳运(图5.37)与竖放驳运(图5.38),可根据构件形式和运输状况选用。各种构件的运输可根据运输车辆和构件类型的尺寸,采用合理、最佳组合运输方法,提高运输效率和节约成本。

(2)运输路线的选择

运输路线的选择应考虑以下情况来进行选择:

①运输车辆的进入及退出路线。

②运输车辆必须停放在指定地点,按指定路线行驶。

③运输应根据运输内容确定运输路线,事先得到各有关部门的许可。

④运输应遵守有关交通法规及以下内容:出发前,对车辆及箱体进行检查;配备驾照、送货单、安全帽;根据运输计划,严守运行路线;严禁超速、避免急刹车;工地周边停车必须停放指定地点;工地及指定地点内车辆要熄火、刹车、固定防止溜车;遵守交通法规及工厂内其他规定。

图 5.37　构件场内平放驳运　　　图 5.38　构件场内竖放驳运

(3)装卸设备与运输车辆要求

①构件装卸设备要求。构件单件有大小之分,过大、过宽、过重的构件采用多点起吊方式,选用横吊梁可分解、均衡吊车两点起吊问题。单件构件吊具吊点设置在构件重心位置,可保证吊钩竖直受力和构件平稳。吊具应根据计算选用,取最大单体构件质量即不利状况的荷载取值,应确保预埋件与吊具的安全使用。构件预埋吊点形式多样,有吊钩、吊环、可拆卸埋置式及型钢等形式,吊点可按构件具体状况选用。

②构件运输车辆要求。重型、中型载货汽车及半挂车载物,高度从地面起不得超过 4 m;载运集装箱的车辆不得超过 4.2 m。构件竖放运输高度选用低平板车,可使构件上限高度低于限高高度。

(4)运输方式

预制构件运输方式包括水平放置运输和竖直放置运输。

①水平放置运输。各种构件都可以水平放置运输,墙板和楼板可以多层放置,如图5.39至图5.41所示。柱、梁、预应力板采用垫方支承,楼板、墙板可以采用垫块支承。支承点的位置应与堆放时一样。

②竖直放置运输。竖直放置运输用于墙板。运输中,直接使用堆放时的靠放架固定运输或运输墙板的专用车辆(图5.42)。

图5.39 柱子运输

图5.40 墙板和L形板运输

图5.41 预制叠合板运输

图5.42 预制墙板专用运输车

(5)运输时的临时拉结杆

为避免一些开口构件、转角构件在运输过程中被拉裂,必须采取临时拉结杆。对此,设计应给出要求。例如,V形墙板临时拉结杆采用两根角钢将构件两翼拉结,以避免构件内转角部位在运输过程中拉裂(图5.43)。安装就位前,再将拉结角钢卸除。

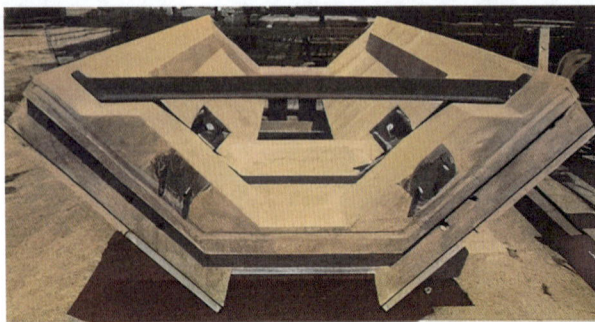

图5.43 V形预制墙板临时拉结

需要设置临时拉结杆的构件包括断面面积较小且翼缘长度较长的 L 形折板、开洞较大的墙板、V 形构件、半圆形构件、槽形构件等（图 5.44）。临时拉结杆可以用角钢、槽钢，也可以用钢筋。

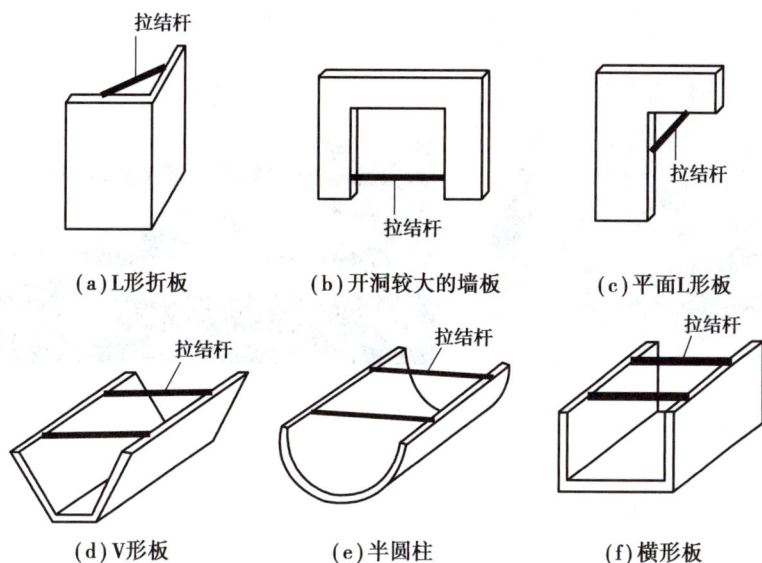

（a）L形折板　　　（b）开洞较大的墙板　　　（c）平面L形板

（d）V形板　　　（e）半圆柱　　　（f）横形板

图 5.44　需要临时拉结杆的预制构件

2）钢筋混凝土预制构件的堆放

预制构件的堆放包括在预制构件厂生产场内的堆放和工地施工现场的堆放。

（1）构件检查支架

叠合楼板、墙板、梁、柱等构件脱模后一般要放置在支架上进行模具面的质量检查和修补（图 5.45）。支架一般是两点支撑。大跨度构件是否可以采用两点支承，设计人员应做出判断。如果不可以，应当在设计说明中明确给出几点支承和支承间距的要求。

图 5.45　预制构件检查支架

装饰一体化墙板较多采用翻转后装饰面朝上的修补方式，支承垫可用混凝土立方体加软垫（图 5.46）。设计人员应给出支承点位置。对于转角构件，应要求工厂制作专用支架（图 5.47）。

（2）构件堆放

①构件堆放的场地要求如下：

a. 堆放场地应在门式起重机或汽车式起重机可以覆盖的范围内。

b. 堆放场地布置应便于运输构件的大型车辆装车和出入。

图 5.46 预制墙板装饰面朝上支承

图 5.47 折板专用支架支承

c. 堆放场地应平整、坚实，宜采用硬化地面或草皮砖地面。

d. 堆放场地应有良好的排水措施。

e. 存放构件时要留出通道，不宜密集存放。

f. 堆放场地应设置分区，根据工地安装顺序分类堆放构件。

②水平堆放构件。水平堆放的构件有楼板、墙板、梁、柱、楼梯板、阳台板等。楼板、墙板可用点式支承，也可用垫方木支承，梁、柱和预应力板用垫方木支承，如图 5.48 至图 5.54 所示。

图 5.48 点式支承垫块

图 5.49 板式构件多层点式支承堆放

图 5.50 叠合板多层垫方木支承堆放

图 5.51 梁垫方木支承堆放

图 5.52 预应力板垫方木支承堆放

图 5.53 槽形构件两层点支承堆放

图 5.54 L形板堆放

大多数构件可以多层堆放,多层堆放的原则:支承点位置经过验算,上下支承点对应一致,一般不超过6层。

③竖直堆放构件。墙板可采用竖向堆放方式,少占场地(图5.55);也可在靠放架上斜立放置(图5.56)。采用竖直堆放和斜靠堆放,垂直于板平面的荷载为零或很小,但也以水平堆放的支承点作为隔垫点为宜。

图 5.55 构件竖直堆放

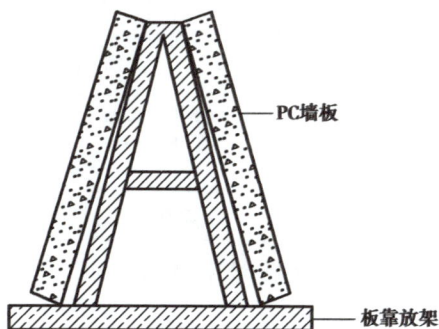

图 5.56 构件靠放架堆放

3)钢筋混凝土预制构件吊装准备工作

(1)预制构件进场检查

①检查内容。预制构件进场要进行验收工作。验收内容包括构件的外观、尺寸、预埋件、特殊部位处理等。

预制构件的验收和检查应由质量管理员或者预制构件接收负责人完成,检查频率为100%。施工单位可以根据构件发货时的检查单对构件进行进场验收,也可以根据项目计划书编写的质量控制要求制订检查表进行进场验收。

运输车辆运抵现场卸货前,要进行预制构件质量验收。对于特殊形状的构件或特别要注意的构件,应放置在专用台架上认真进行检查。如果构件出现影响结构、防水和外观的裂缝、破损、变形等状况时,要与原设计单位商量是否继续使用这些构件或者直接废弃。

通过目测对全部构件进行进场接收检查时,主要检查项目如下:构件名称、构件编号、生产日期,构件上的预埋件位置、数量,构件裂缝、破损、变形等情况,预埋构配件、构件突出的钢筋等状况。

②检查方法。预制构件运至施工现场时,检查内容包括外观检查和几何尺寸检查两大方面。

预制构件外观检查项目包括预制构件的裂缝、破损、变形等,应进行全数检查。其检查方法一般可通过目视进行检查,必要时可采用相应的专用仪器设备进行检测。

预制构件几何尺寸检查项目包括构件的长度、宽度和高度或厚度以及预制构件对角线等。此外,还应对预制构件的预留钢筋和预埋件、一体化预制的窗户等构配件进行检测,其检查的方法一般采用钢尺量测。

预制构件的外观质量不应有严重缺陷,且不宜有一般缺陷。对于已出现的一般缺陷,应按技术方案进行处理,并应重新检验。

预制构件允许尺寸偏差及检验方法应符合表 5.6 的规定。预制构件有粗糙面时,与粗糙面相关的尺寸允许偏差可适当放宽。

表 5.6　预制构件尺寸允许偏差及检验方法

项目			允许偏差/mm	检验方法
长度	楼板、梁、柱、桁架	<12 m	±5	尺量
		≥12 m 且<18 m	±10	
		≥18	±20	
	墙板		±4	
宽度、高(厚)度	楼板、梁、柱、桁架截面尺寸		±5	钢尺量一端及中部,取其中偏差绝对值较大处
	墙板		±4	
表面平整度	楼板、梁、柱、墙板内表面		5	2 m 靠尺和塞尺量测
	墙板外表面		3	

续表

项目		允许偏差/mm	检验方法
侧向弯曲	楼板、梁、柱	$L/750$ 且 ≤ 20	拉线、钢尺量最大侧向弯曲处
	墙板、桁架	$L/1\,000$ 且 ≤ 20	
翘曲	楼板	$L/750$	调平尺在两端量测
	墙板	$L/1\,000$	
对角线	楼板	10	尺量两个对角线
	墙板	5	
预留孔	中心线位置	5	尺量
	孔尺寸	±5	
预留洞	中心线位置	10	尺量
	洞口尺寸、深度	±10	
门窗口	中心线位置	5	尺量
	宽度、高度	±3	
预埋件	预埋件锚板中心线位置	5	尺量
	预埋件锚板与混凝土面平面高差	0, −5	
	预埋螺栓中心线位置	2	
	预埋螺栓外露长度	+10, −5	
	预埋套筒、螺母中心线位置	2	
	预埋套筒、螺母与混凝土面平面高差	±5	
预留插筋	中心线位置	5	尺量
	外露长度	+10, −5	
键槽	中心线位置	5	尺量
	长度、宽度	±5	
	深度	±10	

注:① L 为构件最长边的长度(mm)。
　　②检查中心线、螺栓和孔道位置偏差时,应沿纵横两个方向量测,并取其中偏差较大值。

(2)塔式起重机布置

进行塔式起重机数量、位置和选型,宜用计算机三维软件进行空间模拟设计,也可以通过绘制塔式起重机有效作业范围的平面图、立面图进行分析。塔式起重机布置要确保吊装范围的全覆盖,避免吊装死角。

由于塔式起重机是制约工期的最关键因素,而预制构件施工用的大吨位、大吊幅塔式起重机费用比较高,塔式起重机布置的合理性尤其重要,应做多方案比较。

例如,一栋高层建筑的多层裙楼平面范围比较大,超出主楼塔式起重机作业范围,多层裙楼的构件吊装就可以考虑汽车式起重机作业(图 5.57)。

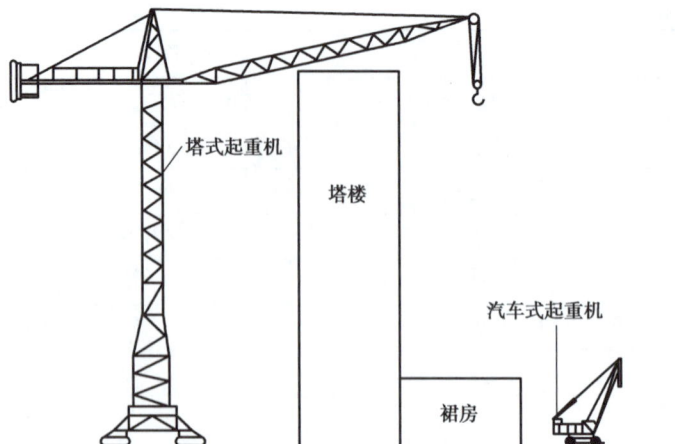

图 5.57　多层裙楼用汽车式起重机的方案

（3）吊装设计要点

①吊装方案与吊具设计。各种构件吊装方案和吊具设计包括吊装架设计、吊索设计、吊装就位方案及辅助设备工具，如牵引绳、电动葫芦、手动葫芦等。

②现浇混凝土伸出钢筋定位方案。必须保证现浇层伸出的钢筋位置与伸出长度准确，否则无法安装或连接节点的安全性、可靠性受到影响。因此，现浇混凝土作业时，要对伸出钢筋采用专用模板进行定位，防止预留钢筋位置错位（图 5.58）。

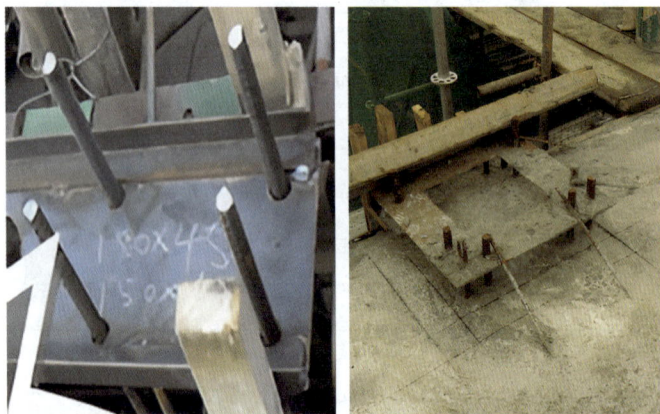

图 5.58　现浇混凝土伸出钢筋定位装置

剪力墙上下构件之间一般有现浇混凝土圈梁或水平现浇带。现浇混凝土施工时，应防止下部剪力墙伸出的钢筋被扰动偏斜，也应采取定位措施。

③各种构件的临时支撑方案设计。临时支撑方案应当在构件制作图设计阶段与设计单位共同设计，如梁支撑，如图 5.59 所示。

（4）吊装前的准备与作业

吊装前的准备与作业要求如下：

①检查试用塔式起重机，确认可以正常运行。

②准备吊装架、吊索等吊具,检查吊具,特别是检查绳索是否有破损,吊钩卡环是否有问题等;准备牵引绳等辅助工具、材料。

③准备好灌浆设备、工具,调试灌浆泵;备好灌浆料;检查构件套筒或浆锚孔是否堵塞。当套筒、预留孔内有杂物时,应及时清理干净。用手电筒补光检查,发现异物用气体或钢筋将其清掉。

④将连接部位浮灰清扫干净。

⑤对于柱子、剪力墙板等竖直构件,安好调整标高的支垫(在预埋螺母中旋入螺栓或在设计位置安放金属垫块),准备好斜支撑部件,检查斜支撑地锚。

⑥对于叠合楼板、梁、阳台板、挑檐板等水平构件,架立好竖向支撑。

图5.59 梁支撑

⑦伸出钢筋采用机械套筒连接时,须在吊装前在伸出钢筋端部套上套筒。

⑧准备外挂墙板安装节点连接部件。如果需要水平牵引,牵引葫芦吊点设置、工具准备等。

(5)放线

①标高与平整度。

a.柱子和剪力墙板等竖向构件安装,水平放线首先确定支垫标高;支垫采用螺栓方式,旋转螺栓到设计标高;支垫采用钢垫板方式,准备不同厚度的垫板调整到设计标高。构件安装后,测量调整柱子或墙板的顶面标高和平整度。

b.没有支承在墙体或梁上的叠合楼板、叠合梁、阳台板、挑檐板等水平构件安装,水平放线首先控制临时支撑体梁的顶面标高。构件安装后,测量控制构件的底面标高和平整度。

c.对于支撑在墙体或梁上的楼板、支撑在柱子上的莲藕梁,水平放线首先测量控制下部构件支撑部位的顶面标高。安装后,测量控制构件顶面或底面标高和平整度。

②位置。预制构件安装原则上以中心线控制位置,误差由两边分摊。可将构件中心线用墨斗分别弹在结构和构件上,便于安装就位时定位测量。

建筑外墙构件包括剪力墙板、外墙挂板、悬挑楼板和位于建筑表面的柱、梁。其"左右"方向与其他构件一样,以轴线作为控制线;"前后"方向以外墙面作为控制边界。外墙面控制可以用从主体结构探出定位杆拉线测量的办法。

③垂直度。柱子、墙板等竖直构件安装后须测量和调整垂直度,可以用仪器测量控制,也可以用铅垂测量。

(6)装配式混凝土结构施工工艺流程

装配式混凝土框架结构和剪力墙结构的施工工艺流程如图5.60所示;外挂墙板的施工工艺流程如图5.61所示。其他预制构件的施工安装参照这两个工艺流程。

```
                            ┌──────────┐
                            │   开始   │
                            └──────────┘
                                 │
  ┌────────┬──────────┬──────────┼──────────┬──────────┬──────────┐
  │        │          │          │          │          │          │
┌─────────┐ ┌────────┐ ┌────────┐ ┌────────┐ ┌────────┐ ┌────────┐
│返厂或现场│ │构件进场│ │塔式起重│ │前道工序│ │施工材料│ │商品混凝│
│  处理   │ │        │ │机工具准│ │  施工  │ │  准备  │ │   土   │
│         │ │        │ │  备    │ │        │ │        │ │        │
└─────────┘ └────────┘ └────────┘ └────────┘ └────────┘ └────────┘
```

前道工序质检，伸出钢筋控制

不合格　处理

合格

放线、清理

安装

安装精度检查

不合格　调整

合格

支撑

灌浆连接

后浇区域的钢筋模板同步作业

后浇混凝土

养护、强度达到要求　　　上一层继续

拆除支撑

本层结束

构件检验

不合格

合格

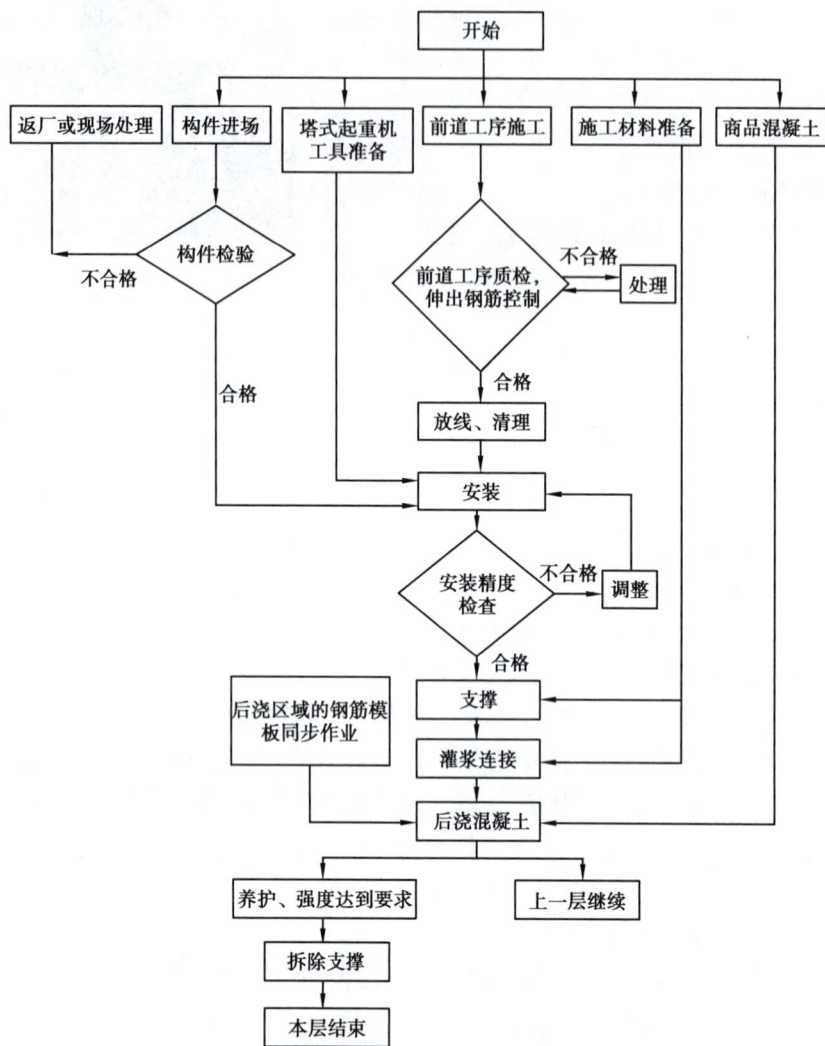

图 5.60　装配式混凝土框架结构和剪力墙结构的施工工艺流程

```
                              ┌────────┐
                              │  开始  │
                              └────────┘
                                  │
    ┌──────────┬──────────┬──────────┼──────────┬──────────┬──────────┐
    │          │          │          │          │          │          │
┌────────┐ ┌────────┐ ┌────────┐ ┌────────┐ ┌────────┐ ┌────────┐
│返厂或现 │ │构件进场 │ │塔式起重 │ │前道工序 │ │施工材料 │ │焊接或栓 │
│场处理   │ │         │ │机工具准 │ │施工     │ │准备     │ │接       │
│         │ │         │ │备       │ │         │ │         │ │         │
└────────┘ └────────┘ └────────┘ └────────┘ └────────┘ └────────┘
```

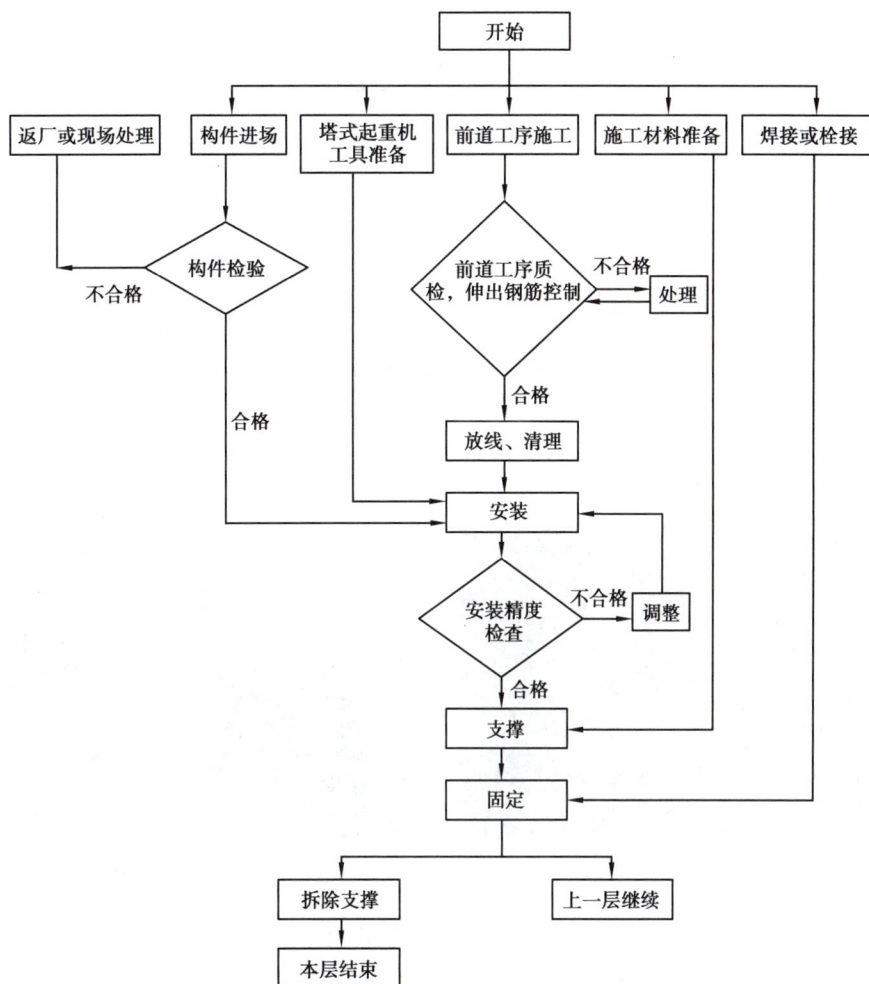

图 5.61　外挂墙板的施工工艺流程

4)钢筋混凝土预制构件施工现场吊装

　　预制构件吊装施工应严格按照事先编制的装配式结构施工方案组织实施。预制构件卸货时,一般直接堆放在可直接吊装区域,避免出现二次搬运。这样不仅能降低机械使用费用,同时也减少预制构件在搬运过程中出现破损。如果因为场地条件限制,无法一次性堆放到位,可根据现场实际情况,选择塔吊或汽车吊在场地内进行二次搬运。

　　预制构件的吊装施工包括预制柱、预制梁、预制剪力墙板、预制外挂墙板、预制叠合楼板、预制楼梯、预制阳台板和预制空调板等主要预制构件的吊装及施工要点。预制构件吊装的一般流程如图 5.62 所示。

　　(1)预制柱吊装

　　①吊装准备。

　　a. 柱续接下层钢筋位置、高程复核,底部混凝土面清理干净,预制柱吊装位置测量放样及弹线(图 5.63、图 5.64)。

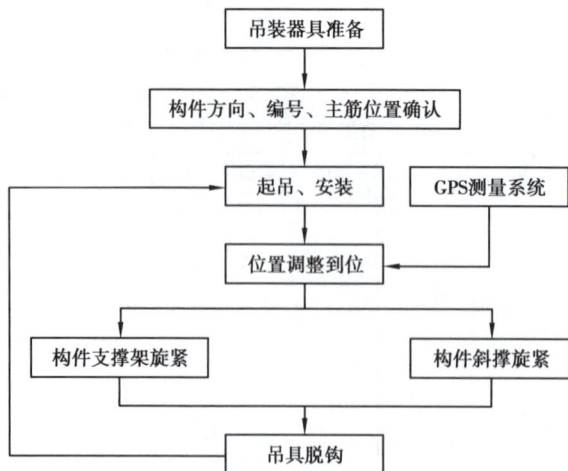

图 5.62　预制构件吊装的一般流程图

图 5.63　柱续接下层钢筋高程复核

图 5.64　柱吊装位置测量弹线

b.吊装前,应对预制柱进行外观质量检查,尤其要对主筋续接套筒质量进行检查及预制立柱预留孔内部的清理(图 5.65)。

c.吊装前,应备齐安装所需的设备和器具,如斜撑、固定用铁件、螺栓、柱底高程调整铁片(10 mm、5 mm、3 mm、2 mm 4 种基本规格进行组合)、起吊工具、垂直度测定杆、铝或木梯等。

图 5.66 所示为预制立柱吊装前柱底高程调整铁垫片安放施工。铁垫片安装时,应考虑完成立柱吊装后立柱的稳定性及垂直度可调为原则。

图 5.65　吊装前用高压空气对连接套筒内进行清理

图 5.66　立柱底标高调整用铁垫片设置

d. 在预制立柱顶部架设预制主梁的位置应进行放样和明晰的标识，并放置柱头第一片箍筋，避免因预制梁安装时与预制立柱的预留钢筋发生碰撞而无法吊装（图 5.67）。

e. 应事先确认预制立柱的吊装方向、构件编号、水电预埋管、吊点与构件质量等。

② 吊装流程。预制柱吊装流程如图 5.68 所示。首先，预制立柱吊装前应做好外观质量、钢筋垂直度、注浆孔清理等准备工作；就绪后，应对立柱吊装位置进行标高复核与调整；然后进行预制立柱吊装和精度调整；最后

图 5.67　立柱顶部放置第一片箍筋及标注架梁位置

锁定斜撑位置，并送吊车的吊钩进入下一根立柱的吊装施工，如此循环往复。值得注意的是，预制立柱和后续的预制梁吊装存在着密切的关系，吊装时应注意两者之间的协调施工。

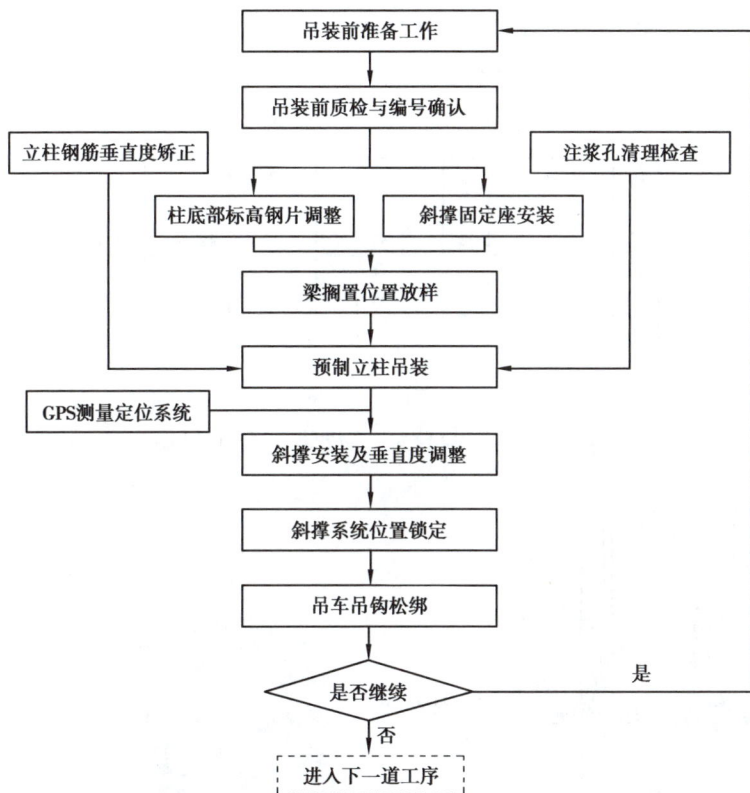

图 5.68　预制柱吊装流程

③ 垂直度调整。柱吊装到位后，应及时将斜撑固定到预埋在预制柱上方和楼板的预埋件上；每根预制立柱的固定至少在不同 3 个侧面设置斜撑，通过可调节装置进行垂直度调整（图 5.69），直至垂直度满足规定的要求后进行锁定。

④ 柱底无收缩砂浆灌浆施工。预制柱节点一般采用预埋套筒并与该层楼面上预留的主筋进行灌浆连接。连接节点的灌浆质量将直接影响预制装配式框架结构主体结构的抗震安

图 5.69　立柱垂直度调整

全,是整个施工吊装过程中的关键环节。现场施工人员、质量管理员和监理人员应引起高度重视,并严格按照相关规定的要求进行检查和验收。

a.施工步骤及接缝封堵。预制立柱底部无收缩砂浆灌浆施工步骤如图 5.70 所示。

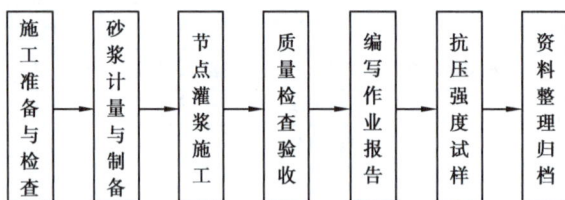

图 5.70　预制立柱底部无收缩砂浆灌浆施工步骤

预制立柱底部节点灌浆封堵采用封堵模板及使用专用封堵砂浆填塞两种构造,如图 5.71 所示。

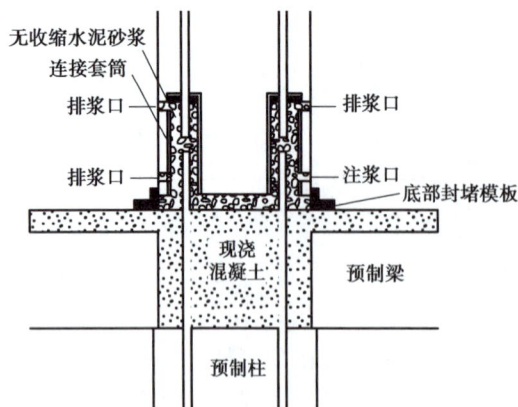

（a）底部封堵模板　　　　　　　　　　（b）底部专用水泥砂浆封堵

图 5.71　柱底接缝无收缩砂浆灌浆封堵

b. 质量控制。先检查无收缩水泥是否在有效期内：无收缩水泥的使用期限一般为 6 个月，6 个月以上的禁止使用，3~6 个月需用 8 号筛去除水泥结块后方可使用。

每批次灌浆前需要测试砂浆的流度（图 5.72），按流度仪的标准流程执行，流度一般应保证在 20~30 cm（具体按照使用灌浆料要求）。若超过该数值范围不能使用，必须查明原因处理后，确定流度符合要求才能实施灌浆。流度试验环为上端内径 75 cm、下端内径 85 cm、高 40 cm 的不锈钢材质，于搅拌混合后倒入测定。

无收缩砂浆需做抗压强度试块（图 5.73），试验强度值应达到 55 MPa 以上，试块为 7.07 cm×7.07 cm×7.07 cm 立方体，需做 7 天及 28 天的强度试验。

图 5.72　无收缩砂浆流度测定　　　图 5.73　抗压强度试块制作

无收缩水泥进场时，每批需附原厂质量保证书，以保证无收缩水泥质量。水质应取用对收缩水泥砂浆无害的水源，如自来水等。采用地下水或井水等，则需进行氯离子含量检测。

c. 无收缩灌浆施工。灌浆前，需用高压空气清理柱底部套筒及柱底杂物，如泡绵、碎石、泥灰等。若用水清洁，则需干燥后才能灌浆。当灌浆中遇到必须暂停的情况时，采取循环回浆状态，即将灌浆管插入灌浆机注入口，休息时间以 0.5 h 为限。

搅拌器及搅拌桶禁止使用铝质材料，每次搅拌时间需待搅拌均匀后再持续搅拌 2 min 以上方可使用。

d. 养护。完成无收缩水泥砂浆灌浆施工后，一般需养护 12 h 以上。在养护期间，严禁碰撞立柱底部接缝养护中的立柱，并采取相应的保护措施和标识。

e. 不合格处置。无收缩灌浆只有满浆才算合格。只要未满浆，一律拆掉柱子并清理干净、恢复原状为止。当发现有任何一个排浆孔不能顺畅出浆时，应在 30 min 内排除出浆阻碍。若无法排除，应立即吊起预制立柱，并以高压冲洗机等清除套筒内附着的无收缩水泥砂浆，恢复干净状态。在查明无法顺利出浆的原因并排除障碍后，方可再按照原有的施工顺序重新开始吊装施工。

（2）预制梁吊装

①准备工作：

a. 支撑系统是否准备就绪，预制立柱顶标高复核检查。

b. 大梁钢筋、小梁接合剪力榫位置、方向、编号检查。

c. 预制梁搁置处标高不能达到要求时，应采用软性垫片等调整。

d.按设计要求起吊,起吊前应事先准备好相关吊具。

e.若发现预制梁叠合部分主筋配筋(吊装现场预先穿好)与设计不符时,应在吊装前及时更正。

②吊装流程。预制主梁和次梁吊装流程如图5.74所示,现场吊装如图5.75所示。预制次梁的吊装一般应在一组(2根以上)预制主梁吊装完成后进行。预制主次梁吊装前应架设临时支撑系统并进行标高测量,按设计要求达到吊装进度后及时拧紧支撑系统锁定装置,然后吊钩松绑进行下一个环节的施工。支撑系统应按照前述垂直支撑系统的设计要求进行设计。预制主次梁吊装完成后,应及时用水泥砂浆充填其连接接头。

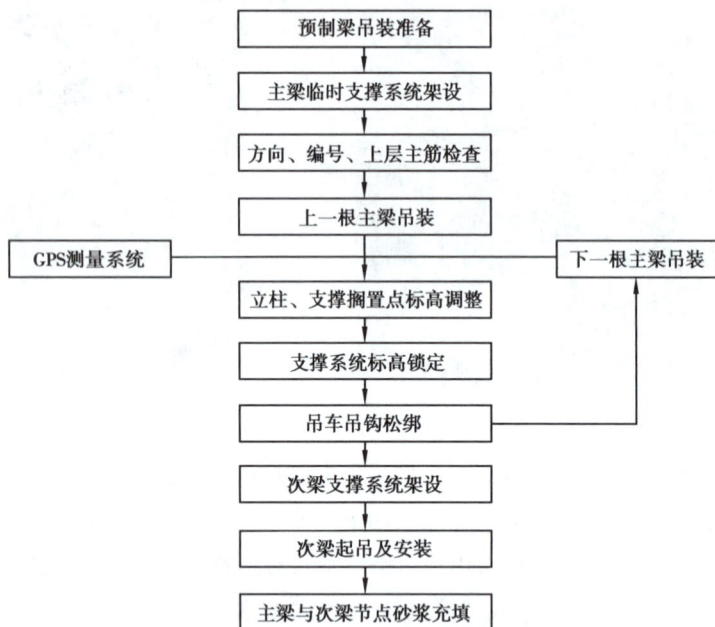

图5.74 预制梁吊装流程

图5.75 预制梁现场吊装

③吊装施工要点:

a.当同一根立柱上搁置两根底标高不同的预制梁时,梁底标高低的梁先吊装。同时,为避免同一根立柱上主梁的预留主筋发生碰撞,原则上应先吊装 X 方向(建筑物长边方向)主梁,后吊装 Y 方向主梁(图5.76)。

b.带有次梁的主梁在起吊前应在搁置次梁的剪力榫处标识出次梁的吊装位置(图5.77)。

图 5.76　预制梁搁置处立柱钢筋

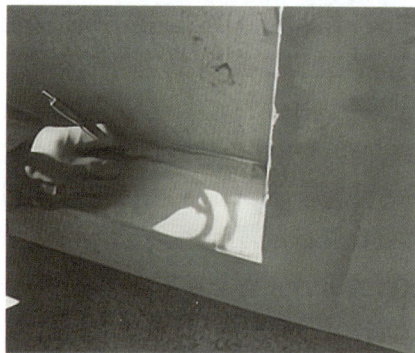

图 5.77　剪力榫处标识出次梁的吊装位置

④主次梁的连接。主次梁连接构造如图 5.78 所示。主梁与次梁的连接通过预埋在次梁上的钢板（俗称牛担板）置于主梁的预留剪力榫槽内，并通过灌注砂浆形成整体。根据设计要求，在次梁的搁置点附近一定区域范围内，尚需对箍筋进行加密，以提高次梁在搁置端部的抗剪承载力。主次梁吊装就位后，连接部位砂浆灌注的现场施工如图 5.79 所示。值得注意的是，在灌浆之前，主次梁节点处先支立模板，接缝处应用软木材料堵塞，防止漏浆。

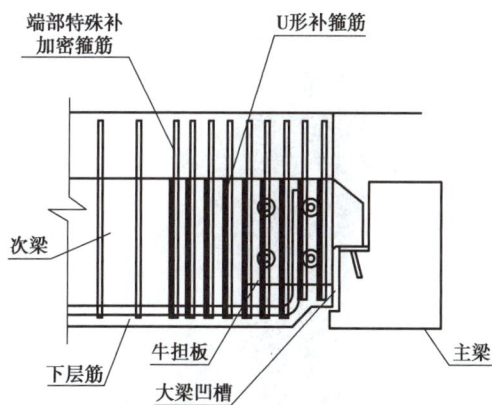

图 5.78　主次梁连接构造

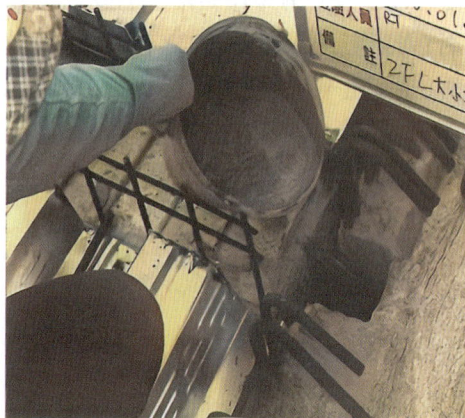

图 5.79　主次梁接缝处灌浆

⑤主次梁吊装施工要点。预制主次梁吊装过程中，从临时支撑系统架设至主次梁接缝连接的主要环节施工要点如下：

a. 临时支撑系架设。在预制梁吊装前，主次梁下方需事先架设临时支撑系统，一般主梁采用支撑鹰架，次梁采用门式支撑架。预制主梁若两侧搁置次梁，则使用 3 组支撑鹰架；若单侧背负次梁，则使用一点 5 组支撑鹰架。支撑鹰架架设位置一般在主梁中央部位。次梁采用 3 支钢管支撑，钢管支撑间距应沿次梁长度方向均匀布置。架设后，应注意预制梁顶部标高是否满足精度要求。

b. 方向、编号、上层主筋确认。梁吊装前，应进行外观和钢筋布置等的检查，包括构件缺损或缺角、箍筋外保护层与梁箍垂直度、主次梁剪力榫位置偏差、穿梁开孔等项目。吊装前，需对主梁钢筋、次梁接合剪力榫位置、方向、编号进行检查。

c. 剪力榫位置放样。主梁吊装前，须对次梁剪力榫的位置绘制次梁吊装基准线，作为次梁吊装定位的基准。

d. 主梁起吊吊装。起吊前,应对主梁钢筋、次梁接合剪力榫位置、方向、编号进行检查。当柱头标高误差超过容许值时,若柱头标高太低,则在吊装主梁前应于柱头置放铁片调整高差。若柱头标高太高,则在吊装主梁前须先将柱头凿除修正至设计标高。

e. 柱头位置、梁中央部高程调整。吊装后,需派一组人员调整支撑架架顶标高,使柱头位置、梁中央部标高保持一致及水平,确保灌浆后主次梁不至于下垂。

f. 主梁吊装后吊装次梁。次梁吊装须待两向主梁吊装完成后才能吊装,因此在吊装前须检查好主梁吊装顺序,确保主梁上下部钢筋位置可以交错而不会吊错重吊,然后吊装次梁。

g. 主梁与次梁接头砂浆填灌。主次梁吊装完成,次梁剪力榫处木板封模后,采用抗压强度为 35 MPa 以上的结构砂浆灌浆填缝,待砂浆凝固后拆模。

(3)预制剪力墙板吊装

按受力性能,预制混凝土剪力墙分为预制实心剪力墙和预制叠合剪力墙。预制实心剪力墙是指将混凝土剪力墙在工厂预制成实心构件,并在现场通过预留钢筋与主体结构相连接,如图 5.80 所示。随着灌浆套筒在预制剪力墙中的使用,预制实心剪力墙的使用越来越广泛。预制叠合剪力墙是指一侧或两侧均为预制混凝土墙板,在另一侧或中间部位现浇混凝土从而形成共同受力的剪力墙结构,如图 5.81 所示。预制叠合剪力墙结构在德国有着广泛的运用,在中国上海和合肥等地已有所应用。它具有制作简单、施工方便等优势。

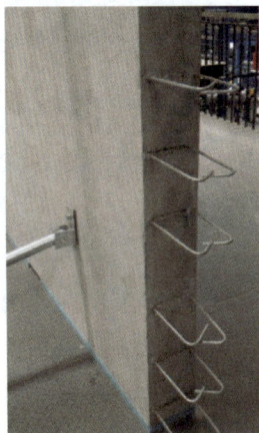

| 图 5.80　预制实心剪力墙 | 图 5.81　预制叠合剪力墙 |

①准备工作。

a. 根据工程项目的构件分布图,制订项目的安装方案,并合理选择吊装机械。

b. 构件临时堆场应尽可能设置在吊机的辐射半径内,减少现场的二次搬运,同时构件临时堆场应平整坚实,有排水设施。

c. 所有构件吊装前必须在基层或相关构件上将各个截面的控制线放好,便于提高吊装效率和控制质量。

d. 构件安装前,严格按照《装配式混凝土结构技术规程》(JGJ 1—2014)和项目要求等对预制构件、预埋件以及配件的型号、规格、数量等进行全数检查。

e.构件吊装前必须整理吊具,对吊具进行安全检查,以保证吊装质量和吊装安全。

f.构件应根据现场安装顺序进场,进入现场的构件应进行严格的检查,检查外观质量和构件的型号规格是否符合安装顺序。

②预制实心剪力墙吊装。预制实心剪力墙吊装施工流程如图5.82所示。

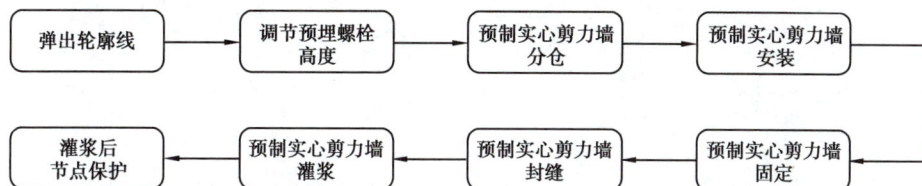

图 5.82　预制实心剪力墙吊装施工流程

a.弹出构件轮廓控制线,并对连接钢筋进行位置确认。使用检验模板对插筋位置进行检查,放轴线控制,如图5.83(a)所示。清除钢筋表面泥浆,基层浇筑前可采用保鲜膜保护。对同一层内预制实心剪力墙弹轮廓线,控制累计误差在±2 mm内。再确认插筋位置、轴线加构件轮廓线,如图5.83(b)所示。严格按照设计图纸要求检查钢筋长度。吊装前,复核轴线、轮廓线,确定分仓线并编号,如图5.84所示。

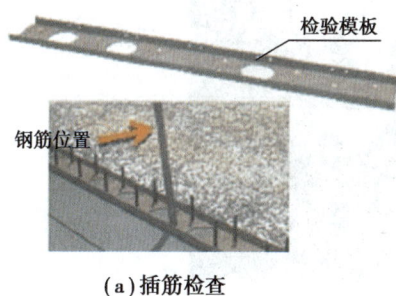

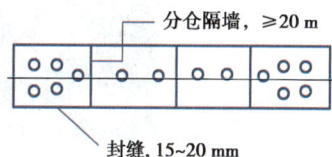

（a）插筋检查　　　　　　　（b）插筋位置

图 5.83　弹出构件轮廓控制线　　　　　图 5.84　确定分仓线并编号

b.预埋高度调节螺栓。实心墙板基层初凝时,用钢钎做麻面处理;吊装前,用风机清理浮灰;水准仪对预埋螺丝标高进行调节,达到标高要求并使之满足 2 cm 高差(图5.85),对基层地面平整度进行确认。

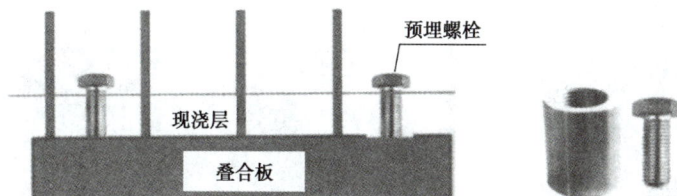

图 5.85　标准层预埋

c.预制实心剪力墙分仓。采用电动灌浆泵灌浆时,一般单仓长度不超过 1 m。采用手动灌浆枪灌浆时,单仓长度不宜超 0.3 m,如图5.86所示。对填充墙无灌浆处采用座浆法密封,如图5.87所示。

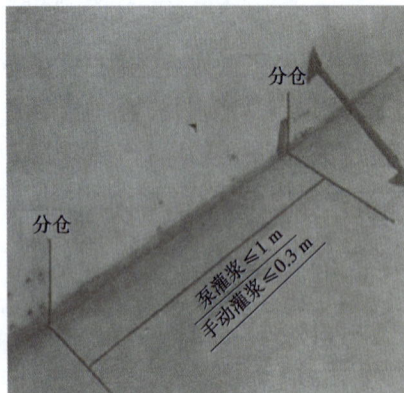

图 5.86 分仓缝设置

图 5.87 无灌浆孔处理

d. 预制实心剪力墙安装。吊机起吊下放时应平稳,如图 5.88 所示;预制实心墙两边放置镜子,确认下方连接钢筋均准确插入构件的灌浆套筒内,如图 5.89 所示;检查预制构件与基层预埋螺栓是否压实无缝隙,如不满足继续调整。

图 5.88 吊机平稳起吊

图 5.89 检查套筒连接

e. 预制实心剪力墙固定。墙体垂直度满足±5 mm 后,在预制墙板上部 2/3 高度处,用斜支撑通过连接对预制构件进行固定;斜撑底部与楼面用地脚螺栓锚固,其与楼面的水平夹角不应小于 60°;墙体构件用不少于 2 根斜支撑进行固定,如图 5.90、图 5.91 所示;垂直度的细部调整通过两个斜撑上的螺纹套管调整实现,两边要同时调整;在确保两个墙板斜撑安装牢固后,方可解除吊钩。

图 5.90 垂直检查

图 5.91 固定完成

f. 预制实心剪力墙封缝。嵌缝前，对基层与柱接触面采用专用吹风机清理，并做润湿处理，如图 5.92 所示；选择专用的封仓料和抹子，在缝隙内先压入 PVC 管或泡沫条，填抹 1.5～2 cm 深（确保不堵套筒孔），将缝隙填塞密实后，抽出 PVC 管或泡沫条，如图 5.93 所示；填抹完毕确认封仓强度达到要求（常温 24 h，约 30 MPa）后再灌浆。

图 5.92　清理、湿润

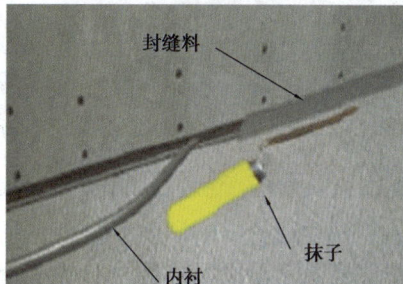

图 5.93　封缝处理

g. 预制实心剪力墙灌浆。灌浆前，逐个检查各接头灌浆孔和出浆孔，确保孔路畅通及仓体密封检查，如图 5.94 所示；灌浆泵接头插入灌浆孔后，封堵其他灌浆孔及灌浆泵上的出浆口，待出浆孔连续流出浆体后，暂停灌浆机启动，立即用专用橡胶塞封堵，如图 5.95 所示；至所有排浆孔出浆并封堵牢固后，拔出插入的灌浆孔，立刻用专用橡胶塞封堵，然后插入排浆孔，继续灌浆，待其满浆后立刻拔出封堵；正常灌浆浆料要在自加水搅拌开始 20～30 min 内灌完。

图 5.94　检查灌浆孔

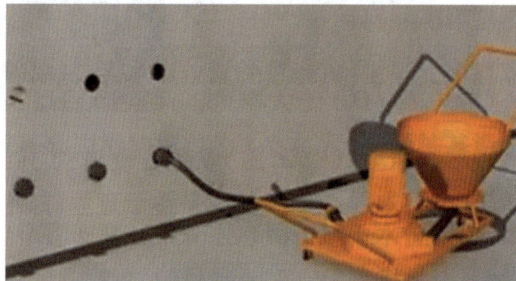

图 5.95　孔道灌浆

h. 灌浆后节点保护。灌浆料凝固后，取下灌排浆孔封堵胶塞，检查孔内凝固的灌浆料上表面应高于排浆孔下边缘 5 mm 以上。灌浆料强度没有达到 35 MPa，不得受扰动。

③铝模施工安装操作流程。与预制框架式结构、预制实心剪力墙结构不同，预制叠合剪力墙结构在吊装施工中不需要套筒灌浆连接，而是搭设铝模板现浇连接预制构件。铝模施工操作流程如图 5.96 所示。

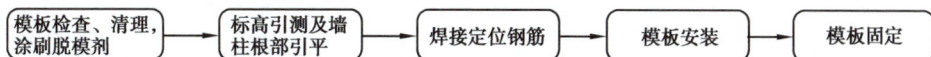

模板检查、清理，涂刷脱模剂 → 标高引测及墙柱根部引平 → 焊接定位钢筋 → 模板安装 → 模板固定

图 5.96　铝模施工操作流程

a. 模板检查、清理，涂刷脱模剂。用铲刀铲除模板表面浮浆，直至表面光滑无粗糙感，如图 5.97 所示；在模板面均匀涂刷专用脱模剂，采用水性脱模剂，如图 5.98 所示。

图 5.97　清理模板表面

图 5.98　涂刷脱模剂

铝模板制作允许偏差如表 5.7 所示。

表 5.7　铝模板制作允许偏差

序号	检查项目	允许偏差
1	外形尺寸	−2 mm/m
2	对角线	3 mm
3	相邻表面高低差	1 mm
4	表面平整度(2 m 钢尺)	2 mm

　　b. 标高引测及墙柱根部引平。将标高引测至楼层,如图 5.99 所示。通过引测的标高控制墙柱根部的标高及平整度,转角处用砂浆或剔凿进行找平,其他处用 4 cm 和 5 cm 角铝调节,如图 5.100 所示。位置通过墙柱控制线确认。

　　c. 焊接定位钢筋。采用 φ16 钢筋(端部平整)在墙柱根部离地约 100 mm、间距 800 mm 焊接定位钢筋,如图 5.101 所示。

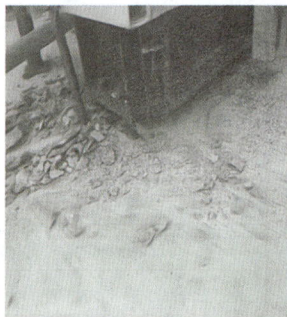

图 5.99　标高引测　　　　　　图 5.100　根部引平

图 5.101　焊接定位钢筋

d.模板安装。墙柱在钢筋及水电预埋完成后,从墙端开始逐块定位安装,,每隔300 mm布置一个墙柱销钉;墙柱顶标高按现场预制叠合墙板实际高度安装,实际标高比设计标高低3~5 mm,如图5.102所示。

图 5.102　铝模板安装

e.模板固定。在三段式螺杆未应用前,采用 PVC 套管(壁厚2 mm),切割尺寸统一、偏差在-0.5~0 mm;端部采用 PVC 扩大头套以防止加固螺杆过紧,螺杆间距小于 800 mm,如图 5.103 所示。

模板斜撑采用4道背楞(外墙5道),斜拉杆间距不大于2 m,上下支撑,墙模安装完调整好标高、垂直度(斜向拉杆要受力),再进行梁底模和楼面板安装。

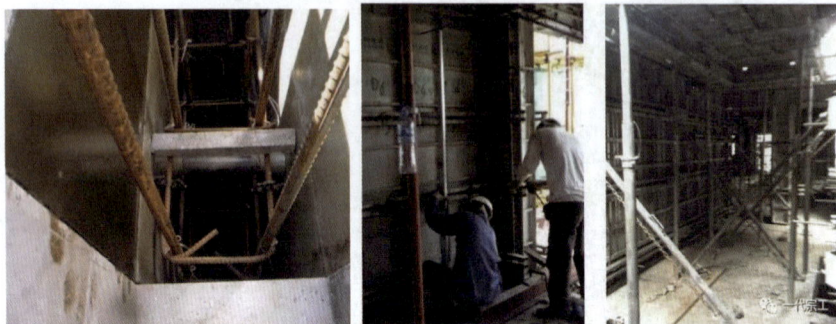

图 5.103　模板固定

(4)预制外挂墙板吊装

①准备工作。吊装前,需对下层的预埋件进行安装位置及标高复核,应准备好标高调节装置、斜撑系统及外墙板接缝防水材料等。

②吊装流程。预制外挂墙板围护体系吊装流程如图 5.104 所示。

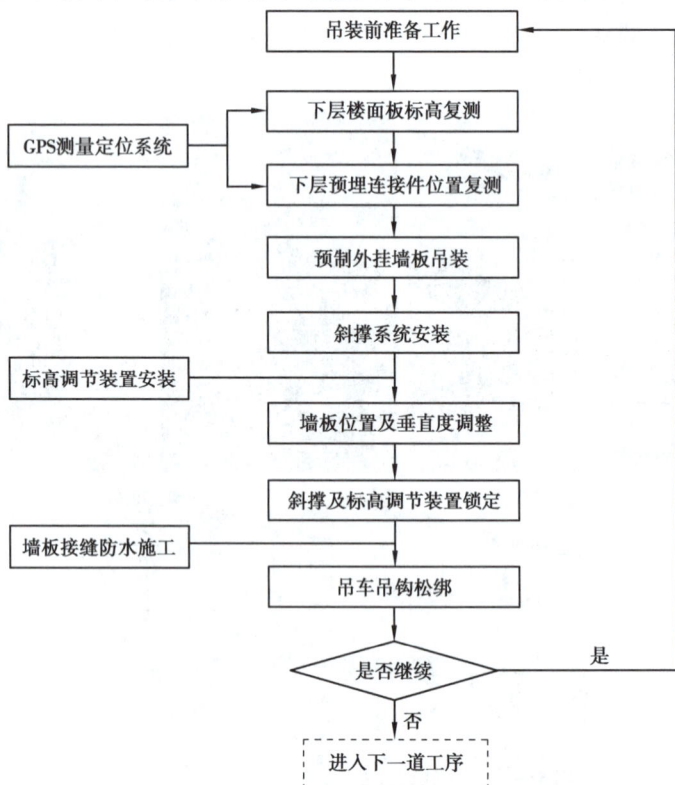

图 5.104　预制外挂墙板围护体系吊装流程

a. 预制外挂墙板施工前。结构每层楼面轴线垂直控制点不应少于 4 个,楼层上的控制轴线应使用经纬仪由底层原始点直接向上引测;每个楼层应设置 1 个高程控制点;预制构件控制线应由轴线引出,每块预制构件应有纵横控制线 2 条;预制外挂墙板安装前,应在墙板内侧弹出竖向与水平线,安装时应与楼层上该墙板控制线相对应。当采用饰面砖外装饰时,饰面砖竖向、横向砖缝应引测。贯通到外墙内侧来控制相邻板与板之间,层与层之间饰面砖砖缝对直;预制外挂墙板垂直度测量时,4 个角留设的测点为预制外墙板转换控制点,用靠尺以此 4 个点在内侧进行垂直度校核和测量;应在预制外挂墙板顶部设置水平标高点,在上层预制外挂墙板吊装时,应先垫垫块或在构件上预埋标高控制调节件。

b. 预制外挂墙板吊装。预制构件应按照施工方案吊装顺序预先编号,严格按照编号顺序起吊;吊装应采用慢起、稳升、缓放的操作方式,系好缆风绳控制构件转动;在吊装过程中,应保持稳定,不得偏斜、摇摆和扭转。预制外挂墙板的校核与偏差调整应按以下要求进行:预制外挂墙板侧面中线及板面垂直度的校核,应以中线为主调整;预制外墙板上下校正时,应以竖缝为主调整;墙板接缝应以满足外墙面平整为主,内墙面不平或翘曲时,可在内装饰或内保温层内调整;预制外挂墙板山墙阳角与相邻板的校正,以阳角为基准调整;预制外挂墙板拼缝平整的校核,应以楼地面水平线为准调整。

c. 预制外挂墙板底部固定、外侧封堵。预制外挂墙板底部坐浆材料的强度等级不应小于被连接构件的强度;坐浆层的厚度不应大于 20 mm,底部坐浆强度检验以每层为一个检验批;每工作班组应制作一组且每层不应少于 3 组边长为 70.7 mm 的立方体试件,标准养护28 d 后进行抗压强度试验。为防止预制外挂墙板外侧坐浆料外漏,应在外侧保温板部位固定 50 mm(宽)×20 mm(厚)的具备 A 级保温性能的材料进行封堵。

预制构件吊装到位后,应立即进行下部螺栓固定并做好防腐防锈处理。上部预留钢筋与叠合板钢筋或框架梁预埋件焊接。

当全部外墙板的接缝防水嵌缝施工结束后,将预制在外墙板上预埋铁件与吊装用的标高调节铁盒采用电焊焊接或螺栓拧紧形成一整体,再进行防水处理。标高调节装置及节点构造连接分别如图 5.105 至图 5.107 所示。

图 5.105　高程调节装置(临时铁件)

图 5.106　高程调节装置(吊装位置)

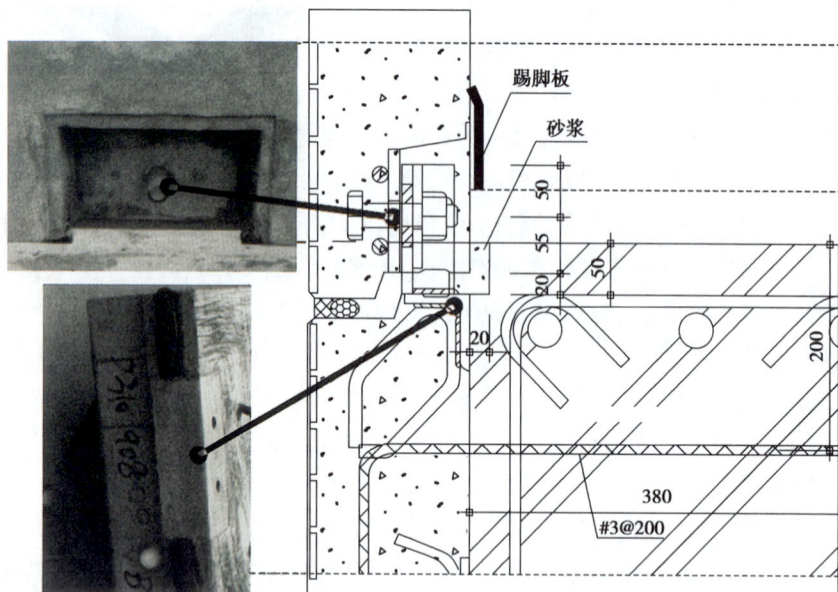

图 5.107 外墙板节点构成处理示意图(单位:mm)

(5)预制叠合楼板(屋面板)吊装

①吊装流程。预制叠合楼板(屋面板)吊装施工工艺流程如图 5.108 所示。

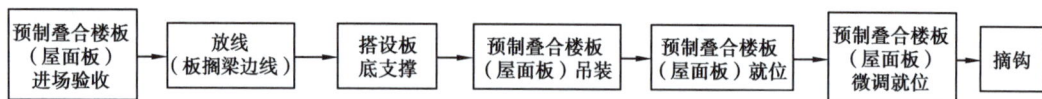

图 5.108 预制叠合楼板(屋面板)吊装施工工艺流程

预制叠合楼板(屋面板)吊装施工要点如下:

a.预制叠合楼板(屋面板)吊装应控制水平标高,可采用找平软座浆或粘贴软性垫片进行吊装;

b.预制叠合楼板(屋面板)吊装时,应按设计图纸要求预埋水电等管线;

c.预制叠合楼板(屋面板)起吊时,吊点不应少于 4 点。

②预制叠合楼板(屋面板)吊装。预制叠合楼板(屋面板)吊装应符合下列规定:

a.预制叠合楼板(屋面板)吊装应事先设置临时支撑,并应控制相邻板缝的平整度;

b.施工集中荷载或受力较大部位应避开拼接位置;

c.外伸预留钢筋伸入支座时,预留筋不得弯折;

d.相邻叠合楼板(屋面板)间拼缝可采用干硬性防水砂浆塞缝;大于 30 mm 的拼缝,应采用防水细石混凝土填实;

e.在后浇混凝土强度达到设计要求后,方可拆除支撑。

③吊装专用平衡吊具。预制叠合楼板(屋面板)吊装需采用专用的平衡吊具,平衡吊具能够更快速安全地将预制楼板吊装到相应位置(图 5.109)。

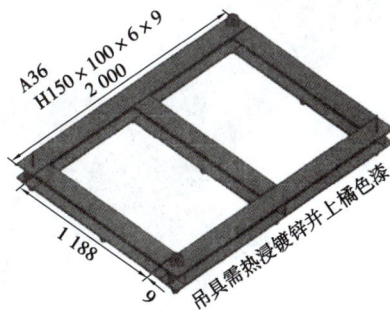

图5.109　预制叠合楼板吊装专用平衡吊具(单位:mm)

(6)预制楼梯吊装

①吊装流程。预制楼梯吊装施工工艺流程如图5.110所示。

图5.110　预制楼梯吊装施工工艺流程

②准备工作。

a.支撑架是否搭设完毕,顶部高程是否正确;

b.吊装前,需要做好梁位线的弹线及验收工作。

③预制楼梯施工步骤如下:

a.楼梯进场后,应按单元和楼层清点数量和核对编号;

b.搭设楼梯(板)支撑排架与搁置件;

c.标高控制与楼梯位置线设置;

d.按编号和吊装流程,逐块安装就位;

e.塔吊吊点脱钩,进行下一叠合板梯段吊装,并循环重复;

f.楼层浇捣混凝土完成,混凝土强度达到设计、规范要求后,拆除支撑排架与搁置件。

④预制楼梯吊装要点如下:

a.预制楼梯采用预留锚固钢筋方式时,应先放置预制楼梯,再与现浇梁或板浇筑连接成整体;

b.预制楼梯与现浇梁或板之间采用预埋件焊接连接方式时,应先施工现浇梁或板,再搁置预制楼梯进行焊接连接;

c.框架结构预制楼梯吊点可设置在预制楼梯板侧面,剪力墙结构预制楼梯吊点可设置在预制楼梯板面;

d.预制楼梯吊装时,上下预制楼梯应保持通直。

预制楼梯施工吊装如图5.111所示,预制楼梯剖面如图5.112所示。

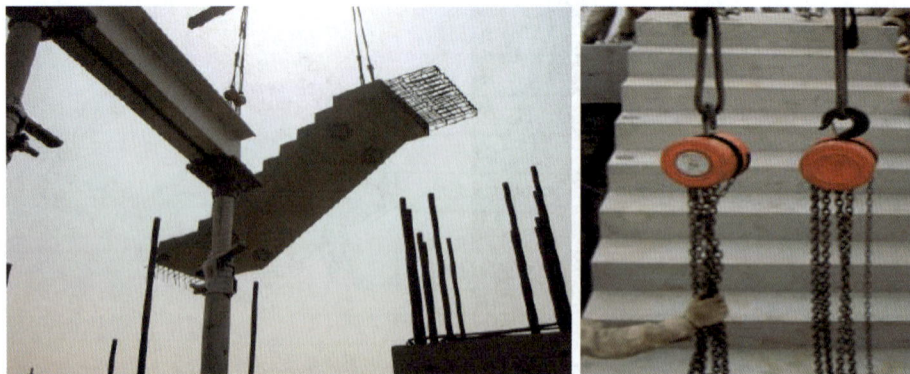

图 5.111　预制楼梯施工吊装

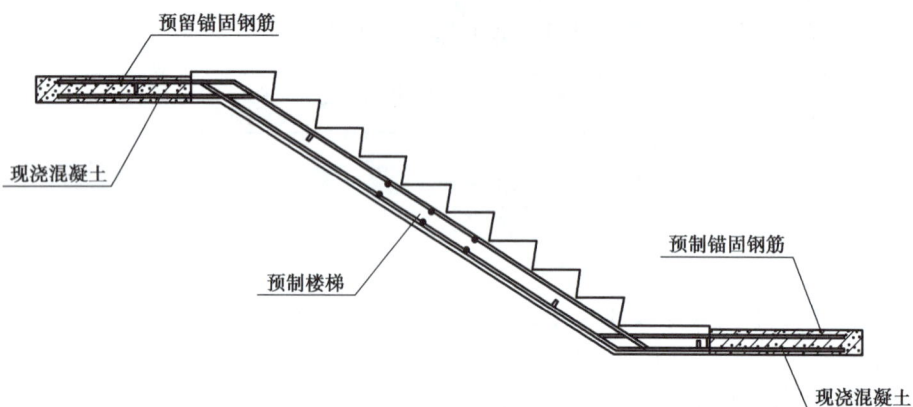

图 5.112　预制楼梯剖面图

⑤预制楼梯临时支撑架。可采用支撑架与小型型钢作为预制楼梯吊装时的临时支撑架（图 5.113）。此外，应设置钢牛腿作为小型钢与预制楼梯间的连接，具体结构形式可参见有关深化设计图纸。

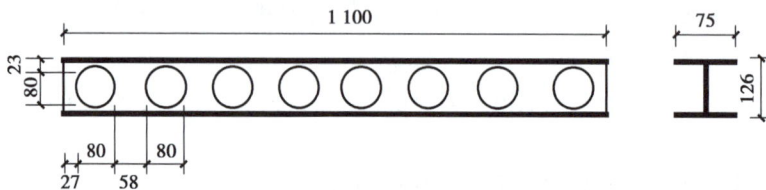

图 5.113　小型型钢支撑示意图（单位:mm）

（7）其他预制构件吊装

①吊装流程。预制阳台板、空调板吊装施工工艺流程如图 5.114 所示。

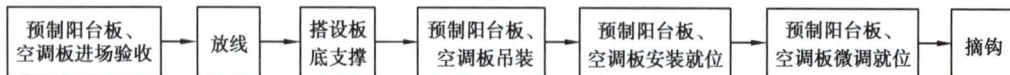

图 5.114　预制阳台板、空调板吊装施工工艺流程

②预制阳台板吊装施工要点如下：

a.悬挑阳台板吊装前,应设置防倾覆支撑架,并应在结构楼层混凝土达到设计强度要求

时,方可拆除支撑架;

　　b.悬挑阳台板施工荷载不得超过楼板的允许荷载值;

　　c.预制阳台板预留锚固钢筋应伸入现浇结构内,并应与现浇混凝土结构连成整体;预制阳台与侧板采用灌浆连接方式时,阳台预留钢筋应插入孔内后进行灌浆处理;

　　d.灌浆预留孔的直径应大于插筋直径的 3 倍,且不应小于 60 mm;预留的孔壁表面应保持粗糙或设波纹管齿槽。

　　③预制空调板吊装施工要点如下:

　　a.预制空调板吊装时,应采取临时支撑措施;

　　b.预制空调板与现浇结构连接时,预留锚固钢筋应伸入现浇结构部分,并应与现浇结构连成整体;

　　c.预制空调板采用插入式吊装方式时,连接位置应设预埋连接件,并应与预制墙板的预埋连接件连接;空调板与墙板四周的防水槽口应嵌填防水密封胶。

5)钢筋混凝土预制构件连接施工

　　(1)预制构件节点现浇连接基本知识

　　①预制构件节点现浇连接基本要求。装配式混凝土结构中,节点现浇连接是指在预制构件吊装完成后预制构件之间的节点经钢筋绑扎或焊接,然后通过支模浇筑混凝土,实现装配式结构同现浇的一种施工工艺。

　　按照建筑结构体系的不同,其节点的构造要求和施工工艺也有所不同。现浇连接节点主要包括梁柱节点、叠合梁板节点、叠合阳台、空调板节点、湿式预制墙板节点等。

　　节点现浇连接构造应按设计图纸的要求进行施工,才能具有足够的抗弯、抗剪、抗震性能,保证结构的整体性及安全性。

　　②预制构件节点现浇连接种类如下:

　　a.梁-柱的连接:分为干式连接和湿式连接。干式连接指牛腿连接、榫式连接、钢板连接、螺栓连接、焊接连接、企口连接、机械套筒连接等;湿式连接指现浇连接、浆锚连接、预应力技术的整浇连接、普通后浇整体式连接、灌浆拼装等。

　　b.叠合楼板-叠合楼板的连接:分为干式连接和湿式连接。干式连接指预制楼板与预制楼板之间设调整缝;湿式连接指预制楼板与预制楼板之间设后浇带。

　　c.叠合楼板-梁(或叠合梁)的连接:采用板端与梁边搭接,板边预留钢筋,叠合层整体浇筑。

　　d.预制墙板与主体结构的连接:分为外挂式和侧连式。外挂式指预制外墙上部与梁连接,侧边和底边作限位连接;侧连式指预制外墙上部与梁连接,墙侧边与柱或剪力墙连接,墙底边与梁仅作限位连接。

　　e.预制剪力墙与预制剪力墙的连接:采用浆锚连接、灌浆套筒连接等。

　　f.预制阳台-梁(或叠合梁)的连接:采用阳台预留钢筋与梁整体浇筑。

　　g.预制楼梯与主体结构的连接:采用一端设置固定铰,另一端设置滑动铰。

　　h.预制空调板-梁(或叠合梁)的连接:采用预制空调板预留钢筋与梁整体浇筑。

　　③节点现浇连接施工注意事项。为确保现浇混凝土的平整度施工质量,预制装配式结构中,现场大体积混凝土的浇筑宜采用铝合金等材料系统模板。

由于浇筑在结合部位的混凝土量较少,所以模板的侧面压力较小,但在设计时要保证浇筑混凝土时,铸模不会发生移动或膨胀。

为防止水泥浆从预制构件面和模板的结合面溢出,模板需要和构件连接紧密。必要时,对缝隙采用软质材料进行有效封堵,避免漏浆影响施工质量。

模板脱模之前,要保证混凝土达到设计要求的强度,如表5.8所示。

表5.8　底模拆除时的混凝土强度要求

构件类型	构件跨度/m	应达到设计混凝土立方体抗压强度标准值的百分率/%
板	≤2	≥50
	>2,≤8	≥75
	>8	≥100
梁、拱、壳	≤8	≥75
	>8	≥100
悬臂构件	—	≥100

④混凝土浇筑完毕后,应按施工技术方案及时采取有效的养护措施,并应符合下列规定:

a.应在混凝土浇筑完毕后12 h内对混凝土加以覆盖并保湿养护。

b.混凝土浇水养护的时间:对于采用硅酸盐水泥、普通硅酸盐水泥或矿渣硅酸盐水泥拌制的混凝土,不得少于7 d;对于掺用缓凝型外加剂或有抗渗要求的混凝土,不得少于14 d。

c.浇水次数应能保持混凝土处于湿润状态,混凝土养护用水应与拌制用水相同。

d.采用塑料布覆盖养护的混凝土,其敞露的全部表面应覆盖严密,并应保持塑料布内有凝结水。

e.混凝土强度达到1.2 MPa前,不得在其上踩踏或安装模板及支架。

f.日平均气温低于5 ℃时,不得浇水。

g.采用其他品种水泥时,混凝土的养护时间应根据所采用水泥的技术性能确定。

h.混凝土表面不便浇水或使用塑料布时,宜涂刷养护剂。

i.大体积混凝土的养护,应根据气候条件按施工技术方案采取控温措施。

j.检查与检验方法。检查数量:全数检查;检验方法:观察,检查施工记录。

k.固定在模板上的预埋件、预留孔和预留洞均不得渗漏,且应安装牢固,其偏差应符合表5.9的规定。检查中心线位置时,应沿纵、横两个方向量测,并取其中的较大值。

表5.9　预埋件和预留孔洞的允许偏差

项目		允许偏差/mm
预埋钢板中心线位置		3
预埋管、预留孔中心线位置		3
插筋	中心线位置	5
	外露长度	+10,0

续表

项目		允许偏差/mm
预埋螺栓	中心线位置	2
	外露长度	+10,0
预留洞	中心线位置	10
	尺寸	+10,0

（2）预制构件节点钢筋连接施工

预制构件节点钢筋连接应满足《钢筋机械连接技术规程》（JGJ 107—2016）中Ⅰ级接头的性能要求，并应符合国家行业有关标准的规定。预制构件钢筋连接类型主要有钢筋套筒灌浆连接、钢筋浆锚搭接连接及直螺纹套筒连接。

①钢筋套筒灌浆连接施工。

a.工作原理：将需要连接的带肋钢筋插入金属套筒内"对接"，在套筒内注入高强早强且有微膨胀特性的灌浆料，灌浆料在套筒筒壁与钢筋之间形成较大的正向应力，在带肋钢筋的粗糙表面产生较大的摩擦力，由此得以传递钢筋的轴向力，如图5.115、图5.116所示。

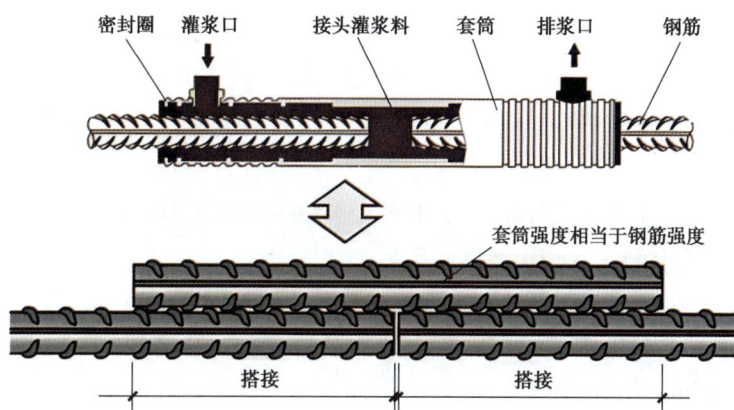

图 5.115　套筒灌浆连接原理

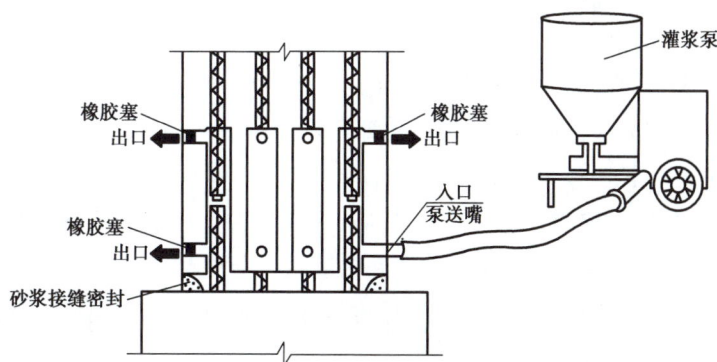

图 5.116　套筒灌浆作业原理

以现场柱子连接为例介绍套筒灌浆的工作原理。下面柱(现浇和预制都可以)伸出钢筋(图5.117),上面预制柱与下面柱伸出钢筋对应的位置埋置套筒,预制柱的钢筋插入套筒上部一半位置,套筒下部一半空间预留给下面柱的钢筋插入。预制柱套筒对准下面柱伸出钢筋安装,使下面柱钢筋插入套筒,与预制柱的钢筋形成对接。然后通过套筒灌浆口注入灌浆料,使套筒内注满灌浆料。

图5.117　下面柱伸出钢筋

套筒连接是对《混凝土结构设计规范》(GB 50010—2010,2015年版)的"越线",全部钢筋都在同一截面连接。这违背了规范关于钢筋接头同一截面不大于50%的规定。但由于这种连接方式经过了试验和工程实践的验证,特别是超高层建筑经历过大地震的考验,是可靠的连接方式。

b.材料要求。套筒的材质有碳素结构钢、合金结构钢和球墨铸铁,要求内壁粗糙。日本用的套筒材质是球墨铸铁,大都由我国工厂加工制作。国内既有球墨铸铁套筒,也有碳素结构钢和合金结构钢材质套筒。套筒行业标准是《钢筋连接用灌浆套筒》(JG/T 398—2012)。

灌浆料要求具有高强、早强、不收缩、微膨胀的特点,灌浆料行业标准是《钢筋连接用套筒灌浆料》(JG/T 408—2013)。

c.《装配式混凝土结构技术规程》(JGJ 1—2014)关于套筒灌浆连接的规定如下:

●接头应满足《钢筋机械连接技术规程》(JGJ 107—2016)中Ⅰ级接头的性能要求,并应符合国家现行有关标准的规定。

●预制剪力墙中,钢筋接头处套筒外侧钢筋混凝土保护层厚度不应小于15 mm,预制柱中钢筋接头处套筒外侧箍筋的混凝土保护层厚度不应小于20 mm。

●套筒之间净距不应小于25 mm。

●预制结构构件采用钢筋套筒灌浆连接时,应在构件生产前进行钢筋套筒灌浆连接接头的抗拉强度试验;每种规格的连接接头试件数量不应少于3个(强制性规定)。

●当预制构件中钢筋的混凝土保护层厚度大于50mm时,宜对钢筋的混凝土保护层采取有效的构造措施(如铺设钢筋网片等)。

d.工艺流程及操作方法:

●施工准备:准备灌浆料(打开包装袋,检查灌浆料应无受潮结块或其他异常)和清洁水;准备施工器具;如果夏天温度过高,准备降温冰块,冬天准备热水。

●制备灌浆料:基本流程如图5.118所示。

●称量灌浆料和水:严格按本批产品出厂检验报告要求的水料比(如11%,即为11 g水+100 g干料)用电子秤分别称量灌浆料和水。也可用刻度量杯计量水。

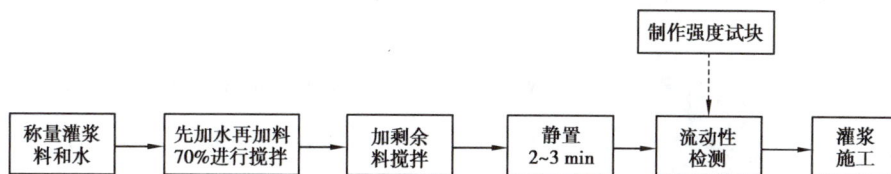

图5.118　制备灌浆料基本流程

●第一次搅拌:料浆料量杯精确加水,先将水倒入搅拌桶,然后加入约70%料,用专用搅拌机搅拌1~2 min至大致均匀。

●第二次搅拌:再将剩余料全部加入,再搅拌3~4 min至彻底均匀。

●搅拌均匀后,静置2~3 min,使浆内气泡自然排出后再使用。

●流动度检测:每班灌浆连接施工前进行灌浆料初始流动度检测,记录有关参数,流动度合格方可使用。检测流动度环境温度超过产品使用温度上限(35 ℃)时,须做实际可操作时间检验,保证灌浆施工时间在产品可操作时间内完成,如图5.119所示。

图5.119　流动度检测

●根据需要进行现场抗压强度检测。制作试件前浆料也需要静置2~3 min,使浆内气泡自然排出。检验试块要密封后现场同条件养护,如图5.120所示。

灌浆施工基本流程如图5.121所示。

图5.120　强度检测

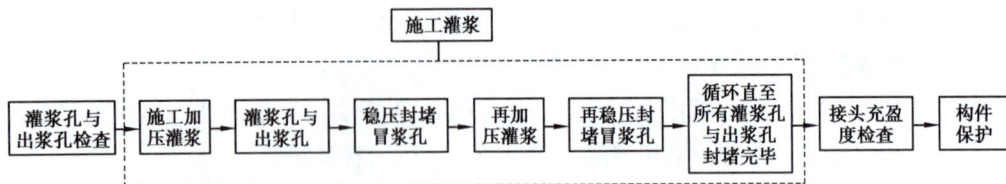

图5.121　灌浆基本流程

图5.122　柱底封模

• 灌浆孔与出浆孔检查。正式灌浆前,采用空气压缩机逐个检查各接头的灌浆孔和出浆孔内有无影响浆料流动的杂物,确保孔路畅通。

• 施工灌浆。底部接缝处四周封模,柱底封模如图5.122所示。可采用砂浆(高强砂浆+快干水泥)或木材,但必须确保避免漏浆。当采用木材封模时,应塞紧,以免木材受压力作用跑位漏浆。

如果施工过程中遇到爆模时,必须立即进行处理;每支套筒内必须充满续接砂浆,不能有气泡存在。若有爆模产生的水泥浆液污染结构物表面,必须立即清洗干净,以免影响外观质量。

采用保压停顿灌浆法施工能有效节省灌浆料施工浪费,保证工程施工质量。用灌浆泵(枪)从接头下方的灌浆孔处向套筒内压力灌浆。特别注意,正常灌浆浆料要在自加水搅拌开始20～30 min内灌完,以尽量保留一定的操作应急时间。

灌浆孔与出浆孔出浆封堵采用专用塑料堵头(与孔洞配套),操作中用螺丝刀顶紧(图5.123)。在灌浆完成、浆料凝前,应巡视检查已灌浆的接头。如有漏浆,及时处理。

• 接头充盈检查:灌浆料凝固后,取下灌排浆孔封堵胶塞,检查孔内凝固的灌浆料上表面应高于排浆孔下缘5 mm以上,如图5.124所示。

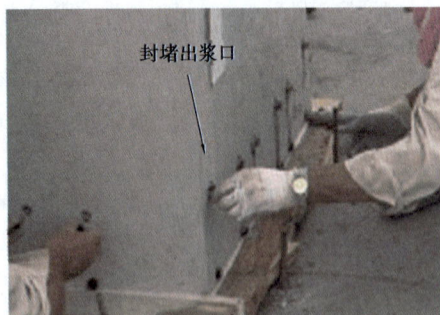

图5.123　出浆确认并封堵

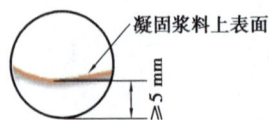

图5.124　接头充盈检查

②钢筋浆锚搭接连接施工。

尽管钢筋浆锚搭接连接源于欧洲,但目前国外在装配式建筑中没有研发和应用该技术。近年来,我国有大学、研究机构和企业做了大量研究试验,有了一定的技术基础,在国内装配整体式结构建筑中也有应用。钢筋浆锚搭接连接最大的优势是成本低于钢筋套筒灌浆连接。

a. 工作原理:将需要连接的带肋钢筋插入预制构件的预留孔道里,预留孔道内壁是螺旋形的;钢筋插入孔道后,在孔道内注入高强早强且有微膨胀特性的灌浆料,锚固住插入钢筋。在孔道旁边是预埋在构件中的受力钢筋,插入孔道的钢筋与之"搭接"。这种情况属于有距离搭接。

浆锚搭接有两种方式:一是两根搭接的钢筋外圈有螺旋钢筋,它们共同被螺旋钢筋所约束(图5.125);二是浆锚孔用金属波纹管。

b. 预留孔洞内壁。浆锚搭接有两种成型方式:一是埋置螺旋的金属内模,构件达到强度后旋出内模;二是预埋金属波纹管做内模,不用抽出。

采用金属内模方式旋出内模时,容易造成孔壁损坏,也比较费工,不如金属波纹管方式可靠、简单。

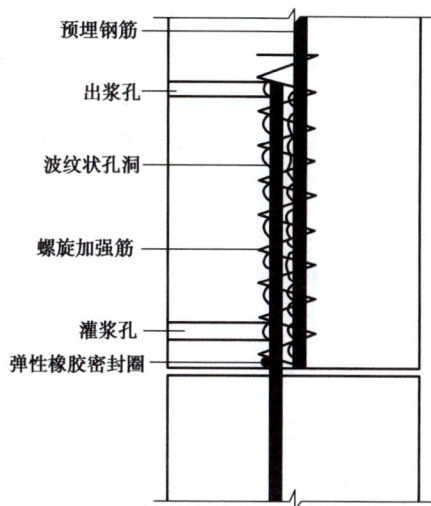

图 5.125 浆锚搭接原理

c. 浆锚搭接灌浆料。浆锚搭接灌浆料为水泥基灌浆料,其性能应符合《装配式混凝土结构技术规程》(JGJ 1—2014)中钢筋浆锚搭接连接接头用灌浆料性能要求的规定,如表5.10所示。

表 5.10 钢筋浆锚搭接连接用灌浆料性能要求

项目	指标名称	指标性能
流动度/mm	初始	≥200
	30 min	≥150
抗压强度/MPa	1 d	≥30
	3 d	≥50
	28 d	≥70
竖向膨胀率/%	3 h	≥0.02
	24 h 与 3 h 差值	0.02 ~ 0.5
对钢筋的锈蚀作用		≤0.03
泌水率/%		不应有

浆锚搭接所用灌浆料的强度低于套筒灌浆连接的灌浆料。因浆锚搭接由螺旋钢筋形成的约束力低于金属套筒的约束力,故灌浆料强度高属于功能过剩。

d. 《装配式混凝土结构技术规程》(JGJ 1—2014)第6.5.4条规定:纵向钢筋采用浆锚搭接连接时,对预留成孔工艺、孔道形状和长度、构造要求、灌浆料和被连接钢筋,应进行力学性能以及适用性的试验验证。直径大于 20 mm 的钢筋不宜采用浆锚搭接连接,直接承受动力荷载构件的纵向钢筋不应采用浆锚搭接连接。"试验验证"是指需要验证的项目须经过相关部门组织的专家论证或鉴定后方可使用。

《装配式混凝土结构技术规程》(JGJ 1—2014)第7.1.2条规定,在装配整体式框架结构中,预制柱的纵向钢筋连接应符合下列规定:当房屋高度不大于12 m或层数不超过3层时,可采用套筒灌浆、浆锚搭接、焊接等连接方式;当房屋高度大于12 m或层数超过3层时,宜采用套筒灌浆连接。即在多层框架结构中,《装配式混凝土结构技术规程》(JGJ 1—2014)不推荐采用浆锚搭接方式。

e.浆锚灌浆连接施工要点。预制构件主筋采用浆锚灌浆连接的方式,在设计上对抗震等级和高度上有一定的限制。在预制剪力墙体系中,预制剪力墙的连接使用较多,预制框架体系中的预制立柱连接一般不宜采用。钢筋浆锚灌浆连接的施工流程可参考钢筋套筒灌浆连接施工工序。钢筋浆锚灌浆连接示意图、预制外墙浆锚灌浆连接及施工现场分别如图5.126、图5.127所示。浆锚灌浆连接节点施工的关键是灌浆材料及施工工艺、无收缩水泥灌浆施工质量。

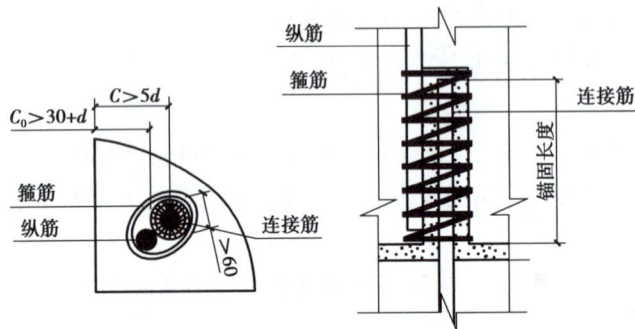

图5.126 浆锚灌浆连接节点示意图

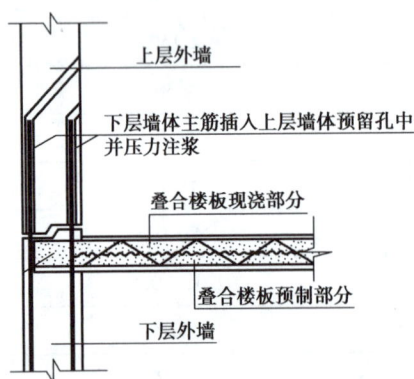

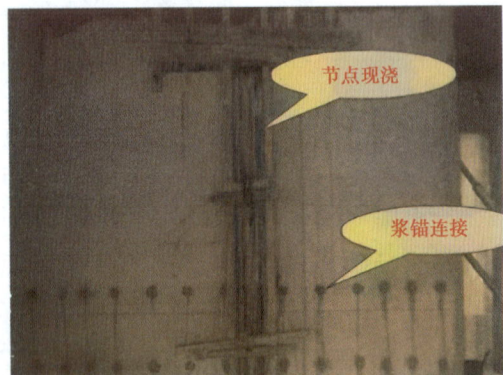

图5.127 预制外墙浆锚灌浆连接及施工现场

③直螺纹套筒连接施工。

a.基本原理:将钢筋待连接部分剥肋后滚压成螺纹,利用连接套筒进行连接,使钢筋丝头与连接套筒连接为一体,从而实现了等强度钢筋连接。直螺纹套筒连接主要有冷镦粗直螺纹、热镦粗直螺纹、直接滚压直螺纹、挤(碾)压肋滚压直螺纹。

b.材料与机械设备。

• 材料准备:钢套筒应具有出厂合格证。套筒的力学性能必须符合规定。表面不得有裂纹、折叠等缺陷。套筒在运输、储存中,应按不同规格分别堆放,不得露天堆放,防止锈蚀和沾污。钢筋必须符合国家标准设计要求,还应有产品合格证、出厂检验报告和进场复验报告。

• 施工机具:包括钢筋直螺纹剥肋滚丝机、力矩扳手、牙型规、卡规、直螺纹塞规。

c.施工的技术要求。钢筋先调直再下料,切口端面与钢筋轴线垂直,不得有马蹄形或挠曲,不得用气割下料;钢筋下料时,需符合下列规定:设置在同一个构件内的同一截面受力钢筋的位置应相互错开,在同一截面接头百分率不应超过 50%;钢筋接头端部距钢筋受弯点不得小于钢筋直径的 10 倍长度;钢筋连接套筒的混凝土保护层厚度应满足《混凝土结构设计规范》(GB 50010—2010,2015 年版)中的相应规定且不得小于 15 mm,连接套之间的横向净距不宜小于 25 mm。

d.钢筋螺纹加工。钢筋端部平头使用钢筋切割机进行切割,不得采用气割。切口断面应与钢筋轴线垂直;按照钢筋规格所需要的调试棒,调整好滚丝头内控最小尺寸;按照钢筋规格更换涨刀环,并按规定丝头加工尺寸调整好剥肋加工尺寸;调整剥肋挡块及滚扎行程开关位置,保证剥肋及滚扎螺纹长度符合丝头加工尺寸的规定;丝头加工时,应用水性润滑液,不得使用油性润滑液。当气温低于 0℃ 时,应掺入 15% ~ 20% 亚硝酸钠。严禁使用机油作为切割液或不加切割液加工丝头;钢筋丝头加工完毕经检验合格后,应立即戴上丝头保护帽或拧上连接套筒,防止装卸钢筋时损坏丝头。

e.钢筋连接。连接钢筋时,钢筋规格和连接套筒规格应一致,并确保钢筋和连接套的丝扣干净、完好无损;连接钢筋时,应对准轴线将钢筋拧入连接套中;必须用力矩扳手拧紧接头。力矩扳手的精度为 ±5%,要求每半年用扭力仪检定一次。力矩扳手不使用时,将其力矩值调整为零,以保证其精度;连接钢筋时,应对正轴线将钢筋拧入连接套中,然后用力矩扳手拧紧。接头拧紧值应满足表 5.11 规定的力矩值,不得超拧;拧紧后的接头应做上标记,防止钢筋接头漏拧。钢筋连接前,要根据所连接直径的需要将力矩扳手上的游动标尺刻度调定在相应的位置上。即按规定的力矩值,使力矩扳手钢筋轴线均匀加力。当听到力矩扳手发出"咔哒"声响时,即停止加力(否则,会损坏扳手);连接水平钢筋时,必须依次连接,从一头往另一头,不得从两边往中间连接,连接时两人应面对站立,一人用扳手卡住已连接好的钢筋,另一人用力矩扳手拧紧待连接钢筋,按规定的力矩值进行连接,以避免弄坏已连接好的钢筋接头;使用扳手对钢筋接头拧紧时,只要达到力矩扳手调定的力矩值即可;接头拼接完成后,应使两个丝头在套筒中央位置相互顶紧,套筒的两端不得有一扣以上的完整丝扣外露,加长型接头的外露扣数不受限制,但有明显标记,以检查进入套筒的丝头长度是否满足要求。

表 5.11　滚扎直螺纹钢筋接头拧紧力矩值

钢筋直径/mm	≤16	18 ~ 20	22 ~ 25	28 ~ 32
拧紧力矩值/(N·m)	100	200	260	320

（3）预制构件接缝构造连接施工

①接缝材料。预制构件的接缝材料分主材和辅材,辅材根据选用的主材确定。主材密封胶是一种可随着密封面形状而变形、不易流淌、有一定黏结性的密封材料。预制混凝土构件接缝使用建筑密封胶,按其组成大致可分为聚硫橡胶、氯丁橡胶、丙烯酸、聚氨醋、丁基橡胶、硅橡胶、橡塑复合型、热塑性弹性体等多种。预制混凝土构件接缝材料的要求可参照《装配式混凝土结构技术规程》(JGJ 1—2014)执行,具体要求如下:

a.接缝材料应与混凝土具有相容性,以及规定的抗剪切和伸缩变形能力;接缝材料应具有防霉、防水、防火、耐候等性能。

b.硅酮、聚氨酯、聚硫建筑密封胶应分别符合《硅酮和改性硅酮建筑密封胶》(GB/T 14683—2017)、《聚氨酯建筑密封胶》(JC/T 482—2022)、《聚硫建筑密封胶》(JC/T 483—2022)的规定。

c.夹心外墙板接缝处填充用保温材料的燃烧性能应满足《建筑材料及制品燃烧性能分级》(GB 8624—2012)中 A 级的要求。

②接缝构造要求。预制外墙板接缝采用材料防水时,必须用防水性能可靠的嵌缝材料。板缝宽度不宜大于 20 mm,材料防水的嵌缝深度不得小于 20 mm。对于普通嵌缝材料,在嵌缝材料外侧应勾水泥砂浆保护层,其厚度不得小于 15 mm。对于高档嵌缝材料,其外侧可不做保护层。预制外墙板接缝材料防水还应符合下列要求:

a.外墙板接缝宽度设计应满足在热胀冷缩及风荷载、地震作用等外界环境的影响下,其尺寸变形不会导致密封胶的破裂或剥离破坏的要求。

b.外墙板接缝宽度不应小于 10 mm,一般设计宜控制在 10 ~ 35 mm;接缝胶深度一般在 8 ~ 15 mm。

c.外墙板的接缝可分为水平缝和垂直缝两种形式。

d.普通多层建筑预制外墙板接缝宜采用一道防水构造做法(图 5.128)。

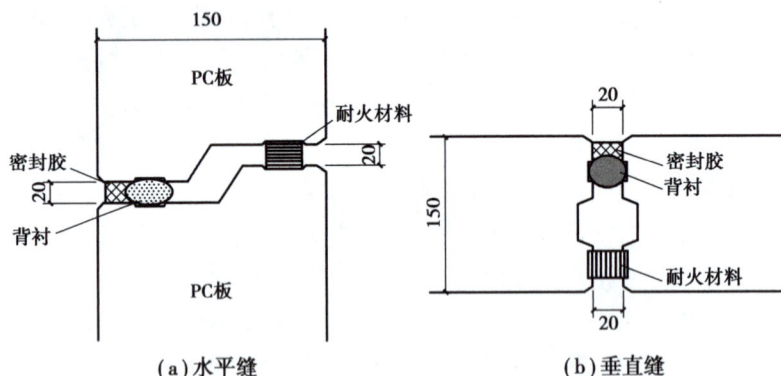

图 5.128　预制外墙板缝一道防水构造(单位:mm)

e.高层建筑、多雨地区的预制外墙板接缝防水宜采用两道密封防水构造做法,即在外部密封胶防水的基础上,增设一道发泡氯丁橡胶密封防水构造(图 5.129)。

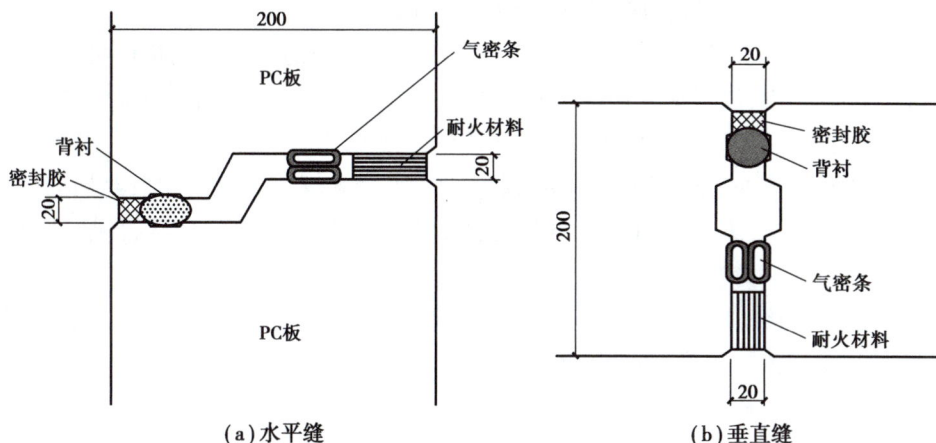

（a）水平缝　　　　　　　　（b）垂直缝

图 5.129　预制外墙板缝两道防水构造（单位：mm）

③接缝嵌缝施工流程。预制外墙板接缝嵌缝施工流程如图 5.130 所示。

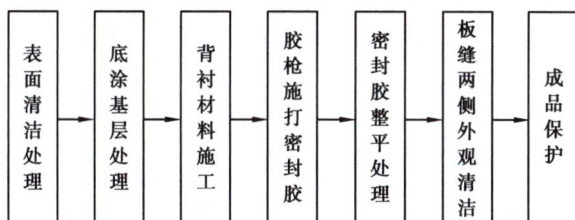

图 5.130　预制外墙板接缝嵌缝施工流程

其主要施工工序如下：

a. 表面清洁处理。将外墙板缝表面应清洁至无尘、无污染或其他污染物的状态。表面如有油污，可用溶剂（甲苯、汽油）擦洗干净。

b. 底涂基层处理。为使密封胶与基层更有效黏结，施打前可先用专用的配套底涂料涂刷一道做基层处理。

c. 背衬材料施工。密封胶施打前，应事先用背衬材料填充过深的板缝，避免浪费密封胶，同时避免密封胶三面黏结，影响性能发挥。吊装时，用木柄压实、平整。注意吊装的衬底材料的埋置深度，在外墙板面以下 10 mm 左右为宜。

d. 施打密封胶。密封胶采用专用的手动挤压胶枪施打。将密封胶装配到手压式胶枪内，胶嘴应切成适当口径，口径尺寸与接缝尺寸相符，以便在挤胶时能控制在接缝内形成压力，避免空气带入。此外，密封胶施打时，应顺缝从下向上推，不要让密封胶在胶嘴堆积成珠或成堆。施打过的密封胶应完全填充接缝。

e. 整平处理。密封胶施打完成后，立即进行整平处理，用专用的圆形刮刀从上到下，顺缝刮平。其目的是整平密封胶外观，通过刮压使密封胶与板缝基面接触更充分。

f. 板缝两侧外观清洁。施打密封胶时，若密封胶溢出到两侧的外墙板，应及时进行清除干净，以免影响外观质量。

g. 成品保护。在完成接缝表面封胶后，可采取相应的成品保护措施。

④接缝嵌缝施工注意事项。根据接缝设计的构造及使用嵌缝材料的不同，其处理方式

也存在一定的差异。常用接缝连接构造的施工要点如下：

a. 外墙板接缝防水工程应由专业人员进行施工，橡胶条通常为预制构件出厂时预嵌在混凝土墙板的凹槽内，以保证外墙的防排水质量。在现场施工过程中，预制构件调整就位后，通过挤压安装在相邻两块预制外墙板的橡胶条达到防水效果。

b. 预制构件外侧通过施打结构性密封胶来实现防水构造。密封防水胶封堵前，侧壁应清理干净、保持干燥，事先应对嵌缝材料的性能质量进行检查。嵌缝材料应与墙板黏结牢固。

c. 预制构件连接缝施工完成后，应进行外观质量检查，并应满足国家或地方相关建筑外墙防水工程技术规范的要求，必要时应进行喷淋试验。

6) 钢筋混凝土预制构件吊装与连接质量检查与验收

（1）预制构件吊装质量检验与验收

①一般规定。预制构件吊装质量检验与验收的一般规定如下：

a. 装配式结构采用钢件焊接、螺栓等连接方式时，其材料性能及施工质量验收应符合《钢结构工程施工质量验收标准》（GB 50205—2020）的相关要求。

b. 装配式混凝土结构安装顺序以及连接方式应保证施工过程结构构件具有足够的承载力和刚度，并应保证结构整体稳固性。

c. 装配式混凝土构件安装过程的临时支撑和拉结应具有足够的承载力和刚度。

d. 装配式混凝土结构吊装起重设备的吊具及吊索规格，应经验算确定。

②质量验收：

a. 预制构件与结构之间的连接应符合设计要求。

检查数量：全数检查。检验方法：观察，检查施工记录。

b. 剪力墙底部接缝坐浆强度应满足设计要求。

检查数量：按批检验，以每层为一检验批，每工作班应制作一组且每层不应少于3组边长为70.7 mm 的立方体试件，标准养护28 d 后进行抗压强度试验。检验方法：检查坐浆材料强度试验报告及评定记录。

c. 预制构件采用焊接连接时，钢材焊接的焊缝尺寸应满足设计要求，焊缝质量应符合《钢结构焊接规范》（GB 50661—2011）和《钢结构工程施工质量验收标准》（GB 50205—2020）的有关规定。

检查数量：全数检查。检验方法：按《钢结构工程施工质量验收标准》（GB 50205—2020）的要求进行。

d. 预制构件采用螺栓连接时，螺栓的材质、规格、拧紧力矩应符合设计要求及《钢结构设计标准》（GB 50017—2017）和《钢结构工程施工质量验收标准》（GB 50205—2020）的有关规定。

检查数量：全数检查。检验方法：按《钢结构工程施工质量验收标准》（GB 50205—2020）的要求进行。

e. 预制构件临时安装支撑应符合施工方案及相关技术标准要求。

检查数量：全数检查。检验方法：观察、检查施工记录。

f.装配式结构吊装完毕后,装配式结构尺寸允许偏差应符合设计要求,并应符合表 5.12 的规定。

检查数量:按楼层、结构缝或施工段划分检验批。在同一检验批内,对于梁、柱,应抽查构件数量的 10%,且不少于 3 件;对于墙和板,应按有代表性的自然间抽查 10%,且不少于 3 间;对于大空间结构,墙可按相邻轴线间高度 5 m 左右划分检查面,板可按纵、横轴线划分检查面,抽查 10%,且均不少于 3 面。

表 5.12　装配式结构构件位置和尺寸允许偏差及检验方法

项目			允许偏差/mm	检验方法
构件轴线位置	竖向构件(柱、墙、桁架)		8	经纬仪及尺量
	水平构件(梁、楼板)		5	
构件标高	梁、柱、墙板、板板底面或顶面		±5	水准仪或拉线、尺量
构件垂直度	柱、墙板安装后的高度	≤6 m	5	经纬仪或吊线、尺量
		>6 m	10	
构件倾斜度	梁、桁架		5	经纬仪或吊线、尺量
相邻构件平整度	梁、楼板底面	外露	3	2 m 靠尺和塞尺量测
		不外露	5	
	柱、墙板	外露	5	
		不外露	8	
构件搁置长度	梁、板		±10	尺量
支座、支垫中心位置	板、梁、柱、墙板、桁架		10	尺量
墙板接缝宽度			±5	尺量

(2)预制构件现浇连接质量检验与验收

①一般规定。预制构件现浇连接质量检验与验收的一般规定如下:

a.装配式结构的外观质量除设计有专门的规定外,尚应符合《混凝土结构工程施工质量验收规范》(GB 50204—2015)中有关现浇混凝土结构的规定。

b.构件连接部位后浇混凝土及灌浆料的强度达到设计要求后,方可拆除临时固定措施。

c.在连接节点及叠合构件浇筑混凝土之前,应进行隐蔽工程验收,其内容应包括现浇结构的混凝土结合面,后浇混凝土处钢筋的牌号、规格、数量、位置、锚固长度等,抗剪钢筋、预埋件、预留专业管线的数量、位置。

②质量验收:

a.后浇混凝土强度应符合设计要求。

检查数量:预制构件结合面疏松部分的混凝土应剔除并清理干净;模板应保证后浇混凝土部分形状、尺寸和位置准确,并应防止漏浆;在浇筑混凝土前;应洒水润湿结合面,混凝土应振捣密实;按批检验,同一配合比的混凝土,每工作班且建筑面积不超过 1 000 m² 应制作一组标准养护试件,同一楼层应制作不少于 3 组标准养护试件。检验方法:按《混凝土强度检验评定标准》(GB/T 50107—2010)的要求进行。

b. 对于承受内力的接头和拼缝,当其混凝土强度未达到设计要求时,不得吊装上一层结构构件;当设计无具体要求时,应在混凝土强度不小于 10 MPa 或具有足够的支承时方可吊装上一层结构构件;已安装完毕的装配式结构应在混凝土强度到达设计要求后,方可承受全部设计荷载。

检查数量:全数检查。检验方法:检查施工记录及试件强度试验报告。

(3)预制构件机械连接质量检验与验收

①一般规定。预制构件机械连接质量检验与验收的一般规定如下:

a. 纵向钢筋采用套筒灌浆连接时,接头应满足《钢筋机械连接技术规程》(JGJ 107—2016)中Ⅰ级接头的要求,并应符合国家现行有关标准的规定。

b. 钢筋套筒灌浆连接接头采用的套筒应符合《钢筋连接用灌浆套筒》(JG/T 398—2019)的规定。

c. 钢筋套筒灌浆连接接头采用的灌浆料应符合《钢筋连接用套筒灌浆料》(JG/T 408—2019)的规定。

②质量验收:

a. 钢筋采用机械连接时,其接头质量应符合《钢筋机械连接技术规程》(JGJ 107—2016)的要求。

检查数量:按《钢筋机械连接技术规程》(JGJ 107—2016)的规定确定。检验方法:检查钢筋机械连接施工记录及平行加工试件的强度试验报告。

b. 钢筋套筒灌浆连接及浆锚搭接连接的灌浆应密实饱满。

检查数量:全数检查。检验方法:检查灌浆施工质量检查记录。

c. 钢筋套筒灌浆连接及浆锚搭接连接用的灌浆料强度应满足设计要求。

检查数量:按批检验,以每层为一检验批;每工作班应制作一组且每层不应少于 3 组 40 mm×40 mm×160 mm 长方体试件,标准养护 28 d 后进行抗压强度试验。检验方法:检查灌浆料强度试验报告及评定记录。

d. 采用钢筋套筒灌浆连接的混凝土结构验收应符合《混凝土结构工程施工质量验收规范》(GB 50204—2015)的有关规定,可划入装配式结构分项工程。

e. 灌浆套筒进厂(场)时,应抽取灌浆套筒检验外观质量、标识和尺寸偏差,检验结果应符合《钢筋连接用灌浆套筒》(JG/T 398—2019)及《钢筋套筒灌浆连接应用技术规程》(JGJ 355—2015,2023 年版)的有关规定。

检查数量:同一批号、同一类型、同一规格的灌浆套筒,不超过 1 000 个为一批;每批随机抽取 10 个灌浆套筒。检验方法:观察,尺量检查。

f. 灌浆料进场时,应对灌浆料拌合物 30 min 流动度、泌水率及 3 d 抗压强度、28 d 抗压强度、3 h 竖向膨胀率、24 h 与 3 h 竖向膨胀率差值进行检验,检验结果应符合《钢筋套筒灌浆连接应用技术规程》(JGJ 355—2015,2023 年版)的有关规定。

检查数量:同一成分、同一批号的灌浆料,不超过 50 t 为一批;每批按《钢筋连接用套筒灌浆料》(JG/T 408—2019)的有关规定随机抽取灌浆料制作试件。检验方法:检查质量证明文件和抽样检验报告。

g.灌浆套筒进厂(场)时,应抽取灌浆套筒并采用与之匹配的灌浆料制作对中连接接头试件,并进行抗拉强度检验,检验结果均应符合《钢筋套筒灌浆连接应用技术规程》(JGJ 355—2015,2023 年版)的有关规定。

检查数量:同一批号、同一类型、同一规格的灌浆套筒,不超过 1 000 个为一批;每批随机抽取 3 个灌浆套筒制作对中连接接头试件。检验方法:检查质量证明文件和抽样检验报告。

(4)预制构件接缝防水质量检验与验收

①一般规定。装配式混凝土结构的墙板接缝防水施工质量是保证装配式外墙防水性能的关键,施工时应按设计要求进行选材和施工,并采取严格的检验验证措施。

②质量验收:

a.预制构件外墙板连接板缝的防水止水条,其品种、规格、性能等应符合现行国家产品标准和设计要求。

检查数量:全数检查。检验方法:检查产品的质量合格证明文件、检验报告和隐蔽验收记录。

b.外墙板接缝的防水性能应符合设计要求。

检查数量:按批检验。每 1 000 m² 外墙面积应划分为一个检验批,不足 1 000 m² 时也应划分为一个检验批;每个检验批每 100 m² 应至少抽查一处,每处不得少于 10 m²。检验方法:检查现场淋水试验报告。

现场淋水试验应满足下列要求:淋水流量不应小于 5 L/(m·min),淋水试验时间不应小于 2 h;检测区域不应有遗漏部位;淋水试验结束后,检查背水面有无渗漏。

(5)其他

装配式结构作为混凝土结构子分部工程的一个分项进行验收;装配式结构验收除应符合本节规定外,尚应符合《混凝土结构工程施工质量验收规范》(GB 50204—2015)的有关规定。

装配式混凝土结构验收时,除应按《混凝土结构工程施工质量验收规范》(GB 50204—2015)的要求提供文件和记录外,尚应提供下列文件和记录:

①工程设计文件、预制构件制作和安装的深化设计图;

②预制构件、主要材料及配件的质量证明文件、进场验收记录、抽样复验报告;

③预制构件安装施工记录;

④钢筋套筒灌浆、浆锚搭接连接的施工检验记录;

⑤后浇混凝土部位的隐蔽工程检查验收文件;

⑥后浇混凝土、灌浆料、坐浆材料强度检测报告;

⑦外墙防水施工质量检验记录;

⑧装配式结构分项工程质量验收文件;

⑨装配式工程的重大质量问题的处理方案和验收记录;

⑩装配式工程的其他文件和记录。

2. 活动实践

仿真实践观察,详见右侧二维码。

虚拟仿真实训
项目

活动5.3.2 钢结构工程施工

1. 基本知识交付

1) 钢结构构件运输与堆放

(1)构件运输条件

结构构件的最大轮廓尺寸应不超过铁路或公路运输许可的限制尺寸,构件质量应根据起重及运输设备所能承担的能力确定,通常最大构件的质量不宜超过40 t。利用公路运输时,其外形尺寸应考虑公路沿线的路面至桥涵和隧道的净空尺寸:通常情况下,一、二级公路≤5.0 m,三、四级公路≤5.0 m;铁路运输时,应根据铁路运输部门要求确定构件质量和外形尺寸。

(2)钢结构构件堆放

构件一般要堆放在工厂的堆放场和现场的堆放场。构件堆放场地应平整坚实,无水坑、冰层,地面平整干燥,并应排水通畅,有较好的排水设施,同时有车辆进出的回路。

图5.131 钢构件堆放

构件应按种类、型号、安装顺序划分区域,插树标志牌。构件底层垫块要有足够的支承面,不允许垫块有大的沉降量;堆放的高度应有计算依据,以最下面的构件不产生永久变形为准,不得随意堆高,如图5.131所示。钢结构产品不得直接置于地上,要垫高200 mm。

在堆放中,如发现有变形不合格的构件,则严格检查并进行矫正,然后再堆放。不得把不合格的变形构件堆放在合格的构件中,否则会严重影响安装进度。对于已堆放好的构件,要派专人汇总资料,建立完善的进出厂的动态管理,严禁乱翻、乱移。同时,对已堆放好的构件进行适当保护,避免风吹雨打、日晒夜露。

不同类型的钢构件一般不堆放在一起。同一工程的钢构件应分类堆放在同一地区,便于装车发运。

2) 钢结构工程安装与连接

(1)施工准备

①技术准备:

a. 参加图纸会审,与建设、设计、监理单位充分沟通,确保钢结构各构件、节点等施工与工厂制作协调对接。

b. 总平面规划:主要包括结构平面纵横轴线尺寸、主要塔式起重机的布置及工作范围,机械开行路线,配电箱及电焊机布置,现场施工道路,消防道路,排水系统,构件堆放位置。如果现场堆放构件面积不满足时,可选择中转场地,即制造厂中转场安装现场。

c.编制安装施工组织设计或安装方案,经审批后,认真向班组交底。

d.各专项工种施工工艺确定,编制具体的吊装方案、测量监控方案、焊接及无损检测方案、高强度螺栓施工方案、塔吊装拆方案、临时用电用水方案、质量安全环保方案并审核完成。

e.根据现场施工安排,制订钢结构件进厂计划和运输计划。

②材料准备:

a.钢构件在出厂前,制造厂应根据制作标准的有关规范及设计图的要求进行产品检验,填写质量报告、实际偏差值。钢构件交付结构安装单位后,结构安装单位在制造厂质量报告的基础上,根据构件性质分类,再进行复检或抽检。

b.根据施工图,测算各主耗材料(如焊条、焊丝等)及连接件(如高强螺栓、普通螺栓)的数量,做好订货安排,确定进厂时间。

c.各施工工序所需临时支撑、钢结构拼装平台、脚手架支撑、安全防护、环境保护器材数量确认后,安排进厂制作及搭设。

d.按照安装流水顺序由中转堆场配套运入现场的钢构件,利用现场的装卸机械将其就位到安装机械的回转半径内。由运输造成的构件变形,在施工现场均要加以矫正。

e.对于特殊构件的运输,如放射性、腐蚀性等,要做好相应的措施,并到当地的公安、消防部门登记;如超重、超长、超宽的构件,还应规定好吊耳的设置,并标出重心位置。

③主要机具。在多层与高层钢结构施工中,常用主要机具有塔式起重机、汽车式起重机、履带式起重机、交直流电焊机、CO_2 气体保护焊机、空压机、碳弧气刨、砂轮机、超声波探伤仪、磁粉探伤、着色探伤、焊缝检查量规、大六角头和扭剪型高强度螺栓扳手、高强度螺栓初拧电动扳手、栓钉机、千斤顶、葫芦、卷扬机、滑车及滑车组、钢丝绳、索具、经纬仪、水准仪、全站仪等。

④作业条件:

a.对现场周边交通状况进行调查,确定大型设备及钢构件进厂路线。

b.施工临时用电用水铺设到位,施工机具安装调试验收合格。

c.劳动力进场。所有生产工人都要进行上岗前培训,取得相应资质的上岗证书,做到持证上岗。尤其是焊工、起重工、塔吊操作工、塔吊指挥工等特殊工种。

d.为达到正确的符合精度要求的测量成果,全站仪、经纬仪、水平仪、铅直仪、钢尺等施工测量前必须经计量部门检定。

e.构件进场。按吊装进度计划配套进场,运至现场指定地点,构件进厂验收检查。

f.与周边的相关部门进行协调,如治安、交通、绿化、环保、文保、电力、气象等。到当地的气象部门去了解以往年份每天的气象资料,做好防台风、防雨、防冻、防寒、防高温等措施。

(2)施工工艺

①钢结构吊装顺序。多层与高层钢结构吊装一般需划分吊装作业区域,钢结构吊装按划分的区域,平行顺序同时进行。当一片区吊装完成后,即进行测量、校正、高强度螺栓初拧等工序,待几个片区安装完毕后,对整体再进行测量、校正、高强度螺栓终拧、焊接。焊后复测完成,接着进行下一节钢柱吊装,并根据现场实际情况进行本层压型钢板吊放和部分铺设

工作等。

②螺栓预埋。螺栓预埋很关键,柱位置的准确性取决于预埋螺栓位置的准确性。预埋螺栓标高偏差控制在+5 mm以内,定位轴线的偏差控制在±2 mm。

③钢柱拼装。为保证钢柱拼装质量,减少高空作业,可采用在地面将多节柱拼装在一起,一次吊装就位。起重机起重能力应能满足一次起吊。

a. 根据钢柱断面不同,采取相应的钢平台及胎具。

b. 每节钢柱都弹好中线,在断面处成互相垂直。多节柱拼装时,三面都要拉通线。

c. 每个节点最容易出现问题是翼缘板错口。如发现翼缘板制作时发生变形,采用机械矫正或火焰矫正,达到允许误差继续拼装。拼装一般采用倒链,在两接口处焊耳板,进行校正对接。

d. 节点必须采用连接板做约束,焊接冷却后再拆除。

e. 焊接冷却将柱翻身,焊另一面前进行找平,继续量测通线→找标高→点焊→焊好约束板→焊接→冷却→割掉约束板及耳板→复核尺寸。

④钢柱安装工艺:

a. 吊点设置。根据钢柱形状、端面、长度、起重机性能等具体情况确定吊点位置及吊点数。一般钢柱弹性和刚性都很好,吊点采用一点正吊;吊耳放在柱顶处,柱身垂直、易于对线校正。通过柱重心位置,受起重机臂杆长度限制,吊点也可放在柱长1/3处;吊点斜吊时由于钢柱倾斜,对线校正较难。对于细长钢柱,为防止钢柱变形,采用二点或三点。

如果不采用焊接吊耳,直接在钢柱本身用钢丝绳绑扎时,要注意两点:一是在钢柱(口、工)四角做包角(用半圆钢管内夹角钢)以防止钢丝绳刻断;二是为防止工字型钢柱局部受挤压破坏,在绑扎点处可加一加强肋板吊装格构柱,绑扎点处加支撑杆。

b. 起吊方法。多层与高层钢结构工程中,钢柱一般采用单机起吊;对于特殊或超重的构件,也可采取双机抬吊。双机抬吊应注意的事项如下:尽量选用同类型起重机;根据起重机能力,对起吊点进行荷载分配;各起重机的荷载不宜超过其相应起重能力的80%;在操作过程中,要互相配合,动作协调;如采用铁扁担起吊,尽量使铁扁担保持平衡,倾斜角度小,以防一台起重机失重而使另一台起重机超载,造成安全事故;信号指挥、分指挥必须听从总指挥。

起吊时,钢柱必须垂直,尽量做到回转扶直、根部不拖。起吊回转过程中,应注意避免同其他已吊好的构件相碰撞,吊索应有一定的有效高度。

第一节钢柱是安装在柱基上的。钢柱安装前,应将登高爬梯和挂篮等挂设在钢柱预定位置并绑扎牢固。起吊就位后,临时固定地脚螺栓,校正垂直度。钢柱两侧装有临时固定用的连接板,上节钢柱对准下节钢柱柱顶中心线后,即用螺栓固定连接板做临时固定。

钢柱安装到位,对准轴线,必须等地脚螺栓固定后才能松开吊索。

c. 钢柱校正。钢柱校正要做3项工作:柱基标高调整、柱基轴线调整、柱身垂直度校正。测量是安装的关键工序,在整个施工过程中,以测量为主。

• 首层钢柱柱基标高调整。首层钢柱放上后,利用柱底板下的螺母或标高调整块控制钢柱的标高(因为有些钢柱过重,螺栓和螺母无法承受其质量,故柱底板下需加设标高调整块——钢板调整标高),精度可达到±1 mm以内。柱底板下预留的空隙,可以用高强度、微膨胀、无收缩砂浆以捻浆法填实。

当使用螺母作为调整柱底板标高时,应对地脚螺栓的强度和刚度进行计算。有很多高层钢结构地下室部分钢柱是劲性钢柱,钢柱的周围都布满钢筋。调整标高和轴线时,都要适当将钢筋梳理开才能进行,施工起来较困难些。

● 首层钢柱柱底轴线调整。对线方法:在起重机不松钩的情况下,将柱底板上的 4 个点与钢柱的控制轴线对齐缓慢降落至设计标高位置。如果这 4 个点与钢柱的控制轴线有微小偏差,在误差允许范围内可做辅助线。

● 首层钢柱柱身垂直度校正。采用缆风绳校正方法,用两台呈 90°的经纬仪找垂直。在校正过程中,不断微调柱底板下的螺母,直至校正完毕;将柱底板上面的两个螺母拧上,缆风绳松开不受力,柱身呈自由状态,再用经纬仪复核;如有微小偏差,再重复上述过程,直至无误,将上螺母拧紧。地脚螺栓上螺母一般用双螺母,可在螺母拧紧后,将螺母与螺杆点焊。

d. 柱顶标高调整和其他节框架钢柱高控制。可以用两种方法:一种按相对标高安装;另一种按设计标高安装,通常按相对标高安装。钢柱吊装就位后,用大六角高强度螺栓固定连接(经摩擦面处理)上下耳板,不加紧,通过起重机起吊,撬棍微调柱间间隙。量取上下柱顶预先标定标高值,符合要求后打入钢楔、点焊限制钢柱下落;考虑到焊缝收缩及压缩变形,标高偏差调整至 5 mm 以内。柱子安装后在柱顶安置水平仪,测相对标高,取最合理值为零点,以零点为标准换算各柱顶线;安装中以线控制,将标高测量结果与下节柱顶预检长度对比进行综合处理。若超过 5 mm,对柱顶标高作调整。调整方法:采用填塞一定厚度的低碳钢钢板,但须注意不宜一次调整过大。因为过大的调整会带来其他构件节点连接的复杂化和安装难度。

e. 第二节柱纵横十字线校正。为使上下柱不出现错口,尽量做到上下柱十字线重合。如有偏差,在柱与柱的连接耳板的不同侧面夹入垫板(垫板厚度为 0.5 ~ 1.0 mm),拧紧大六角螺栓,钢柱的十字线偏差每次调整 3 mm 以内。若偏差过大,分 2 ~ 3 次调整。

注意:每一节柱子的定位轴线绝不允许使用下一节柱子的定位轴线,应从地面控制轴线引到高空,以保证每节柱子安装正确无误,避免产生过大的积累偏差。

f. 第二节钢柱垂直度校正。钢柱垂直度校正的重点是对钢柱有关尺寸预检,即对影响钢柱垂直度因素的预先控制。经验值测定:梁与柱一般焊缝收缩值小于 2 mm;柱与柱焊缝收缩值一般在 3.5 mm。

为确保钢结构整体安装质量精度,每层都要选择一个标准框架结构体(或剪力筒),依次向外发展安装。安装标准化框架的原则:建筑物核心部分,几根标准柱能组成不可变的框架结构,便于其他柱安装及流水段的划分。

标准柱的垂直度校正:采用两台经纬仪对钢柱及钢梁安装跟踪观测。钢柱垂直度校正可分两步。第一步,采用无缆风绳校正。在钢柱偏斜方向的一侧打入钢楔或顶升千斤顶。注意:临时连接耳板的螺栓孔应比螺栓直径大 4 mm,利用螺栓孔扩大足够余量调节钢柱制作误差为 −1 ~ +5 mm。第二步,将标准框架体的梁安装上。先安装上层梁,再安装中、下层梁,安装过程会对柱垂直度有影响,可采用钢丝绳缆索(只适宜跨内柱)、千斤顶、钢楔和手拉葫芦进行。其他框架柱依标准框架体向四周发展,其做法与上同。

⑤钢梁安装工艺：

a. 钢梁安装。钢梁安装一般采用工具式吊耳或捆绑法进行吊装。在进行安装以前，应将钢梁的分中标记引至钢梁的端头，以便于吊装时按住牛腿的定位轴线临时定位。

b. 钢梁校正。校正包括标高调整、纵横轴线和垂直度的调整。注意：钢框架梁校正必须在结构形成刚度单元以后才能进行。

标高调整：用一台水准仪架在梁上或专门搭设的平台上，测量每梁两面端的高程，将所有数据进行加权平均，算出一个标准值。根据标准值计算各点标高调整值。

纵横轴线校正：用经纬仪将轴线引到柱子上，定出各梁中心线距轴线的距离，在梁顶面中心线拉一通长钢丝（或用经纬仪均可），用千斤顶和手拉葫芦将梁端部逐根调整到位。当钢梁纵横轴线误差符合要求后，复查框架梁跨度。

垂直度校正：从梁的上翼缘挂垂球下去，测量线绳到梁腹板上下两处的水平距离。根据梁的倾斜程度（$a \neq a'$）再次进行调整，使 $a = a'$。

⑥钢屋架安装工艺：

a. 钢屋架吊装。钢屋架侧向刚度较差，安装前需要进行强度验算，强度不足时应进行加固。钢屋架吊装注意事项如下：

● 绑扎时，必须绑扎在屋架节点上，以防止钢屋架在吊点处发生变形。绑扎节点的选择应符合钢屋架标准图要求或经设计计算确定。

● 屋架吊装就位时，应以屋架下弦两端的定位标记和柱顶的轴线标记严格定位，并点焊加以临时固定。

● 第一榀屋架吊装就位后，应在屋架上弦两侧对称设缆风绳固定；第二榀屋架就位后，每坡用一个屋架间调整器进行屋架垂直度校正，再固定两端支座处并安装屋架间水平及垂直支撑。

b. 钢屋架垂直度校正。钢屋架垂直度校正的方法如下：在屋架下弦一侧拉一根通长钢丝（与屋架下弦轴线平行），同时在屋架上弦中心线反出一个同等距离的标尺，用线锤校正。也可用一台经纬仪，放在柱顶一侧，与轴线平移距离 a，在对面柱子上同样有一距离为 a 的点，从屋架中线处挑出距离 a，三点在一个垂面上即可使屋架垂直。

⑦框架梁安装工艺。钢梁安装采用两点起吊。钢梁吊装宜采用专用卡具，且必须保证钢梁在起吊后为水平状态。

一节柱一般有 2 层、3 层或 4 层梁，原则上横向构件由上向下逐件安装，由于上部和周边都处于自由状态，易于安装且保证质量。一般在钢结构安装实际操作中，同一列柱的钢梁从中间跨开始对称地向两端扩展安装；同一跨钢梁，先安装上层梁，再安装中下层梁。

在安装柱与柱之间的主梁时，会把柱与柱之间的开档撑开或缩小。测量必须跟踪校正，预留偏差值，留出节点焊接收缩量。这时柱子产生的内力，焊接完毕焊缝收缩后也就消失。

柱与柱节点和梁与柱节点的焊接，以互相协调为好。一般可以先焊一节柱的顶层梁，再从下向上焊接各层梁与柱的节点。柱与柱的节点可以先焊，也可以后焊。

次梁根据实际施工情况一层一层安装完成。同一根梁两端的水平度允许偏差为 1/1 000，最大不超过 10 mm。如果钢梁水平度超标，主要原因是连接板位置或螺孔位置有误差,可采取换连接板或塞焊孔重新制孔处理。

⑧柱底灌浆。在第一节钢框架安装完成后,即可开始紧固地脚螺栓并进行灌浆。灌浆前必须对柱基进行清理,立模板,用水冲洗并除去水渍,螺孔处必须擦干,然后用自流砂浆连续浇灌,一次完成。流出的砂浆应清洗干净,加盖草包养护。砂浆必须做试块,作为验收资料。

⑨补漆。高层建筑钢结构在一个流水段一节柱的所有构件安装完成,并对结构验收合格后,结构的现场焊缝、高强度螺栓及其连接节点,以及在运输安装过程中构件涂层被磨损的部位,应补刷涂层。

涂层应采用与构件制作时相同的涂料和相同的涂刷工艺。涂层外观应均匀、平整、丰满,不得有咬底、剥落、裂纹、针孔、漏涂和明显的皱皮流坠,且应保证涂层厚度。当涂层厚度不够时,应增加涂刷遍数。经检查确认不合格的涂层,应铲除干净,重新涂刷。当涂层固化干燥后,方可进行下一道工序。

(3)高强度螺栓施工工艺

①材料和技术质量要求。

a.材料要求:施工中使用的高强度螺栓必须符合现行国家有关标准。高强度螺栓连接副必须经过以下试验,符合规范要求时方可出厂:材料的炉号、制作批号、化学性能与机械性能证明或试验;螺栓的负荷试验;螺母的保证荷载试验;螺母及垫圈的硬度试验;连接件的扭矩系数试验(注明试验温度)(大六角头连接件的扭矩系数平均值和标准偏差、扭剪型连接件的紧固轴力平均值和变异系数);紧固轴力系数试验;产品规格、数量、出厂日期、装箱单。

b.技术要求:

●施工前,复验高强度大六角头螺栓连接副的扭矩系数和扭剪型高强度螺栓的紧固轴力(预拉力),复验结果必须符合有关规范要求。

●钢结构构件摩擦面抗滑移系数经检验必须符合设计要求。

●初拧、复拧及终拧的顺序,应从中间向两边或四周对称进行;初拧和终拧的螺栓都应做不同的标记,避免漏拧、超拧等不安全隐患。

c.质量要求:

●应定期校正电动扳手或手动扳手的扭矩值使其偏差不大于±5%,严格控制超拧。

●安装高强度螺栓前,做好接头摩擦面上清理,不允许有毛刺、铁屑、油污、焊接飞溅物,用钢丝刷沿受力垂直方向除去浮锈。摩擦面应干燥,没有结露、积霜、积雪,且不得在雨天进行安装。当气温低于-10 ℃时,停止作业。当天安装的高强度螺栓,当天终拧完。

●高强度螺栓应自由穿入螺栓孔内。扩孔时,铁屑不得掉入板层间。扩孔数量不得超过一个接头螺栓孔的1/3,扩孔直径不得大于原孔径再加2 mm。严禁用气割进行高强度螺栓的扩孔。

②工艺流程:作业准备→接头组装→安装临时螺栓→安装高强度螺栓→高强度螺栓紧固→检查验收(图5.132)。

```
  ┌──────────┐      ┌──────────┐            ┌──────────┐
  │ 工具准备  │      │ 螺栓准备  │            │ 摩擦面处理 │
  └────┬─────┘      └────┬─────┘            └────┬─────┘
       │            ┌────┴──────┬──────────┐      │
  ┌────┴─────┐  ┌──┴──────┐ ┌──┴────────┐  │
  │ 六角头螺栓 │  │普通螺栓准备│ │六角头高强螺栓准备│ │
  │ 工具准备  │  └──┬──────┘ └──┬────────┘  │
  └────┬─────┘     │            │         │
┌────────┐ ┌──┴─────┐ ┌──┴────┐ ┌──┴────┐   │
│使用目的│→│准备紧固工具│ │领取螺栓│ │领取螺栓│   │
└────────┘ └──┬─────┘ └──┬────┘ └──┬────┘   │
       ┌────┴─────┐ ┌──┴────┐ ┌──┴────┐   │
       │ 工具调整  │ │螺栓的管理│ │螺栓的管理│   │
       └────┬─────┘ └──┬────┘ └──┬────┘   │
       ┌────┴──────┐    │        │        │
       │工具检查及管理│    │        │        │
       └────┬──────┘    │        │        │
            └───────→ ◇ 结合部件装配 ◇ ←──────┘
                          │
                    ┌─────┴─────┐
                    │  部件组装  │
                    └─────┬─────┘
                    ┌─────┴─────┐
                    │  紧固作业  │
                    └─────┬─────┘
                    ┌─────┴─────┐
                    │ 高强螺栓安装│
                    └─────┬─────┘
                    ┌─────┴─────┐
                    │   初拧    │
                    └─────┬─────┘
                       ◇ 紧固检查 ◇
                          │
                       ◇ 过程检查 ◇
                          │
                       ◇ 紧固完后检查 ◇
                          │
                       ◇ 扭矩检查 ◇
```

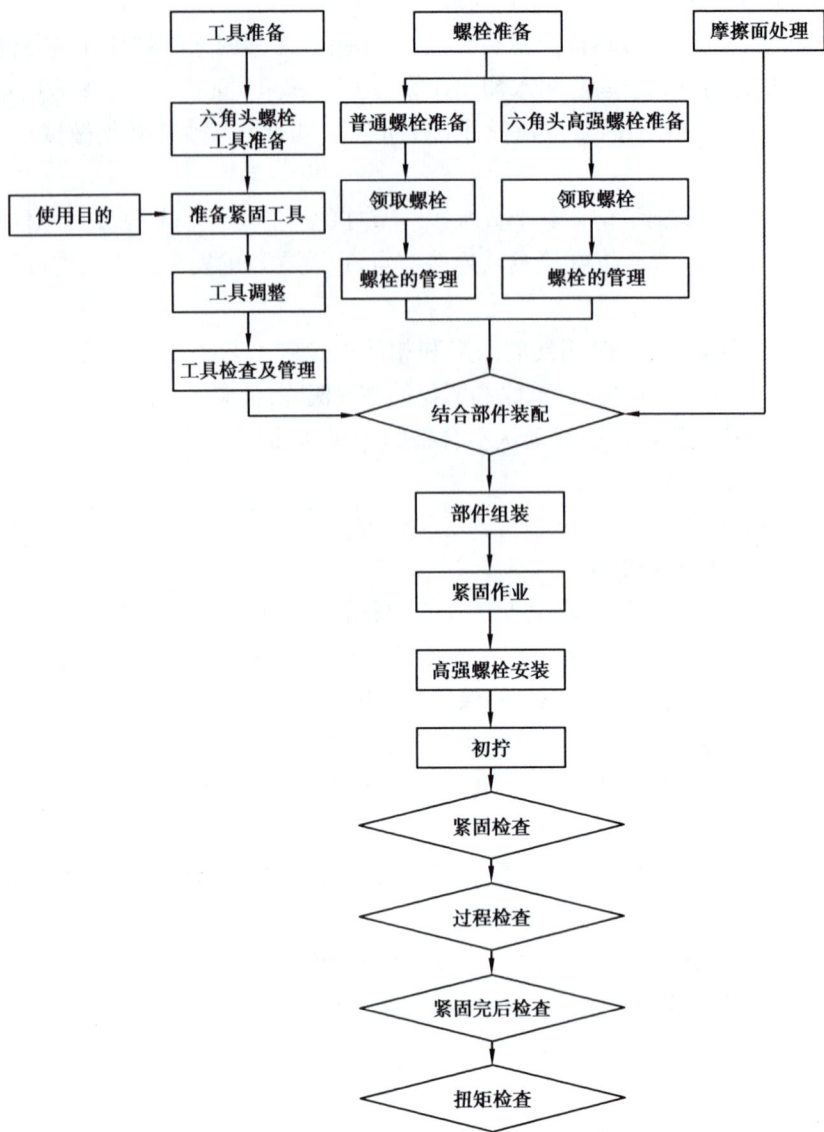

图 5.132　高强度螺栓施工工艺

③操作工艺。

a.接头组装：

●对摩擦面进行清理,对板不平直的,应在平直达到要求以后才能组装。摩擦面不能有油漆、污泥,孔的周围不应有毛刺,应对待装摩擦面用钢丝刷清理,其刷子方向应与摩擦受力方向垂直。

●遇到安装孔有问题时,不得用氧-乙炔扩孔,应用扩孔钻扩孔;扩孔后,应重新清理孔周围毛刺。

●高强度螺栓连接面板间应紧密贴实,对因板厚公差、制造偏差或安装偏差等产生的接触面间隙,应按规定处理:当间隙不大于 1.0 mm 时,不予处理;当间隙在 1.0~3.0 mm 时,将厚板一侧磨成1∶10的缓坡,或加垫板处理,使间隙小于1.0 mm;当间隙大于3.0 mm时,加垫板,垫板厚度不小于3 mm,最多不超过3层,垫板材质和摩擦面应与构件做同样级别处理。

b.安装临时螺栓:

• 钢构件组装时,应先安装临时螺栓;临时安装螺栓不能用高强度螺栓代替;临时安装螺栓的数量一般应占连接板组孔群中的1/3,不能少于2个。

• 少量孔位不正、位移量又较少时,可以用冲钉打入定位,然后再上安装螺栓。

• 板上孔位不正、位移较大时,应用绞刀扩孔。修整后孔的最大直径应小于1.2倍螺栓直径。修孔时,为防止铁屑落入板迭缝中,铰孔前应将四周螺栓全部拧紧,使板迭密贴后再进行,严禁气割扩孔。

• 个别孔位位移较大时,应补焊后重新打孔。

• 不得用冲子边校正孔位边穿入高强度螺栓。

• 安装螺栓达到30%时,可以将安装螺栓拧紧定位。

c.安装高强度螺栓:

• 高强度螺栓的穿入,应在结构中心位置调整后进行;高强度螺栓应自由穿入孔内,严禁用锤子将高强度螺栓强行打入孔内。

• 高强度螺栓的穿入方向应该一致,局部受结构阻碍时可以除外。

• 不得在下雨天安装高强度螺栓。

• 高强度螺栓垫圈位置应一致,安装时应注意垫圈正、反面方向:螺母带圆台面的一侧应朝向垫圈有倒角的一侧;大六角头高强度螺栓连接副靠近螺头一侧垫圈,其有倒角的一侧朝向螺栓头。

• 高强度螺栓在孔内不得受剪,应及时拧紧。

d.大六角高强度螺栓紧固:

• 大六角头高强度螺栓全部安装就位后,可以开始紧固。紧固方法一般分两步进行,即初拧和终拧。应将全部高强度螺栓进行初拧,初拧扭矩应为标准轴力的60%～80%,具体还要根据钢板厚度、螺栓间距等情况适当掌握。若钢板厚度较大、螺栓布置间距较大时,初拧轴力应大一些为好。

• 初拧紧固顺序,根据大六角头高强度螺栓紧固顺序规定,一般应从接头刚度大的位置向不受拘束的自由端顺序进行;或者从栓群中心向四周扩散方向进行。这是因为连接钢板翘曲不牢时,如从两端向中间紧固,有可能使拼接板中间鼓起而不能密贴,从而失去部分摩擦传力作用。

• 大六角头高强度螺栓初拧应做好标记,防止漏拧。一般初拧后标记用一种颜色,终拧结束后用一种颜色,加以区别。为防止高强度螺栓受外部环境的影响,使扭矩系数发生变化,故一般初拧、终拧应该在同一天内完成。

• 凡是结构原因,使个别大六角头高强度螺栓穿入方向不能一致,拧紧螺栓时,只准在螺母上施加扭矩,不准在螺杆上施加扭矩,防止扭矩系数发生变化。

e.扭剪型高强螺栓紧固:

●扭剪型高强螺栓的紧固也必须分两次进行:第一次为初拧,初拧紧固到螺栓标准轴力(即设计预拉力)的60%~80%,初拧的扭矩值不得小于终拧扭矩值的30%;第二次紧固为终拧,终拧时扭剪型高强螺栓应将梅花卡头拧掉。图5.133所示为扭剪型高强度螺栓紧固方法。

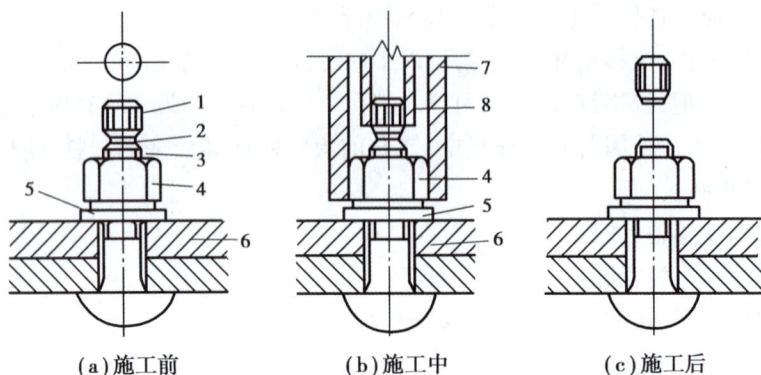

(a)施工前　　　　(b)施工中　　　　(c)施工后

图5.133　扭剪型高强度螺栓紧固方法
1—梅花头;2—断裂切口;3—螺栓螺纹部分;4—螺母;
5—垫圈;6—被夹紧的板束;7—外套筒;8—内套筒

●为使螺栓群中所有螺栓均匀受力,初拧、终拧都应按一定顺序进行:对于一般接头,应从螺栓群中间向外侧进行紧固,从接头刚度大的位置向不受约束的自由端进行,从螺栓群中心向四周扩散的方式进行。

●初拧扳手是可以控制扭矩的,初拧完毕的螺栓,应做好标记以供确认。为防止漏拧,当天安装的高强螺栓,当天应终拧完毕。

●终拧应采用专用的电动扳手,如个别作业有困难的位置,也可以采用手动扭矩扳手进行,终拧扭矩须按设计要求进行。采用电动扳手时,螺栓尾部卡头拧断后即表明终拧完毕,检查外露丝扣不得少于2扣,断下来的卡头应放入工具袋内收集在一起,防止从高空坠落造成安全事故。

(4)金属压型钢板安装施工工艺

①技术准备:

a.认真审读施工详图设计、排版图、节点构造及施工组织设计要求。

b.组织施工人员学习以上内容,并由技术人员向工人讲解施工要求和规定。

c.编制施工操作条例,下达开竣工时间和安全操作规定。

d.准备下达的施工详图资料。

e.安装前的结构安装是否满足围护结构安装条件。

②材料准备:

a.依据设计,对压型钢板基材、镀层、涂层的要求合理选配材料。

b.对于小型工程,材料需一次性准备完毕。对于大型工程,材料准备需按施工组织计划分步进行,并向供应商提出分步供应清单。清单中需注明每批板材的规格、型号、数量、连接件、配件的规格数量等,并应规定好到货时间和指定堆放位置。

c. 材料到货后,应立即清点数量、规格,并核对送货清单与实际数量是否相符。发现问题时,应及时处理,更换、代用材料需经建设、监理、设计单位同意,并应将问题及时反映到供货厂家。

③主要机具:

a. 提升设备:包括汽车吊、卷扬机、滑轮、拔杆、吊盘等,按不同的工程面积、高度,选用不同的机具。

b. 施工工具:按安装队伍分组数量配套,包括栓钉焊机、电钻、自攻钉、拉铆钉、栓钉、瓷环、手提圆盘锯、钳子、螺丝刀、铁剪、手提工具袋等。

c. 电源连接器具:包括总用电的配电柜、按班组数量配线、分线插座、电线等,各种配电器具必须考虑防雨。

④作业条件:

a. 压型板施工之前,应及时办理有关楼层的钢结构安装、焊接、节点处高强度螺栓、油漆等工程的施工隐蔽验收。

b. 压型钢板有关材质复验和试验鉴定已经完成。

c. 安装压型钢板的相邻梁间距大于压型板允许承载的最大跨度的两梁之间,应根据施工组织设计的要求搭设支顶架。

d. 按施工组织设计要求,对堆放场地装卸条件、设备行走路线、提升位置、马道设置、施工道路、临时设备的位置等进行全面检查,以保证运输畅通、材料不受损坏和施工安全。

e. 堆放场地要求平整,不积水、不妨碍交通,材料应放在不易受到损坏的位置。

f. 施工道路要雨季可使用,允许大型车辆通过和回转。

g. 工地应配备有上岗证的电工、焊工等专业人员。

⑤施工工艺。

a. 安装放线:

• 安装放线前,应对安装面上的已有建筑成品进行测量,对达不到安装要求的部分提出修改。对施工偏差作出记录,并针对偏差提出相应的安装措施。

• 根据排版设计确定排版起始线的位置。屋面施工中,先在梁上标定出起点,即沿跨度方向在每个梁上标出排版起始点;各个点的连线应与建筑物的纵轴线相垂直,然后在板的宽度方向每隔几块板继续标注一次,以限制和检查板的宽度安装偏差积累;不按规定放线会出现的锯齿现象和超宽现象。

• 屋面板安装完成后,应对配件的安装做二次放线,以保证檐口线、屋脊线、转角线等的水平度和垂直度。忽视该步骤,仅用目测和经验的方法,是达不到安装质量要求的。实测安装板材的实际需要长度,按实测长度核对对应板号的板材长度,需要时对该板材进行剪裁。

b. 板材吊装。压型板和夹芯板的吊装方法较多,常用的有汽车吊吊升、塔吊吊升、卷扬机吊升和人工提升。

• 汽车吊和塔吊的提升:使用吊装钢梁多点提升,可以一次提升多块板材,但不易送到安装点,人工二次搬运时易损坏已安装好的板材。

- 卷扬机吊升:设备可灵活移动到安装地点,二次搬运距离短,但每次提升数量少。
- 人工提升可采用钢丝绳滑移法。钢丝绳上需加设套管,以免损坏板材。

c. 板材安装:

- 实测安装板材的实际长度。按实测长度核对对应板号的板材长度,需要时对该板材进行剪裁。
- 提升到屋面的板材按排版起始线放置,并使板材的宽度覆盖标志线对准起始线,并在板长方向两端排出设计的构造长度。
- 紧固件紧固两端后,再安装第二块板,其安装顺序为先自左(右)至右(左)、后自下而上。
- 装到下一放线标志点处,复查板材安装的偏差。当满足设计要求后,进行板材的全面紧固。不能满足要求时,应在下一标志段内调整;在本标段内可调整时,可调整本标志段后再全面紧固。依次全面展开安装。
- 装夹心板时,应挤密板间缝隙;当就位准确、仍有缝隙时,应用保温材料填充。
- 装现场复合的板材时,上下两层钢板均按前述方法。保温棉铺设应保持其连续性。
- 装完毕后的屋面应及时检查有无遗漏紧固点;对于保温屋面,应将屋脊的空隙处用保温材料填满。
- 紧固自攻螺丝时,应掌握紧固的程度,不可过度;过度会使密封垫圈上翻,甚至将板面压得下凹而积水。紧固不够会使密封不到位而出现漏洞。我国已生产出新一代自攻螺丝,在接近紧固完毕时可发出一响声,以控制紧固的程度。
- 板的纵向搭接,应按设计铺设密封条和密封胶,并在搭接处用自攻螺丝或带密封垫的拉铆钉连接,紧固件应拉在密封条处。

d. 泛水件安装:

- 泛水件安装前,应在泛水件的安装处放出准线,如屋脊线、檐口线、窗上下口线。
- 安装前,检查泛水件的端头尺寸,挑选合适的搭接头。
- 安装泛水件的搭接口时,应在被搭接处涂上密封胶或设置双面胶条,搭接后立即紧固。
- 安装泛水件至拐角处时,应按交接处的泛水件断面形状加工拐折处接头,以保证拐折处有良好的防水和外观效果。

e. 质量标准:

- 压型金属板成型后,其基板不应有裂纹。检验方法:观察,用10倍放大镜检查。
- 有涂层、镀层压型金属板成型后,涂层、镀层不应有肉眼可见的裂纹、剥落和擦痕等缺陷。检验方法:观察检查。

注意:压型金属板主要用于建筑物的维护结构,兼结构功能与建筑功能于一体,尤其对于表面有涂层时,涂层的完整与否直接影响压型金属板的使用寿命。

- 压型金属板、泛水板和包角板等应固定可靠、牢固,防腐涂料涂刷和密封材料敷设应完好,连接件数量、间距应符合设计要求和国家现行有关标准规定。检验方法:观察检查及尺量。

注意:压型金属板与支承构件(主体结构或支架)之间,以及压型金属板相互之间的连接是通过不同类型连接件实现的,固定可靠与否直接与连接件数量、间距、连接质量有关。需设置防水密封材料处,敷设良好才能保证板间不发生渗漏水现象。

●压型金属板应在支承构件上可靠搭接,搭接长度应符合设计要求。

(5)单层钢结构安装

图 5.134 所示为门式刚架结构示意图。图 5.135 所示为单层钢结构安装。图 5.136 所示为单层钢结构安装流程。

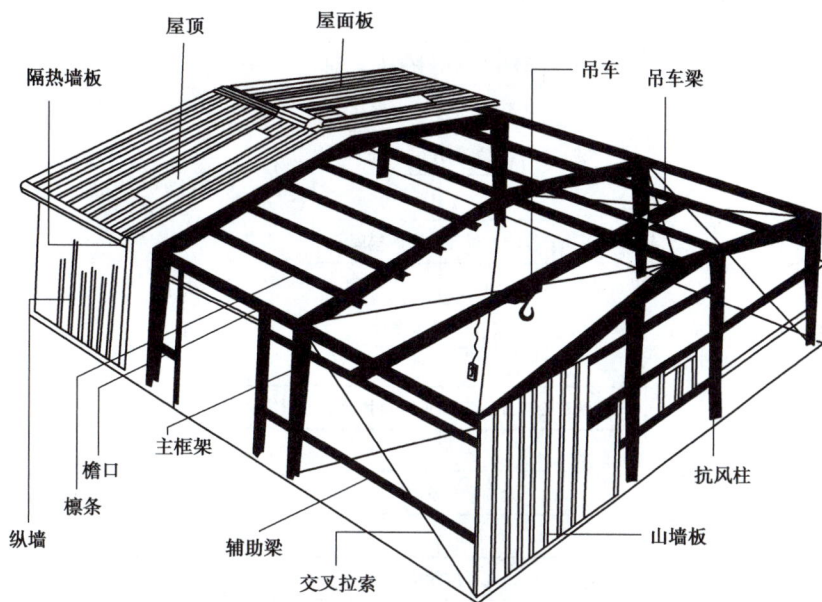

图 5.134　门式刚架结构示意图

图 5.135　单层钢结构安装

```
构件运至中转库 ──────────────────────────────── 检查设备、工具数量及完好情况

构件分类检查配套 ──────── 准备工作 ──────── 高强度螺栓及摩擦面检查

构件检查              放线及验线(轴线、标高复核)

按吊装顺序运至现      钢柱标高处理及分中检查
场、分类堆放
                    构件中心及标高检查

                    安装钢柱、校正

                    柱脚按设计要求焊接固定

                    柱间梁安装

                    高强度螺栓初拧、终拧(或按设计要求进行焊接)

                    吊车梁、平台及屋面结构安装

                    焊接固定或高强度螺栓初拧、终拧固定
```

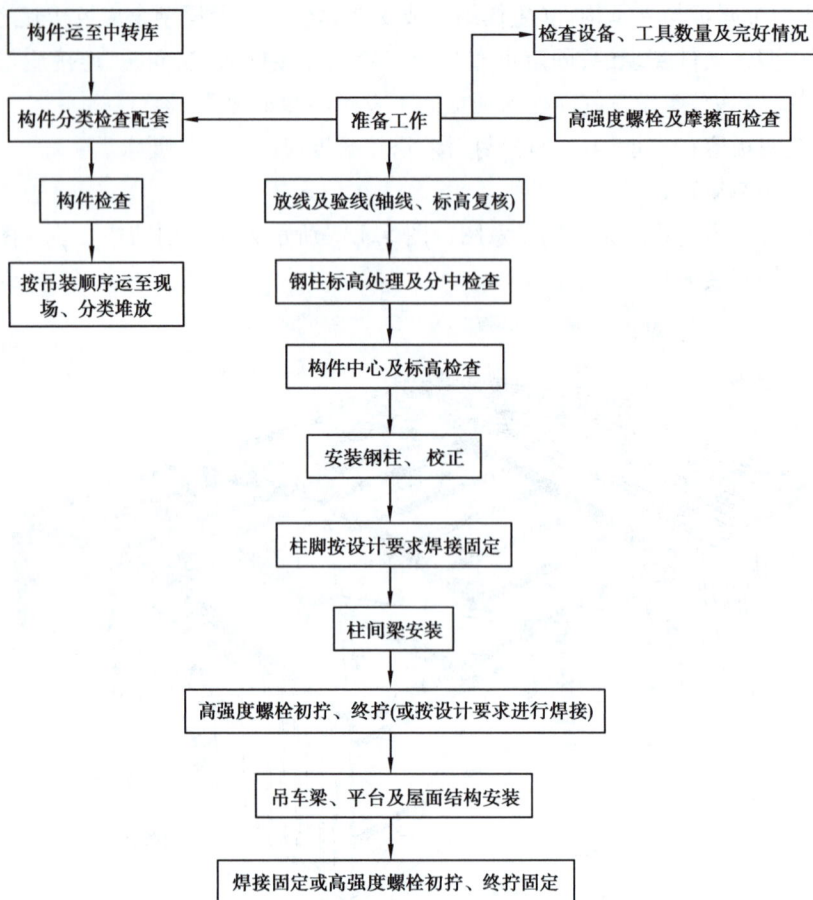

图 5.136　单层钢结构安装流程

①刚架柱安装工艺:与单层钢柱安装方法相同。

a.柱顶标高调整:刚架柱标高调整时,先在柱身标定标高基准点,然后以水准仪测定其差值,调整螺母。当柱底板与柱基顶面高度大于 50 mm,螺栓承受压力不够时,可适当加斜垫铁,以防螺栓失稳。

b.刚架柱垂直度精确校正:在初校正的基础上,安装刚架梁的同时还要跟踪校正刚架柱;当框架形成后,再校正一次,用缆风或柱间支撑固定。

②刚架梁安装工艺。当前最大跨度为 72 m 连跨,当中一根钢柱形成 144 m 钢框架,由于制作、运输所限可将 72 m 分成几段,到现场一般可拼成三段,用一台或两台起重机加可移动式拼装支架安装。

③安装顺序如图 5.137 所示。

(6)多层与高层钢结构安装

多层与高层钢结构安装工艺流程如图 5.138 所示。

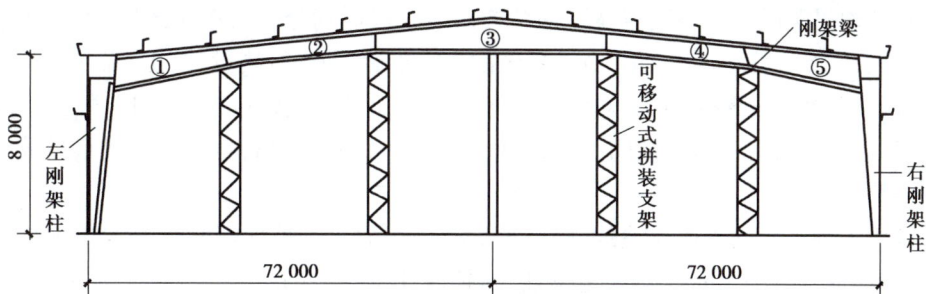

图 5.137　安装顺序(单位:mm)

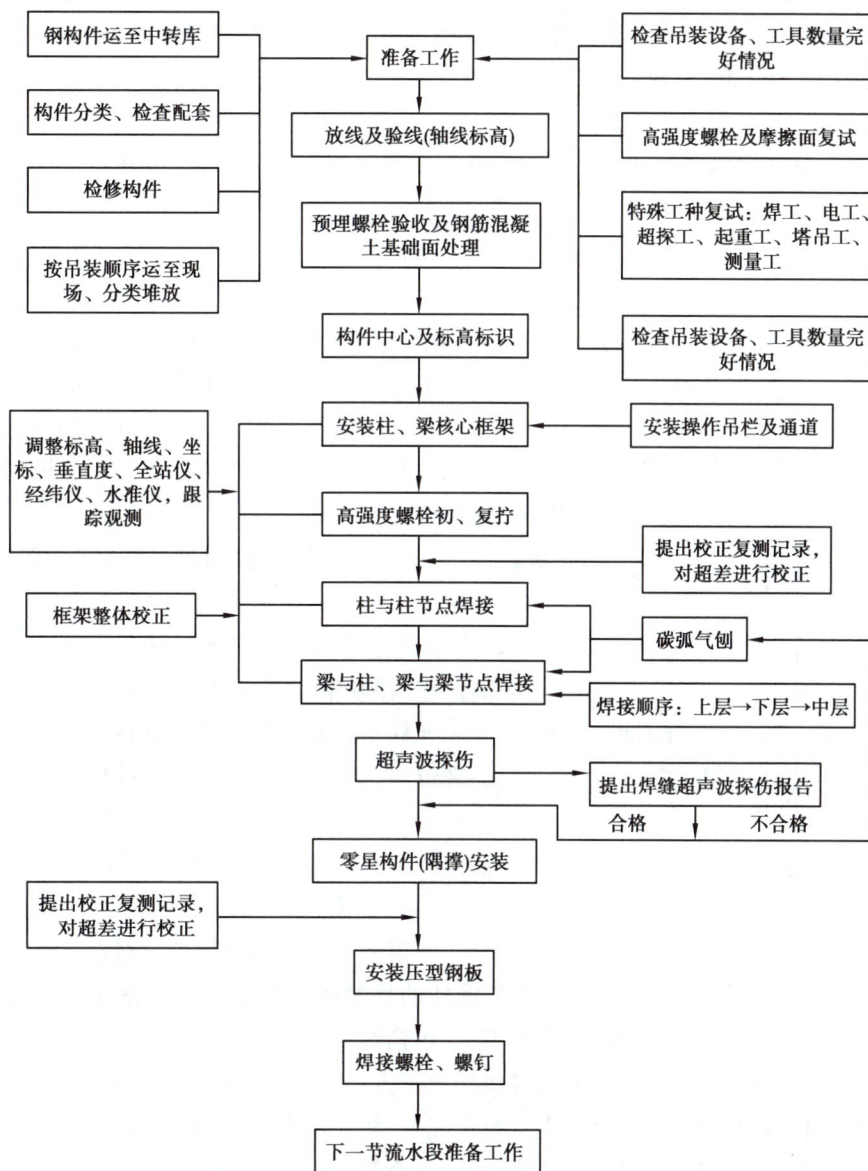

图 5.138　多层与高层钢结构安装工艺流程

①钢结构吊装顺序。多层与高层钢结构吊装一般需划分吊装作业区域,钢结构吊装按划分的区域,平行顺序同时进行。当一片区吊装完毕后,即进行测量、校正、高强度螺栓初拧等工序,待几个片区安装完毕后,对整体再进行测量、校正、高强度螺栓终拧、焊接。焊接后复测完成,接着进行下一节钢柱的吊装,并根据现场实际情况进行本层压型钢板吊放和部分铺设工作等。

②螺栓预埋。螺栓预埋很关键,柱位置的准确性取决于预埋螺栓位置的准确性。预埋螺栓标高偏差控制在+5 mm 以内,定位轴线的偏差控制在±2 mm。

③钢柱安装工艺:以第一节钢柱吊装为例。

a. 吊点设置。根据钢柱形状、断面、长度、起重机性能等具体情况确定吊点位置及吊点数。一般钢柱弹性和刚性都很好,可采用一点正吊。吊点设置在柱顶处,柱身竖直,吊点通过柱重心位置,易于起吊、对线、校正。

b. 起吊方法:

●多层与高层钢结构工程中,钢柱一般采用单机起吊;对于特殊或超重的构件,也可采取双机抬吊。

●起吊时,钢柱必须垂直,尽量做到回转扶直、根部不拖。起吊回转过程中,应注意避免同其他已吊好的构件相碰撞,吊索应有一定的有效高度。

●第一节钢柱安装在柱基上。钢柱安装前,应将登高爬梯和挂篮等挂设在钢柱预定位置并绑扎牢固,起吊就位后临时固定地脚螺栓,校正垂直度。钢柱两侧装有临时固定用的连接板,上节钢柱对准下节钢柱柱顶中心线后,即用螺栓固定连接板做临时固定。

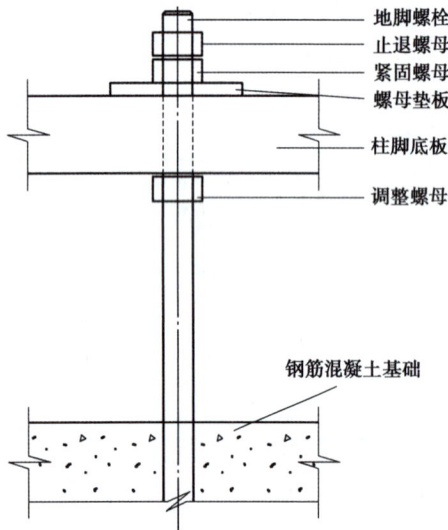

图 5.139　柱基标高调整示意图

（图中标注：地脚螺栓、止退螺母、紧固螺母、螺母垫板、柱脚底板、调整螺母、钢筋混凝土基础）

●钢柱安装到位,对准轴线,必须等地脚螺栓固定后才能松开吊索。

c. 钢柱校正。钢柱校正要做 3 项工作:柱基标高调整、柱基轴线调整、柱身垂直度校正。

●柱基标高调整。放上钢柱后,利用柱底板下的螺母或标高调整块控制钢柱的标高(因为有些钢柱过重,螺栓和螺母无法承受其质量,故柱底板下需加设标高调整块——钢板调整标高),精度可达到±1 mm 以内,如图 5.139 所示。

●第一节柱底轴线调整。对线方法:在起重机不松钩的情况下,将柱底板上的 4 个点与钢柱的控制轴线对齐缓慢降落至设计标高位置。如果这 4 个点与钢柱的控制轴线有微小偏差,可借线。

●第一节柱身垂直度校正。采用缆风绳校正方法,用两台呈 90°的经纬仪找垂直。在校正过程中,不断微调柱底板下螺母,直至校正完毕,将柱底板上面的两个螺母拧上,缆风绳松开不受力,柱身呈自由状态,再用经纬仪复核;如有微小偏差,再重复上述过程,直至无误,将上螺母拧紧。

④框架梁安装工艺:

a.钢框架梁安装采用两点吊,宜采用专用卡具起吊,起吊后保持水平状态。

b.第一节柱有多层梁时,原则上竖向构件由上向下逐件安装。同一列柱的钢梁从中间跨开始对称地向两端扩展安装;同一跨钢梁,先安装上层梁再安装中下层梁。

c.安装主梁时,测量须跟踪校正,预留偏差值,留出节点焊接收缩量。

d.次梁根据实际施工情况一层一层安装完成。

⑤柱底灌浆:在第一节柱及柱间钢梁安装完成后,即可进行柱底灌浆。

⑥补漆:补漆为人工涂刷,在钢结构按设计安装就位后进行。补漆前,应清渣、除锈、去油污,自然风干,并经检查合格。

⑦测量工艺:

a.主要工作内容:包括控制网的建立、平面轴线控制点的竖向投递、柱顶平面放线、悬吊钢尺传递标高、平面形状复杂钢结构坐标测量、钢结构安装变形监控等。

b.作业条件:设计图纸的审核,并与设计进行充分沟通;测量定位依据点的交接与校测;测量器具的鉴定与检校;测量方案的编制与数据准备。

c.测量器具的检定与检验。为达到正确的符合精度要求的测量成果,全站仪、经纬仪、水平仪、铅直仪、钢尺等施工测量前必须经计量部门检定。除按规定周期进行检定外,在周期内的全站仪、经纬仪、铅直仪等主要有关轴线关系的,还应每 2 ~ 3 个月定期检校。

● 全站仪:宜采用精度为 2 s、3+3 ppm 级全站仪。

● 经纬仪:采用精度为 2S 级的光学经纬仪;如是超高层钢结构,宜采用电子经纬仪,其精度宜在 1/200 000 以内。

● 水准仪:按国家三、四等水准测量及工程水准测量的精度要求,其精度为±3 mm/km。

● 钢卷尺:土建、钢结构制作、钢结构安装、监理等单位应统一购买通过标准计量部门校准的钢卷尺。使用钢卷尺时,应注意检定时的尺长改正数,如温度、拉力、挠度等,进行尺长改正。

d.建筑物测量验线。钢结构安装前,土建部门已做完基础。为确保钢结构安装质量,进场后首先要求土建部门提供建筑物轴线、标高及其轴线基准点、标高基准点,依次进行复测轴线及标高。

● 轴线复测:根据建筑物平面形状不同而采取不同的方法,宜选用全站仪进行。矩形建筑物的验线宜选用直角坐标法。任意形状建筑物的验线宜选用极坐标法。对于不便量距的点位,宜选用角度(方向)交会法。

● 验线定位:定位依据桩位及定位条件,如建筑物平面控制图、主轴线及其控制桩,建筑物标高控制网及±0.000 m 标高线,控制网及定位轴线中的最弱部位。

建筑物平面控制网主要技术指标如表 5.13 所示。

表 5.13　建筑物平面控制网主要技术指标

等级	适用范围	测角中误差/s	边长相对中误差
一级	钢结构高层、超高层建筑	±9	1/24 000
二级	钢结构多层建筑	±12	1/15 000

• 误差处理:验线成果与原放线成果两者之差略小于或等于 1/1.414 限差时,可不必改正放线成果或取两者的平均值。

验线成果与原放线成果两者之差超过 1/1.414 限差时,原则上不予验收,尤其是关键部位。若次要部位可令其局部返工。

e. 测量控制网的建立与传递。

• 建立基准控制点:根据施工现场条件,建筑物测量基准点有两种测设方法。

一种方法是将测量基准点设在建筑物外部,俗称外控法,适用于场地开阔的工地。根据建筑物平面形状,在轴线延长线上设立控制点,控制点一般距建筑物 $(0.8 \sim 1.5)H$(H 为建筑物高度)处。每点引出两条交会的线,组成控制网,并设立半永久性控制桩。建筑物垂直度的传递都从该控制桩引向高空。

另一种方法是将测量控制基准点设在建筑物内部,俗称内控法,适用于场地狭窄、无法在场外建立基准点的工地。根据建筑物平面形状确定控制点数量。当从地面或底层把基准线引至高空楼面时,遇到楼板要留孔洞,最后修补该孔洞。

上述基准控制点测设方法可混合使用。

• 建立复测制度。要求控制网的测距相对中误差小于 1/25 000,测角中误差小于 2 s。

• 各控制桩要有防止碰损的保护措施。设立控制网,提高测量精度。基准点处宜预埋钢板在混凝土里,并在旁边做好醒目的标志。

f. 平面轴线控制点的竖向传递。

• 地下部分:一般高层钢结构工程中,均有地下部分 1~6 层,对地下部分可采用外控法。建立井字形控制点,组成一个平面控制格网,并测设出纵横轴线。

• 地上部分:控制点的竖向传递采用内控法,投递仪器采用激光铅直仪。在地下部分钢结构工程施工完成后,利用全站仪将地下部分的外控点引测到 ±0.000 m 层楼面,在 ±0.000 m 层楼面形成井字形内控点。设置内控点时,为保证控制点间相互通视和向上传递,应避开柱梁位置。在把外控点向内控点的引测过程中,其引测必须符合国家标准工程测量规范的相关规定。地上部分控制点的向上传递过程:在控制点架设激光铅直仪,精密对中整平;在控制点的正上方,在传递控制点的楼层预留孔 300 mm×300 mm 上放置一块有机玻璃做成的激光接收靶,通过移动激光接收靶将控制点传递到施工作业楼层上;然后在传递好的控制点上架设仪器,复测传递好的控制点。当楼层超过 100 m 时,激光接收靶上的点不清楚,可采用接力法传递,其传递的控制点必须符合国家标准工程测量规范的相关规定。

g. 柱顶轴线(坐标)测量。利用传递上来的控制点,通过全站仪或经纬仪进行平面控制网放线,把轴线(坐标)放到柱顶上。

h. 悬吊钢尺传递标高:

• 利用标高控制点,采用水准仪和钢尺测量的方法引测。

• 多层与高层钢结构工程一般用相对标高法进行测量控制。

• 根据外围原始控制点的标高,用水准仪引测水准点至外围框架钢柱处,在建筑物首层外围钢柱处确定+1.000 m 标高控制点,并做好标记。

• 从做好标记并经过复测合格的标高点处,用 50 m 标准钢尺垂直向上量至各施工层,在同一层的标高点应检测相互闭合。闭合后的标高点则作为该施工层标高测量的后视点并做好标记。

• 当超过钢尺长度时,另布设标高起始点,作为向上传递的依据。

i. 钢柱垂直度测量:

• 钢柱吊装时,钢柱垂直度测量一般选用经纬仪。用两台经纬仪分别架设在引出的轴线上,对钢柱进行测量校正。当轴线上有其他的障碍物阻挡时,可将仪器偏离轴线 150 mm 以内。

• 测量、安装、高强度螺栓安装与紧固、焊接四大工序的协同配合是高层钢结构安装工程质量的控制要素,钢结构安装工程的核心是安装过程中的测量工作。钢柱安装测量工艺流程如图 5.140 所示。

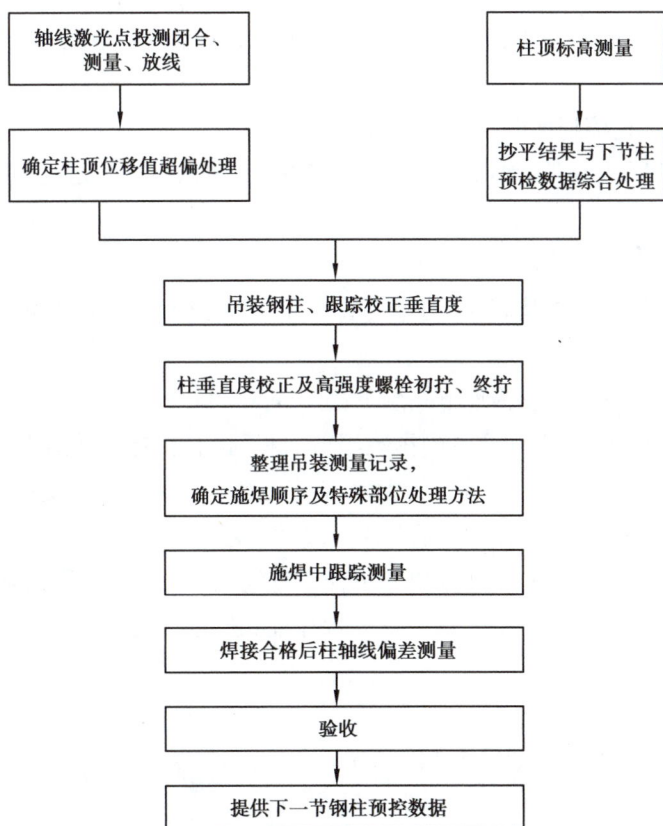

图 5.140　钢柱安装测量工艺流程

初校:钢柱就位中心线的控制和调整,调整钢柱扭曲、垂偏、标高等综合安装尺寸的需要。

重校:在某一施工区域框架形成后,应进行重校,对柱的垂直度偏差、梁的水平度偏差进行全面的调整,使柱的垂直度偏差、梁的水平度偏差达到规定标准。

高强度螺栓终拧后的复校:在高强度螺栓终拧以后应进行复校,其目的是掌握在高强度螺栓终拧时钢柱发生的垂直度变化。这时的变化只有考虑用焊接顺序来调整。

焊后测量:在焊接达到验收标准以后,对焊接后的钢框架柱及梁进行全面的测量,编制单元柱(节柱)实测资料,确定下一节钢结构构件吊装的预控数据。

通过以上钢结构安装测量程序的运行及测量要求的贯彻、测量顺序的执行,这使钢结构安装的质量自始至终都处于受控状态,以提高钢结构安装质量。

⑧逆作法施工工艺:

a.适用范围:高层及超高层钢结构地下室工程。

b.基本原理:利用支承钢柱与地下连续墙作为垂直承重结构,由地面向下挖土并施工各层地下室楼板,此顶板兼作地下连续墙的支撑体系。同时,利用此支撑柱承重,施工地上各层钢结构,从而实现地下地上两个方向同时施工。

c.主要优点:支护墙与结构墙合一,支撑与楼板合一,工程成本低;地上结构与地下结构同时施工,工期短;支护体系就是永久地下室,刚度大,挖土过程中变形小,环境安全更有保证。

d.逆作法施工工艺流程如图5.141所示。

e.施工工艺:高层及超高层钢结构逆作法施工中,一般以地下一层为向上向下施工的分界线。

• 施工工况如图5.142所示。

• 现场拼装基础钢柱,将基础柱(与钻孔灌注桩一并)立起来。安装偏差:高差<15 mm,水平位移<30 mm。

• 将表层土挖去,开挖深度为地下一层下返1 m。

• 焊接首层和地下一层钢柱及主梁拼装用剪力板,接着将首层及地下一层钢柱(主、次梁)安装完毕,铺压型钢板,随后浇筑混凝土使首层及地下一层为水平支撑体系与连续墙连成整体。同时,预留好施工洞口作为以后施工垂直运输通道。

• 地下二层以下(含)和±0.000 m以上工程同时施工。在地下三层钢梁安装的同时,地下四、五层土方工程依据钢结构安装工序进行作业,避免相互干扰。按此循环直至底板下皮。

f.柱安装工艺:

• 地下钢柱安装工艺流程如图5.143所示。

```
                    测量放线（轴线、标高）
                            │
                         桩基成孔
                            │
                       浇筑桩混凝土
                            │
                          养护 ────────┬─── 安装固定平台
   钢柱拼装焊接 ──────────→ │ ←──────────┤
                         浇筑基础 ──────┴─── 测量放线
                            │
                        地下钢柱安装
                            │
                      校正（标高、偏移）
                            │
                      回填土到自然地坪
                            │
                      挖地下一层梁下土
                            │
                      安装地下一层梁
                            │
                    安装地下一层四周支撑
                            │
                    地下一层楼板混凝土
                            │
                          养护
                   ┌────────┴────────┐
         安装地下二层梁及四周支撑        ±0.000 m测量放线
                   │                  │
                地下挖土             安装地上钢柱
                   │                  │
            浇筑底板混凝土          安装首、二、三层梁
                   │                  │
                 养护 ──→ 依据地上承重    继续安装地上钢柱钢梁
                         确定地上结构         │
                         施工速度 ←── 浇筑地上一层楼板
```

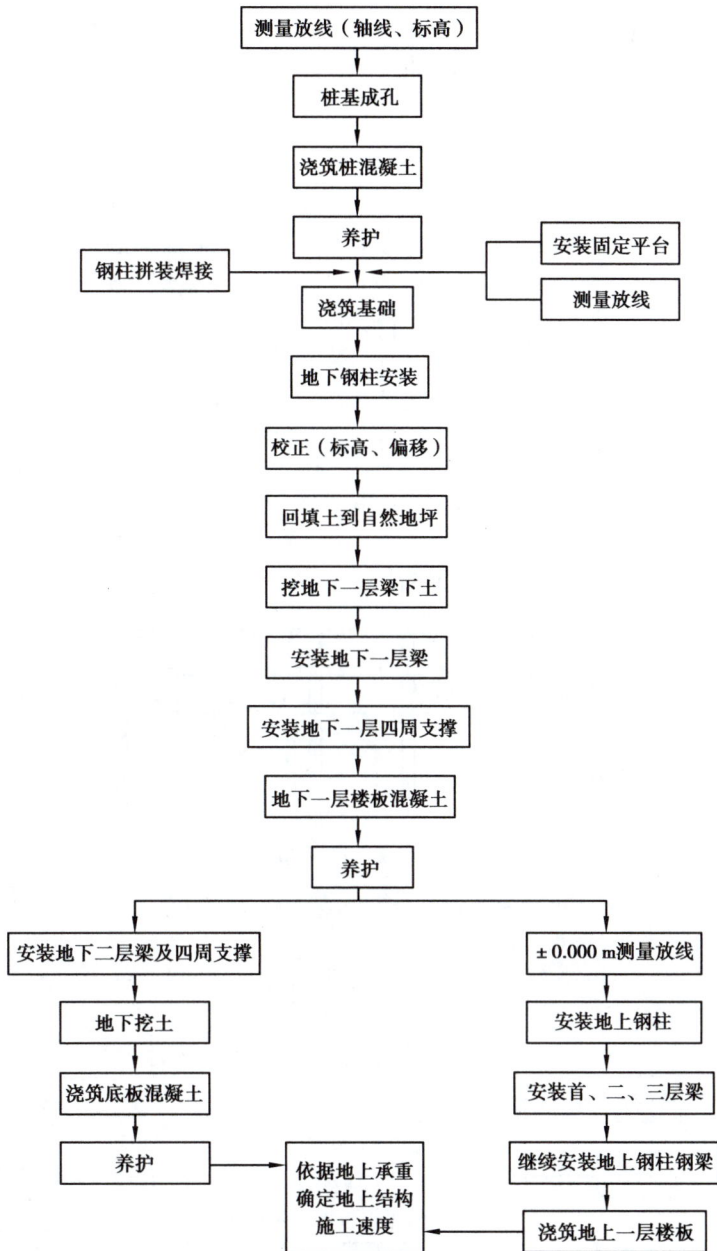

图 5.141　逆作法施工工艺流程

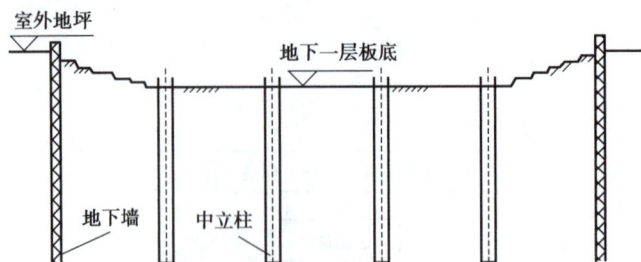

（a）挖土至地下一层下 1.0 m

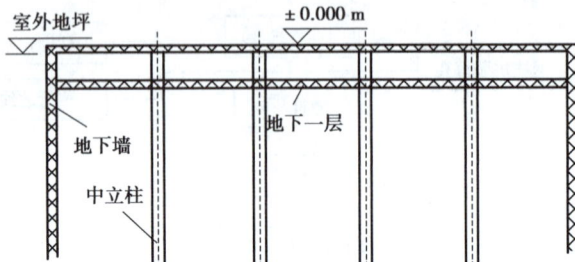

（b）首层和地下一层施工

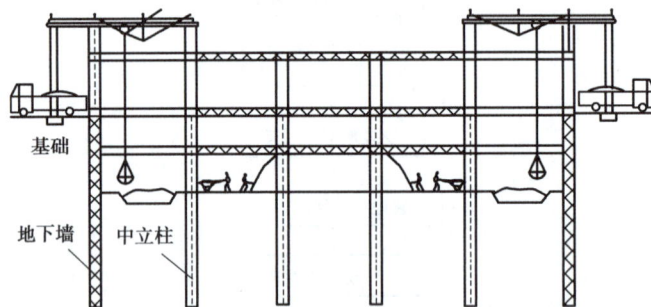

（c）地上二层、地下二层施工

图 5.142　逆作法施工工况图

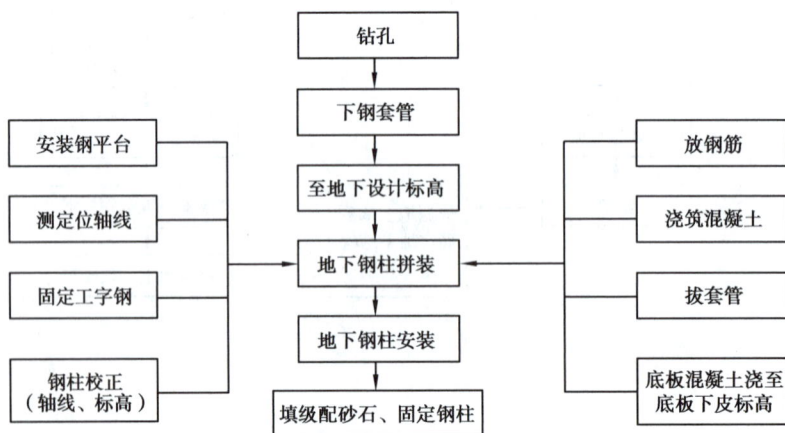

图 5.143　地下钢柱安装工艺流程

- 采用桩成孔机械钻孔作业,必要时可采用震动桩锤作业,钻孔到设计深度。
- 在现场工作平台上拼装钢柱。拼装前,为保证钢柱的垂直度,在每节钢柱四面放出中心线。要求各节钢柱中心线均在同一轴线上,偏差控制在允许范围内。钢柱接头一般采用直缝坡口焊接,不需要超声波探伤。钢柱底部用柱脚底板与钢管用贴脚焊拼接。钢管全部插入混凝土灌注桩中,其中上部一段具体值由设计定。浇筑混凝土底板时,将其保护层凿去再与现浇底板连为整体。
- 钻孔桩清底后,吊放钢筋笼入钢套管内。边浇筑混凝土边慢慢拔起套管,逐节拆除,直至混凝土浇至底板下皮,保留一节钢套管。然后将拼装好的钢柱对号入座,插入灌注桩中。24 h 后用级配砂土填实钢套管空隙,随后拔出最后一节钢套管。用砂石固定钢柱,防止发生位移。
- 为保证钢柱吊装施工中定位精度,钢套管浇筑混凝土前将 3.0 m×3.0 m 工作平台套住钢套管,并通过测量在工作平台上放出定位轴线。当钢柱下部吊入钢套管上口时,让钢柱四面预先放好的中心线与平台上的定位轴线重合。然后用专用夹具将钢柱与钢套管固定好,并在平台上用 400 mm×400 mm 工字钢四面夹住。边测量垂直度边慢慢将钢柱送入混凝土柱中,同时用水平仪校正钢柱的±0.000 m 标高。确保平面位移和水平标高偏差在允许范围内后,将工字钢与钢柱点焊固定。

g. 地下钢梁安装工艺:

- 地下钢梁安装工艺流程如图 5.144 所示。

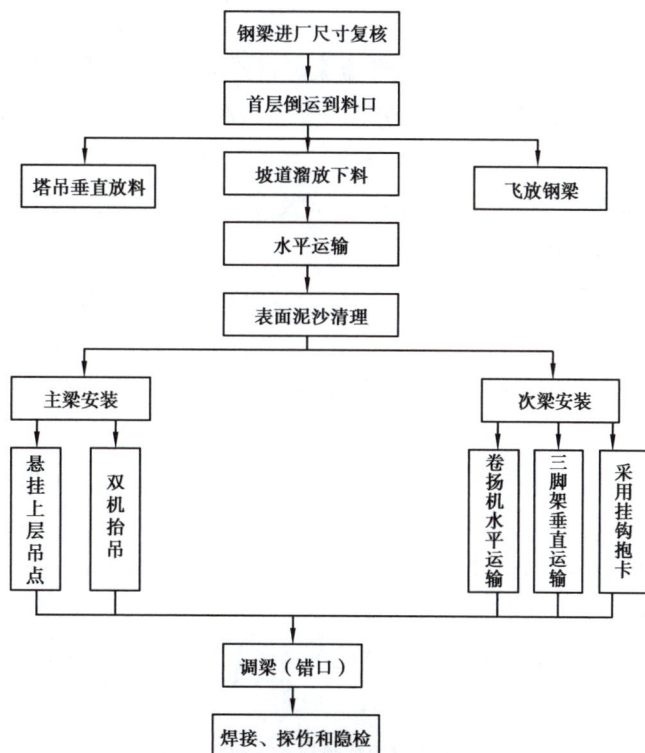

图 5.144 地下钢梁安装工艺流程

● 倒运:安装时,利用现场塔吊将构件倒运至施工工段最近的料口。

● 垂直运输(飞放梁):对靠近塔吊的料口,可利用塔吊垂直吊放,待钢梁吊放到接近开挖面时用卷扬机导向斜拉平放。对因土建开挖使料口成崖面,利用料口的上层结构钻孔设吊点,采用飞放梁法。飞梁时,主吊用一台卷扬机,吊点滑车钢丝绳为双绳;梁的后面用一台卷扬机牵拉,以免梁斜拉时冲击过快或钢丝绳拉断;当梁在料口垂直方向时,拆掉后面的拉绳,用主吊卷扬机直接放下去。

● 水平运输:地下室逆作法施工中最困难的环节,每层运输都有不同的特点。根据不同特点,因地制宜采用不同方法。

● 就位:钢梁就位根据不同的情况和位置,采用不同工艺。

3)质量与安全检查

(1)成品保护

①强度螺栓、栓钉、焊条、焊丝等成品应堆放在库房的货架上,最多不超过4层。

②场地应平整、牢固、干净、干燥。钢构件堆放分类堆放整齐,下垫枕木。叠层堆放也要求垫枕木,并要求做到防止变形、牢固、防锈蚀。

③不得对已完工构件任意焊割、空中堆物;对施工完毕并经检验合格的焊缝、节点板处进行清理,并按要求进行封闭。

(2)技术质量

①多层与高层钢结构工程现场施工中,吊装机具选择及吊装方案、测量监控方案、焊接方案等的确定尤为关键。

②对焊接节点处,必须严格按无损检测方案进行检测,做好高强度螺栓连接副和高强度螺栓连接件抗滑移系数的试验报告。对钢结构安装的每一步都应做好测量监控。

(3)安全措施

①攀登和悬空作业人员,必须经过专业培训及专业考试合格,持证上岗,并必须定期进行专业知识考核和体格检查。

②施工中,对于高空作业的安全技术措施,发现有缺陷和隐患时,应及时解决;危及人身安全时,必须停止作业。

③在雨天和雪天进行高空作业时,必须采取可靠的防滑、防寒和防冻措施。对于水、冰、霜、雪,均应及时清除。

④防护栏杆具体做法及技术要求,应符合《建筑施工高处作业安全技术规范》(JGJ 80—2016)有关规定。

⑤洞口防护设施具体做法及技术要求,应符合《建筑施工高处作业安全技术规范》(JGJ 80—2016)有关规定。

⑥登高安装钢柱时,应使用钢挂梯或设置在钢柱上的爬梯。钢柱安装时,应使用梯子或操作台。

⑦登高安装钢梁时,应视钢梁高度,在两端设置挂梯或搭设钢管脚手架。

⑧悬空作业人员必须戴好安全带。

⑨结构安装过程中,各工种进行上下立体交叉作业时,不得在同一垂直方向上操作。

⑩起重机的行驶道路必须坚实可靠。

⑪严禁超载吊装。

⑫禁止斜吊。

⑬对于双机抬吊,要根据起重机的起重能力进行合理的负荷分配(每台起重机的负荷不应超过其安全负荷的80%),并在操作时要统一指挥。

⑭绑扎构件的吊索须经过计算,所有起重工具应定期进行检查,对损坏的作出鉴定。

⑮过大的风载会造成起重机倾覆,工作完毕轨道两端应设置夹轨钳,遇有台风警报,塔式起重机应拉好缆风。

⑯塔式起重机应安有起重量限位器、高度限位器、幅度指示器、行程开关等,防止安全装置失灵而造成事故。

⑰群塔作业中,应保证在最不利位置时,任一台的起重臂不会与另一台的塔身、塔顶相碰,两台起重机之间的最小距离至少有 2 m 的安全距离;应避免两台起重臂在垂直位置相交。

⑱为防止高处坠落,操作人员在进行高处作业时,必须正确使用安全带。

⑲在雨季、冬季施工,构件上常因潮湿或积有冰雪而容易使操作人员滑倒,应采取清扫积雪后再安装,高空作业人员必须穿防滑鞋方可操作。

⑳地面操作人员必须戴安全帽。

㉑高空作业人员使用的工具及安全带的零部件,应放入随身携带的工具袋内,不可随便向下丢掷。

㉒在高空用气割或电焊切割时,应采取措施防止割下的金属或火花落下伤人。

㉓使用塔式起重机或长吊杆的其他类型起重机时,应有避雷防触电设施。

㉔各种起重机严禁在架空输电线路下面工作。在通过架空输电线路时,应将起重臂落下,并确保与架空输电线的垂直距离。严禁带电作业。

㉕氧乙炔瓶放置安全距离应大于 10 m。

㉖使用电气设备和化学危险物品,必须符合技术规范和操作规程,严格防火措施、确保安全,禁止违章作业。

2.活动实践

实践案例:根据工程案例,编制三层钢结构厂房施工方案。

工程案例

参考答案

活动5.3.3　建筑机器人的应用

1.基本知识交付

1)应用概述

传统建筑业正面临诸多制约,如落后的施工手段和方式、用工荒、工人老龄化、用工成本上升等。根据国家统计局调查和数据,自 2015 年以来,我国建筑业从业人员增长速度连年下滑并出现负增长情况。目前,50 岁以上农民工所占比重已经超过 26%,农民工群体老龄化趋势明显。研究表明,未来几年内,建筑行业将大力使用机器人以获得更高速、更高效率、更可靠的安全性和更高利润的成果。推进建筑机器人典型应用,研发关键技术,编制相关标准,形成一批标志性建筑机器人产品,辅助和替代"危、繁、脏、重"的人工作业,提高工程建设机械化、智能化水平。

2) 建筑机器人在工程建设领域的应用

建筑机器人应用主要在设计、建造、破拆、运维 4 个方面。设计方面:主要指 Autodesk,目前一直在筹划如何让机器人来代替 CAD,成为设计师的合作伙伴,而不是单纯满足于成为设计师的辅助工具。目前,建筑市场上的设计工具很少,一定程度上仍无法满足现代建筑设计的需求。建造方面:建筑机器人需求量最大的一部分,也是目前开展机器人应用较多的环节。机器人建造分为工厂和现场两个领域,现场建造仍是机器人应用的难点。破拆方面:除爆破以外,未来大型建筑的破拆、资源再利用将是未来巨量建筑的一个难题,机器人将派上用场。运维方面:建筑机器人的持久性应用领域,涉及管道检测、安防、清洁、管理等众多运行维护的场合。

如今,建筑机器人已经初步发展成了包括测绘机器人、砌墙机器人、木材加工机器人、石材加工机器人、钢梁焊接机器人、混凝土喷射机器人、施工防护机器人、地面铺砖机器人、装修机器人、隧道挖掘机器人、拆除机器人、巡检机器人等。

①测绘机器人:一种能代替人进行自动搜索、跟踪、辨识和精确照准目标并获取角度、距离、三维坐标以及影像等信息的智能型全自动电子全站仪。

②砌墙机器人:可以在没有人看管的情况下,流利地给砖头涂上水泥,毫无误差地将砖头摆放在正确位置;由于砌砖过程需要增高,砌墙机器人具有升降的功能。

③木材加工机器人:不仅能提高工作效率,还能确保员工人身安全,可以进行切割、刨切、打磨、喷涂、搬运、码垛等。

④钢梁焊接机器人:3 个机器人分别做切割、焊接、抓取,加工建筑钢结构件。

⑤石材加工机器人:提高了切割石材的效率,节省了时间,也提高了石材切割的质量和水平,能为工作人员的健康提供了保障,使用起来十分方便。

⑥铝模板焊接机器人:相比较于传统的人工焊接,它可以不间断地焊接。以 8 h 工作计,一套固高焊接工作站的劳动效率等于 8~10 名熟练焊工,最大限度地减少了虚焊、脱焊的可能性。

⑦地面铺砖机器人:工作时并不会产生太多的噪声,能够通过预先从电脑输入的作业面积、瓷砖尺寸等数据自动计算、规划、调整工作程序。

⑧屋顶钻孔机器人:通过机械臂将其牢牢地固定在屋顶上,利用钻孔机构上的相应型号的钻头打出不同规格的孔。

⑨遥控破拆机器人:通过遥控,借助一种精确重现人们动作的遥控臂全程遥控,完成操作中的装备和工具更换等复杂动作;适合进行现场探测、瓦砾清除、室内拆除和废物处理等作业。

⑩3D 打印机器人：建筑工业化平台研发项目，可实现多机器人联动打印大型构件。

⑪墙面喷涂机器人：包含一个移动基座、一个可升降平台及一根机械手臂；机械手臂末端是一个喷嘴，可以快速将涂料喷涂到墙壁表面。

⑫楼层清洁机器人：清扫效率是人工的 4 倍，清扫效果优于人工，且施工成本低于人工。

⑬室内喷涂机器人：施工效率是人工辊涂的 4 倍，喷涂均匀，观感效果良好，且施工成本低于人工。

⑭地砖铺贴机器人：施工效率是人工的 2 倍，施工质量优于人工，且施工成本低于人工。

⑮墙砖铺贴机器人：施工效率是人工的 2 倍，施工质量优于人工，且施工成本低于人工。

随着工业化进程的不断推进，建筑机器人的应用也会越来越广。更多的建筑机器人将进入工地，机器人盖房子的科幻梦正变成现实。对于建筑工程而言，机器人将首先取代一线施工工人，不仅效率成倍提升，而且成本更低，质量更好。

2.活动实践

实践案例：根据工程案例，简述该工程案例中使用到的建筑机器及其在工程中应用。

工程案例

参考答案

任务 5.4   装配式装修施工

活动 5.4.1   装配式装修设计

装配式装修政策与发展趋势

1.基本知识交付

1）装配式装修政策背景与发展趋势

（1）政策背景

近年来，国家出台了一系列政策推进发展装配式建筑，装配式建筑进入快速发展阶段。但从目前的发展来看，我国装配式建筑的发展呈现出"重结构，轻内装"的趋势。作为装配式建筑的重要组成部分，装配式内装修不仅需要与装配式建筑的主体结构、外围护系统、设备管线系统相协调，其工程质量更关乎住居体验和幸福指数。

为推进装配式建筑的健康发展，规范装配式内装修工程的实施，近几年，全国各地有关装配式建筑（绿色建筑）的利好政策接踵而来。在国家和地方政策的持续推动下，装配式建筑实现了大发展，发展路径日渐清晰，技术创新百花争艳，各方面工作都取得了重大进展。

在自上而下密集出台的政策强势推动下，作为装配式建筑重要分支的装配式内装行业，也同样正在历经传统革新的重要节点。从建筑工业化到内装工业化，就是住宅的未来发展趋势。

（2）发展趋势

装配式建筑与装修在一些发达国家已有过实践，装配式建筑在德国、美国、日本等国已获得较高的占有率,发展成熟。从 2016 年开始,我国也通过一系列政策鼓励这种新生产方式在中国生根发芽。

传统装修方式意味着大量依赖人工。近年来,人口红利逐渐消失。根据相关数据,每年工人净增加人数由 2010 年的 1 245 万下降到 2018 年的 184 万。用工难和劳动力成本逐年上升一直是传统装修企业发展的两大难题。装配式装修的生产方式可以节约50%以上的人工,从而减少对人工的依赖程度。

除了人口问题,环保与资源浪费问题受到从政府、到企业和全社会的重视。节能减排的任务在建筑业的任务很重,因此政府大力推进和引导装配式及全装修。将内装也纳入到装配式模式中,让居民享受到居住品质的提升,同时有利于国家层面尽快实现节能减排任务。据测算,相比传统装修,装配式装修可以节水 90%、降低能耗 70%、节约材料 20%,同时,家装场景由现场移至工厂,采用干法施工可以避免涂料、溶剂等产生的甲醛、苯等有害物质。

从企业角度来看,装配式装修方式能够缩短工期 80%并降低工费 60%,很大程度上提升装修效率,降低成本。再加上装配式装修与全装修精装房市场同期发展,对装配式企业来说,未来的发展空间广阔。

2)装配式装修设计的一般规定

(1)设计的协同

新型的装配式内装修设计与传统的装修设计不同。相比传统设计的独立性,装配式内装修设计与建筑设计一般需要同步协同进行,同时还要与结构系统、外围护系统及设备管线系统进行一体化集成设计。总之,装配式内装修集成设计应协调建筑、结构、给排水、供暖、通风和空调、燃气、电气、智能化等各专业的要求,进行同步协同设计,并统筹设计、生产、安装和运维各阶段的需求。

装配式内装修设计采用模块和模块组合的方法,采取少规格、多组合的原则,采用系列化和多样化的内装部品进行标准化设计,满足使用要求。装配式内装修选用集成度高的系统化内装部品。装配式内装修设计满足建筑生命周期内使用功能可变性的要求。

装配式内装修设计明确内装部品和设备管线主要材料的性能指标,满足结构受力、抗震、安全防护、防火、节能、隔声、环境保护、卫生防疫、无障碍等方面的需要。装配式内装修设计流程宜按照技术策划、方案设计、部品集成与选型和深化设计 4 个阶段进行。

(2)标准化设计

装配式内装修对建筑功能空间、厨房、卫生间、收纳系统等主要使用空间和主要的部品部件进行标准化设计,并提高标准化程度。装配式内装修采用通用的构造和部件进行部品部件的连接设计,并采用具有不同肌理、材质、颜色的面层材料满足个性化的需要。装配式内装修应遵循模数化的原则进行设计,应符合《建筑模数协调标准》(GB/T 50002—2013)的规定,住宅宜符合《工业化住宅尺寸协调标准》(JGJ/T 445—2018)的规定,并应符合以下规定:

①装配式装修的房间开间、进深、门窗洞口宽度等宜采用 $n\text{M}$(n 为自然数)。

②装配式装修的建筑净高和门窗洞口高度宜采用分模数列 $n\text{M}/2$。

③装配式装修的构造节点和部件的接口尺寸宜采用分模数列 $n\text{M}/2$、$n\text{M}/5$、$n\text{M}/10$。

装配式内装修部品部件的定位可通过设置模数网格来控制,部品部件的定位宜采用界面定位法。装配式内装修设计对部品部件的设计、生产和安装进行全过程的模数协调,应统筹建筑设计模数与部品部件生产制造之间的尺寸协调。

装配式装修设计根据内装部品部件的生产和安装要求,确定公差,应考虑结构变形、材料变形和施工误差的影响。部品部件尺寸设计与原材料的规格尺寸协调,提高出材率,降低材料消耗。

（3）集成设计与部品选型

装配式内装修对楼地面系统、隔墙系统、吊顶系统、收纳系统、厨房系统、卫生间系统、门窗系统、设备和管线系统等进行集成设计。内装集成设计和部品选型按照标准化、模数化、通用化的要求,以少规格、多组合的方式,实现内装系列化和多样化。除满足使用功能外,集成设计应着重解决部品的规格、组合方式、安装顺序、衔接措施,并应按照生产和安装的要求优化设计。

集成设计按照技术策划确定的原则进行,实现设备管线与结构分离。管线优先敷设在楼地面架空层、吊顶、墙体夹层、龙骨之间;也可以结合踢脚线、装饰线脚进行敷设。应优先确定功能复杂、空间狭小、管线集中的建筑空间的部品集成设计。集成设计应充分考虑装修基层结构、部品部件生产和安装过程中的偏差,宜采用可调节构造和部件纠正或隐藏偏差。

（4）部品集成和选型

部品集成和选型应符合以下规定:

①内装部品的选型应根据房间功能需要,结合设备管线安装、保温、隔声、防滑、防静电、防水、防火、无障碍等需求进行集成设计。

②内装部品的集成应便于维护和更换,设计耐久性低的部品部件应放置在易更换易维修的位置,避免维修破坏耐久性高的部品或结构构件。套内部品的维修和更换不应影响公共部品或结构的正常使用。

③内装部品与主体结构应连接牢固,不应损坏结构构件,应优先采用预埋连接件的方式。

3）装配式装修设计

（1）装配式隔墙与墙面

装配式隔墙宜采用有空腔的墙体,在空腔内敷设给水分支管线、电气分支管线及线盒等。

装配式隔墙宜采用带集成饰面层的轻质墙体,饰面层优先在工厂内完成,不应采用现场抹灰、涂刷等湿作业过多的工法。

住宅分户隔墙、住宅套型与公共区域之间的墙体需满足强度、隔声、防火要求。开关、插座、管线穿过装配式隔墙时,应采取防火封堵、密封隔声和必要的加固措施;振动管道穿墙应采取减隔振措施。

龙骨隔墙应符合以下要求:

①应根据隔声性能等要求、设备设施安装需要明确隔墙厚度,同时应明确各种龙骨的材质、规格型号,有 A 级燃烧性能要求的部位应采用金属龙骨。

②隔墙填充材料宜选用岩棉或玻璃棉类 A 级防火材料。

③有防水要求的房间隔墙内侧,应采用防水防潮措施;应重点对门洞口、隔墙根部加强防水处理。

④隔墙上需要固定或吊挂重物时,应采用专用配件或加强背板,或在竖向龙骨上预设固定挂点等可靠固定措施。

⑤龙骨布置应满足墙体强度的要求;高度超过 4 m 的隔墙,龙骨强度应进行验算,并采取必要的加强措施。

⑥门窗洞口、墙体转角连接处等部位应加设龙骨进行加强处理。

⑦饰面板与龙骨之间优先采用机械连接,以方便维修和更换。

条板隔墙应符合以下要求:

①应根据建筑使用功能和条板隔墙的使用部位,选择单层条板隔墙或双层条板隔墙。60 mm 及以下厚度的条板不得单独用于单层隔墙。

②单层条板隔墙用作分户墙时,厚度不应小于 120 mm;用作户内分室隔墙时,厚度不宜小于 90 mm。

③双层条板隔墙的条板厚度不宜小于 60 mm,两板间距宜为 10 ~ 50 mm,可作为空气层或填入吸声、保温等功能材料。对于双层条板隔墙,两侧墙面的竖向接缝错开距离不应小于 200 mm,两板间应采取连接、加强固定措施。

④卫生间等用水房间的条板隔墙下端宜设强度不低于 C20 的混凝土条形墙垫,且墙垫顶部高于楼地面完成面不宜小于 100 mm,并应做泛水处理。

⑤当条板隔墙需吊挂重物和设备时,不得单点固定,并应采取加固措施,固定点间距应大于 300 mm。用作固定和加固的预埋件和锚固件,均应做防腐或防锈处理。

(2)装配式吊顶

装配式吊顶内宜设置可敷设管线的架空层。

房间跨度不大于 1 800 mm 时,宜采用免吊杆的装配式吊顶。房间跨度大于 1 800 mm 时,应采取吊杆或其他加固措施,宜在楼板(梁)内预留预埋所需的孔洞或埋件。

装配式吊顶宜集成灯具、排风扇等设备设施。当采用整体面层及金属板类吊顶时,质量不大于 1 kg 的灯具、设备可直接安装在面板上;质量不大于 3 kg 的灯具等设施应安装在次龙骨上,并有可靠的固定措施;质量大于 3 kg 的灯具、吊扇等设置应直接吊挂在建筑承重结构上。

装配式吊顶内有需要检修的管线时,吊顶宜设有检修口。

吊顶与墙或梁交接时,应根据房间尺度大小与墙体间留有 10 ~ 30mm 宽伸缩缝隙,并应对缝隙采取美化措施。

空调送回风口、灯具、检修口、设备的位置不应切断主龙骨。用水房间吊顶应采用防潮、防腐、防蛀材料。

(3)装配式楼地面

不同使用性质的房间对地面面层的性能要求不同,设计时应注意参考相关技术资料或相关规范进行有针对性的设计。

装配式楼地面面层的平整度、耐磨性、抗污染、易清洁、耐腐蚀、防火、防静电等性能应满足使用功能的要求,有水房间的楼地面材料还应满足防水、防滑、防蛀等性能要求。

装配式楼地面的承载能力与其使用寿命息息相关,因此,也应遵循《建筑结构荷载规范》(GB 50009—2012)的要求。但由于除日常荷载外,还会有搬运时产生的偶然较大荷载,以及日常使用过程中极有可能出现人员跳跃、物品坠落而产生的冲击荷载,所以,对其承载力要求加大至《建筑结构荷载规范》(GB 50009—2012)规定数值的 2 倍。选用产品也应对其承载能力提出要求,以防产品采购忽略承载力指标造成地面系统无法满足日常使用。另外,家具质量也不可忽视,满载物品的家具极易对架空地面造成破坏,故应进行加强处理,并需要在地面做好摆放位置标记,以对房屋使用者进行提醒。装配式楼地面构造系统的承载力应满足《建筑结构荷载规范》(GB 50009—2012)规定数值的 2 倍,其连接构造应可靠,且应确保不破坏主体结构受力构件,设计图中应注明房间允许使用荷载以及对产品承载能力的要求。放置重物的部位应采取满足重物传力需要的加强措施,并应在设计图纸中对施工提出绘制重物摆放区标识的要求。

对于需要做保温或隔声设计的建筑,装配式装修的楼地面也不会例外,但为进一步体现装配式装修的优势,以一体化、标准化、模块化为原则进行产品选型是实现高效施工基本需要。装配式楼地面应结合节能和隔声需要进行设计,且宜按一体化、标准化、模块化为原则进行产品选型。

楼地面架空层是建筑管线排布的重要空间,其架空高度的确定应充分考虑管线排布的需要,以防因考虑不周导致建筑空间高度、楼地面标高的确定受到不利影响。架空地面下管线众多,需要考虑管线的检修,采用设检修口或将装配式楼地面设计为便于拆装的构造方式均能满足检修需要,可根据实际需要选择相应做法。装配式楼地面宜采用架空、干铺或其他干式工法。采用架空层的装配式楼地面的架空高度应计算确定,满足管线排布的需要,并考虑架空层内管线检修的需要,应在管线集中连接处设置检修口或将楼地面设计为便于拆装的构造方式。

对于如住宅厨房、办公楼开水间等有水房间,因地面通常无过多积水,在现实装修中常不设高差,所以,在此将设高差的房间范围缩小到有地漏的房间;因无障碍设计时需要不超过 15 mm 的高差和斜坡过渡要求,无障碍使用可以采用不超过 15 mm 高差来实现挡水目的,非无障碍也应可以同样实现,所以在此直接按无障碍的高差进行要求,不再区别非无障碍的情况。在设置地漏房间的门口处,地坪标高应为房间最高点,且应低于相邻房间楼地面标高 10 ~ 15 mm,或设 10 ~ 15 mm 高的挡水门槛,高差和挡水门槛应以斜面过渡。

对于架空楼地面系统设计:

①为避免因热胀冷缩现象造成地板拱起变形甚至炸裂,架空地板周边脱开墙体,留有 10 ~ 30 mm 宽伸缩缝很有必要。架空地板应根据房间尺度大小,与周边墙体之间设置 10 ~ 30 mm 宽伸缩缝隙,并对缝隙采取美化遮盖措施。

②装配式装修的楼地面往往采用石材、面砖等块材或板材面层,块材或板材之间存在拼缝,楼地面与墙体之间有伸缩缝。在日常活动中,若出现如饮品洒落地面流入架空层下时,因无法清理而产生霉变,从而影响室内空气质量。所以,需要对存放或使用液体的房间地面

系统采取防止液体进入架空层的措施,用水房间更应如此。

有存放或使用液体的房间(如餐厅、办公室、会议室、观众厅等)的架空地板系统宜设置防止液体进入架空层的措施,用水房间应有防止水进入架空层的措施。

③利用架空空间排布排水管道,可以节约建筑空间和便于在同层实现管道维修。用水房间楼地面采用架空地板系统时,其横向排水管道应设在架空地板系统内。

④用水房间架空层上的防水措施应采用工厂化生产的成套防排水部品,如防水托盘,质量应有保证,管道与托盘的连接应牢固可靠,供应商应按国家有关规定对产品质量和维修负责。为防止意外,应考虑万一有漏水,不及时排除会造成损失扩大。因此,应设计观察孔或其他利于发现问题的措施,便于及时检修。另外,架空层内气体不流通,如有水渗入或凝结水产生,易产生有害气体。若不采取措施,渗透到室内影响室内空气质量,应采取通风措施改善用水房间架空层内或夹层墙内的空气流通。

用水房间架空地板系统应设计便于观察架空层情况的措施,防止漏水、凝水或沼气聚集。

(4)装配式收纳

收纳是建筑空间不可缺少的组成部分,也时常是围合建筑空间的基本元素,往往不是独立存在的,对其设计的手法也灵活多样,但均脱不开功能性、人性化、装饰性、便利性等基本要求。住宅宜在玄关、餐厅、起居、卧室、厨卫、走廊等设置收纳;公共建筑宜结合隔墙、走廊设置收纳,或设置独立的收纳空间。收纳系统应综合空间布局、使用需求,充分考虑装饰性、便利性,对物品种类和数量进行设置,其位置、尺度、容积应能满足相应功能需要。

采用标准化、模块化、一体化的设计方式是装配式装修设计的基本原则。收纳部品设计是室内装修设计的重要组成部分,也理应遵循这一基本原则。收纳系统宜与建筑隔墙、固定家具、吊顶等结合设置,也可利用家具单独设置。收纳系统应能适应使用功能和空间变化的需要。收纳部品应进行标准化、模块化设计,优先采用工厂出品的标准化内装部品。

收纳部品占据的空间不应影响如疏散走道、日常通道的宽度,活动空间上方悬挂收纳部品的底部净高,应能满足相关规范要求。但收纳空间属于房间使用面积的一部分,不应将收纳占据的使用面积视为对相关规范规定的影响。根据部分实际项目的经验,一般普通90 m^2 左右的小三室,室内净空约170 m^3。一般情况下,收纳空间的需求在7 ~ 10 m^3,占比4% ~ 6%。经过精细化设计,可以使室内收纳的容积达到13 ~ 15 m^3,室内空间使用效率和整洁程度均有较大提高。收纳空间应符合相关设计规范对建筑空间尺寸的要求。非独立的收纳空间面积可含在所在房间的使用面积中,住宅收纳空间的总容积不宜少于室内净空间的1/20。

收纳空间是建筑空间荷载最集中的部位之一,对结构受力影响较大。由于装修设计时常远远滞后于土建结构设计,且结构设计时所采用荷载形式在未知情况下均为均布荷载,过大的集中荷载将对原有结构受力性能产生不利影响,影响主体结构寿命,所以,需要在图中注明允许质量限定数值。收纳物品的质量不得超过建筑受力构件的设计允许荷载,应在设计图中标明质量限值,交付使用前应在相关部位标明质量限定标识。

为提高纳部品的稳定性,对于高跨比大于5或悬挂在顶棚或墙壁上的收纳部品应与主体结构连接,涉及对结构的保护及从使用安全和收纳部品自身的稳定性角度考虑,需要有定量的受力分析方可确保收纳部品的安全使用,减少设计的盲目性。1.4 m高处的横向水平荷载标准值为参考《建筑结构荷载规范》(GB 50009—2012)中栏杆水平荷载取值,1.4 m为成人上部倚靠动作的通常着力高度。高度大于5倍支撑短边占地跨度的立式收纳部品或悬挂收纳部品应与主体结构可靠连接,并应提供连接措施的受力计算书(选用国家或地方标准图集,且不低于所选标准图力学性能或包含标定储藏物品在内的悬挂质量小于5 kg时可不提供),其在距地1.4 m高处的横向水平荷载标准值不小于1.0 kN/m。

电气开关箱、接线箱常被设于收纳柜中,容易给其操作带来不便,设计时应对检修和日常操作的便捷性予以考虑。收纳深度大于300 mm时,置于其中的电气开关箱、接线箱的检修难以操作,且容易被日常摆放物品遮挡。电气开关箱、接线箱有产生漏电或火花的可能,如收纳处存放易燃或可燃物,易发生火灾,因此应对此处的部品存放提出要求,并做明显提示标识。电气开关箱、接线箱不宜设置于收纳部品内。当与收纳部品设计结合时,收纳部品深度不应大于300 mm,不应放置易燃或可燃物品。

方便管道检修是收纳部品设计必须遵循的原则,设计时可考虑能将收纳部品整体移开或在不损坏收纳部品的前提下,采取打开、拆开部分部件的方法为检修创造便利条件。管道接头部位或检修阀门被收纳部品遮挡或安装于收纳空间内时,应有方便管道检修的措施。

因收纳部品与人体接触频繁,普通玻璃破裂容易伤人,所以对玻璃的选用提出要求。收纳部品中的玻璃应为安全玻璃,其厚度应根据受力大小和支承跨度经计算确定,同时还应符合《建筑玻璃应用技术规程》(JGJ 113—2015)的相关规定。

有水房间经常接触水或渗漏后容易被水浸湿的部位。当部品采用未经处理的木材等材料,容易产生腐烂、虫蛀现象,水渗漏到收纳空间内时会损坏其中的物品,应对有水房间收纳部品采取防水或防潮、防腐、防蛀措施。

(5)装配式内门窗

内门窗可选用木门窗、塑料门窗、铝合金门窗及复合材料门窗。木门窗包括全木门窗、铝木复合门窗;塑料门窗包括全PVC塑料门窗、铝塑门窗;铝合金门窗包括全铝合金门窗、隔热铝合金门窗,不适用于电磁屏蔽门窗、防护门、防爆、防化学腐蚀等有特殊功能要求的门窗工程。

内门窗作为内装修的重要部品部件,已实现大范围的工厂化生产,宜优先选用成套化的产品,以实现与装配式装修其他部品部件的一体化集成,避免现场加工误差所造成的材料浪费。为保证门窗安装质量,应根据设计要求和厂方提供的门窗构造图、节点图就已进场的物品进行检查,核对其类型、规格、开启方向、门窗的零部件、组合件是否齐全以及门窗的安装位置是否符合设计要求。

内门窗宜选用成套化的内装部品,设计文件应明确所采用门窗的材料、品种、规格等指标以及颜色、开启方向安装位置、固定方式等要求。门窗设计应减少规格、统一开启扇尺寸。

门窗应安装牢固,安装孔应与预制埋件对应准确。门窗框与墙体(或基层板)之间的缝隙应采用弹性材料填嵌饱满,并用密封胶密封。保温门窗的热工、遮阳性能应进行综合计算,并符合国家节能设计规范的有关规定。对于有耐火完整性要求的门窗,应满足耐火时间要求,并通过相应的耐火检测试验取得相应的检测报告。

4）装配式集成设计

（1）集成厨房

①集成厨房应与内装设计进行统筹，与结构系统、外围护系统、公共设备与管线系统协同设计。

集成厨房协同设计可以避免因各专业设计前期考虑不周，导致厨房施工装修时，所引起的拆改和浪费。可以通过同步设计，厨房内装设计在土建设计提前介入，集成式部品选型与建筑设计方案阶段同步进行；在初步设计、施工图设计阶段，结构、设备与管线系统设计也应考虑集成厨房装修需要。其内容包括厨房布置和选型、吊顶、橱柜预埋件布置、机电预留（如插座预留等）、管线设备装修美化遮挡设计、管线设备检修口位置设计。

②应遵循人体工程学的要求，合理布局，并应进行标准化、系列化和精细化设计。集成厨房标准化设计主要体现在橱柜、操作台模块化设计上，模块分解，获得厨房部品模块。部品模块通过设计组合形成集成厨房橱柜、操作台，模块化设计就是将各个功能模块进行组合和配置的过程。通过不同的组合配置，以形成多样化形式，满足不同的设计意图。标准化则是强调选用通用的标准模块。该模块具有确定的功能、相对独立的功能单元、通用性，以及便于组合、互换的特点。

③集成厨房宜满足适老化的需求。集成厨房适老化设计是我国人口老龄化趋势的要求。在厨房设计时，应充分了解老年人生活特征，选用适合老年人和行动不便者使用的部品和部品集成技术，使老年人在厨房使用上达到安全和无障碍，主要体现在操作台、橱柜高度设计和可操作性无障碍技术的应用。

④集成厨房的设计应满足易维护更新的要求。

⑤集成厨房空间尺寸应符合《住宅厨房及相关设备基本参数》（GB/T 11228—2008）、《工业化住宅尺寸协调标准》（JGJ/T 445—2018）的规定。

集成厨房是由结构（底板、顶板、壁板、门）、厨房家具（橱柜及填充件、各式挂件）、厨房设备（冰箱、微波炉、电烤箱、抽油烟机、燃气灶具、消毒柜、洗碗机、水盆、垃圾粉碎机等）、厨房设施（给排水、电气、通风设备与管线）进行系统集成的新型厨房，其部品部件在工厂生产，现场进行拼装。

厨房布置形式可采用单排型、双排型、L型、U型和壁柜型，厨房的净尺寸应符合标准化设计和模数协调的要求，厨房的洗涤盆、灶具、排油烟机、电器设备、橱柜、吊柜等设施应一次性集成设计到位，橱柜宜与装配式墙面集成设计。厨房家具、橱柜应与墙体可靠连接固定，与轻质隔墙体连接时应采取加强构造措施。

厨房墙面、地面应选用易清洁材料，地面应防滑；集成橱柜宜采用防火、耐水、耐磨、耐腐蚀、易清洁的材料。集成厨房的墙面、地面、橱柜与内装系统装饰风格统一，应重点设计收口构造节点。集成厨房管线应进行综合设计，除燃气管线外，其他管线宜设在橱柜背部或吊顶内。住宅厨房内的冷热水表、燃气表、净水设备等宜集中布置，且便于查抄和检修。

（2）集成卫生间

集成卫生间的设计应符合以下要求：

①集成卫生间的设计应与内装系统设计统筹，与结构系统、外围护系统、公共设备与管

线系统协同设计。集成卫生间协同设计可以避免因各专业设计前期考虑不周，导致卫生间施工装修引起的拆改和浪费。可以通过同步设计，卫生间内装设计在土建设计提前介入，集成式部品选型与建筑设计方案阶段同步进行；在初步设计、施工图设计阶段，结构、设备与管线系统设计也需要考虑集成卫生间装修需要。其内容包括卫生间布置和选型、吊顶预埋件布置、机电预留（如插座预留等）、管线设备装修美化遮挡设计、管线设备检修口位置设计。

②应遵循人体工程学的要求，布局合理，并应进行标准化、系列化和精细化设计。集成卫生间标准化设计主要通过模块化设计得以实现，模块分解，获得卫生间内装部品模块。部品模块通过设计组合形成集成卫生间，卫生间内装部品与土建系统的接口关系也是标准化、精细化设计的内容之一。模块化设计就是将各个功能模块进行组合和配置的过程。通过不同的组合配置，以形成多样化的卫生间形式，满足不同的设计意图。标准化则是强调选用通用的标准模块。该模块具有确定的功能、相对独立的功能单元、通用性，以及便于组合、互换的特点。集成卫生间系列化是指部品规格系列化，是标准化设计的重要内容，业内需要制定部品通用规格、接口规格，即在建筑业内实现卫生间部品规格的通用标准。精细化是标准化、系列化实现后的终极目标。

③住宅卫生间宜采用干湿分离的布置方式。传统卫生间设计往往将淋浴区与坐便区、面盆区结合在一起，虽然使用起来比较便利，但潮湿的空气长时间在浴室中滞留，容易造成空气的污浊、清理困难的问题。为提高人们生活的品质，引入了干湿分离的设计概念，将淋浴区与其他功能区域进行划分后，既可保持卫浴场地的干燥卫生，又能维持浴室整体环境的整洁美观。该种设计理念适用于集成卫生间。

④集成卫生间设计宜满足适老化需求。集成卫生间适老化设计是我国人口老龄化趋势的要求。在卫生间设计时，充分了解老年人生活特征，选用适合老年人和行动不便者使用的部品和部品集成技术，使老年人在卫生间使用上达到安全和无障碍。

⑤集成卫生间设计应充分考虑维护更新的要求。集成卫生间由工厂生产的楼地面、吊顶、墙面、橱柜、设备管线集成；由防水盘、顶板、壁板及支撑龙骨构成主体框架，并与各种洁具及功能配件组合而成、通过现场装配或整体吊装进行装配安装的独立卫浴模块。

集成卫生间应重点处理好以下部位的接口设计：

①设备管线接口；

②集成卫生间边界与主体建筑之间的收口；

③集成卫生间的防水底盘与壁板之间的连接构造应具有防渗漏的功能；

④壁板和外围护墙体窗洞口衔接应进行收口处理并做好防水措施；

⑤卫生间的门框门套应与防水盘、壁板、围合墙体做好收口和防水措施；

⑥卫生间门口与周围墙体收口处理与内装风格统一。

应在与给水排水、电气等预留接口连接处设置检修口或检修门，检修口外应有便于安装和检修的操作空间。

集成卫生间选用管道材质和连接方式应与建筑预留管道匹配。采用不同材质的管道连接时，应有可靠连接措施。集成卫生间的排风机及其他电源插座宜安装在干区。除集成安装在卫生间内的电气设备自带控制器外,其他控制器、开关宜设置在集成卫生间门外。卫生间管线设计应进行综合,给水、热水、电气管线优先敷设在吊顶内。采用防水托盘的集成卫生间的地漏、排水管件和相应配件应与防水托盘成套供应,并提供安装服务和质量保证,防水托盘下的楼地面可不做防水措施。

（3）整体卫浴

整体卫浴的选型应在方案设计阶段进行,应与整体卫浴厂家进行技术对接,确保整体卫浴各项技术性能指标符合需求。应综合考虑洗衣机、排气扇、暖风机等的位置。整体卫浴宜采用同层排水方式。采取结构降板方式实现同层排水时,降板区域应结合排水方案及检修位置确定。降板高度应根据防水盘厚度、卫生器具布置方案、管道尺寸及敷设路径等因素确定。

整体卫浴的预留安装尺寸应符合下列规定:

①整体卫浴壁板与外围护墙体之间的预留安装空间:壁板与墙体之间无管线时,不宜小于 50 mm;敷设给水或电气管线时,不宜小于 70 mm;采用墙排水方式敷设洗脸盆排水管时,不宜小于 90 mm。

②结构降板高度要求:采用同层排水后排式坐便器时,不宜小于 150 mm;采用同层排水下排式坐便器时,不宜小于 250 mm。

③整体卫浴顶板与卫生间顶部结构最高点之间的距离不宜小于 250 mm。若顶板上还有其他设备需要较大空间,设计时需提前考虑。

5）设备和管线设计

设备和管线集成设计应包括给排水、暖通、电气、智能化、燃气等各专业,集成设计需要综合考虑各专业的技术特点、材料特性、安装检修、维护管理等多方面的因素,是一个统筹策划、系统设计的过程,根据工程建设的特点,需要一步一步地深化完成。一般情况下,设备管线的施工图设计称为一次机电设计,结合室内精装修的机电管道设计称为二次机电设计。

装配式装修设计是全专业、全过程的协同设计,设备管线设计应充分考虑一次机电设计和二次机电设计的协调和衔接。

现代建筑工程功能繁多、空间复杂、体量巨大,设备管线众多,设备管道安装难度巨大。一般的施工图难以达到直接指导施工安装的深度,大型项目需要进行专门的深化设计。深化设计可以由原设计人员负责,也可以是施工承包企业或由业主聘请的第三方设计人员完成。深化设计资料需要满足施工现场与设计图纸一一对应的深度,如阀门的数量、型号、位置、安装角度、操作手柄的位置等;深化设计图纸应满足施工安装的要求。

设备和管线的装配式建造应提倡工厂预制、现场冷连接组装的安装工法,深化设计需要更精细化,满足机械加工的深度要求。

（1）装配式内装设备和管线集成设计

内装设备和管线应与结构分离,不应敷设在混凝土结构或现浇的混凝垫层内。宜优先敷设在吊顶、架空层、夹层墙体、固定家具与墙体背后、踢脚、收边线脚等。给水、热水、采暖、电气和智能化等系统的竖向主干管线、分户计量的表应设置在公共区域的管井或表间内。

内装冷热给水、排水管、电源线、设备插座接口点位及开孔尺寸应准确,避免现场打孔开凿。设备和管线的深化加工设计应满足工厂预制加工、现场装配安装的工艺要求,现场不宜进行湿热操作。设备和管线集成设计宜采用 BIM 技术。

内装管线的使用寿命不应低于装修工程的设计寿命,且不宜低于 15 年。

（2）生活给水及热水管道集成深化设计

住宅户内卫生间冷水、热水管道宜采用分水器配水方式,分水器后的管道不应有接口。敷设在吊顶、架空层的冷水管线应采取防结露措施。住宅生活热水宜采用独立燃气或电热水器供应。采用集中热水系统时,计量水表及干立管应设在公共区域;采用太阳能集中热水系统时,宜采用集热循环无动力太阳能热水系统;设备、泵组、阀件等宜采用工厂集成预制,减少管件及现场安装工程量;住宅给水管线宜优先敷设在吊顶内。

（3）排水管道集成深化设计

居住建筑宜采用同层排水系统,污水立管宜设置在公共区域,并宜采用特殊单立管排水系统;公共建筑卫生间宜采用同层排水系统,并采用工厂预制装配式安装洁具和配套管道;雨水排水系统宜采用建筑外排水,采用内排水系统时,排水立管应设置在公共区域,并满足现行国家规范的要求;设备、泵组、阀件等宜采用工厂集成预制,减少管件及现场安装工程量。

（4）消防管道集成深化设计

消火栓应设在楼梯间平台和消防电梯前室。在楼梯间之间增设消火栓箱时,宜设在设备用房的墙体上,不宜设在主要使用功能房间的墙体上,并尽量减少消火栓立管数量。

消防阀门、水流指示器、末端试水阀等附配件宜设在管井、设备用房内等便于检修的部位;设在有吊顶的走廊等部位时,应预留检修口;不应设在办公室、居住房间等主要使用功能的用房内;设备、泵组、阀件等宜采用工厂集成预制,减少管件及现场安装工程量;喷头与配水支管的连接宜采用消防专用金属软管,并满足现行国家规范的要求。

（5）采暖管道集成深化设计

寒冷和严寒地区住宅采暖宜采用低温热水地板辐射采暖系统,并宜采用干式地板采暖的施工工艺,地板采暖宜采用模块式系统,应满足本标准装配式楼地面的要求;当工程所在地电力充足且满足当地供电政策要求和国家现行规范规定,可分户采用电热膜、电热板、发热电缆等电热辐射采暖系统技术方式;夏热冬冷地区可分户采用蓄热电暖器等方式;采用散热器系统时,散热器应明装,并宜布置在外窗的窗台下。对于窗墙比较大或外立面为玻璃幕墙的部分建筑,宜采用幕墙一体装配式散热器（对流器）;住宅应设置住户分室（户）温度调节、控制装置及分户热计量（分户热分摊）的装置或设施。若分户热量（费）分摊采用户用热量表法,户用热计量表及采暖干管应集中设置在公共区域。

（6）空调管道集成深化设计

住宅中独立分体式空调室外机的安装应与建筑进行一体化设计,保证室外机空间充足、安装便利、通风良好;室内机的安装应牢固可靠,安装在轻质隔墙上的应做好安装预留措施;空调冷媒管和凝水管穿墙孔应统一设计并预留,采用专用套管并做好密封;室外冷媒管宜采用专用套管统一安装。

居住建筑中采用集中空调系统时,应设置分室(户)温度调节、控制装置及分户冷量计量或分摊设施。采用户式集中空调的住宅,室外主机应设专用设备平台,宜与屋顶、阳台结合设计。室内末端设备的风机盘管或多联空调系统,应根据装饰要求确定末端设备的形式。温控器宜设置在各功能房间入口处,宜与照明开关贴邻设置。

住宅中风管式全空气系统的送回风管应尽量短直,整体式机组应尽量靠近服务区域布置。主风管宜布置在走廊、客厅周边,以便于装饰处理。落地安装的立式室内机可布置在储藏室内,吊顶安装的水平式室内机可吊装于卫生间吊顶内。公共建筑采用集中空调系统,定风量、变风量全空气系统末端风口形式应根据精装要求及功能房间气流组织确定。

应根据系统设计要求,结合精装及功能房间需求,合理选择末端设备形式。

(7)通风系统管道集成深化设计

住宅宜优先采用自然通风,通风开口面积与房间地板面积的比例在夏热冬暖地区达到10%,在夏热冬冷地区达到8%,在其他热工分区达到5%。对空气质量品质要求较高的建筑可采用机械通风,宜采取有效措施加强对新风的处理,降低进入室内新风中污染物的浓度。机械通风系统宜采用带热回收的机械换气装置。厨房排油烟管道穿过外墙水平排向室外时,应满足油烟净化效率要求及排放标准,并设置可靠防油烟措施,避免对建筑外墙面的污染。

(8)生活冷热水管道选型及安装

干管为不锈钢管材,直径 $DN \leq 80$ mm 时,可采用卡压、环压、卡箍等机械冷连接方式;当 $DN \geq 100$ mm 时,宜采用工厂预制的活动法兰连接工艺;弯头可采用冷热炜弯工艺,三通可采用拔口焊接工艺工厂预制。紫铜管连接宜采用钎焊工艺并满足相应的技术标准。生活冷热水管道采用内衬塑料的复合管材时,应采用内衬塑料翻边、密封垫密封的法兰连接工艺。

(9)消防、暖通水管道选型及安装

消防水管道、暖通水管道为热浸镀锌钢管,直径 $DN \leq 80$ mm 时,可采用卡箍等机械冷连接方式;当 $DN \geq 100$ mm 时,宜采用工厂预制的活动法兰连接工艺,管件接口部位应进行二次防腐处理。消防水管道、暖通水管道为不锈钢等管材,直径 $DN \leq 80$ mm 时,可采用承插、卡压、环压、卡箍等机械冷连接方式;当 $DN \geq 100$ mm 时,宜采用工厂预制的活动法兰连接工艺。弯头可采用冷热煨弯工艺,三通可采用拔口焊接工艺进行预制。

(10)空调通风管道选型及安装

风管宜采用工厂预制、现场冷连接工艺;需保温的空调通风管道宜采用机制内保温复合风管,内保温层由复合涂层包裹的玻璃纤维内衬,经自动化加工生产线电控完成全套工序一次成型;与空调末端连接宜采用专用软管,并应符合相关技术标准的规定;柔性短管安装宜采用法兰接口形式,可伸缩金属或非金属柔性风管的长度不宜大于 2 m,且不应有死弯或塌凹。

大空间场所宜采用圆形风管。当建筑空间紧张,为满足建筑空间的需求时,可采用矩形断面。矩形风管长、短边之比不宜大于4,且不应超过10。

（11）电气和智能化管线设计

装配式混凝土建筑电气和智能化设备与管线的设计,应满足预制构件工厂化生产、施工安装及使用维护的要求。电气管线优先敷设在吊顶、二次装修墙体、管廊、设备夹层等空间内。电气线路应采用符合安全和防火要求的敷设方式配线,导线应采用铜线。

沿架空夹层敷设的线缆应穿管或线槽保护,严禁直接敷设;线缆敷设中间不应有接头;采用护套线的电气管线不应暗埋,可在架空层或吊顶内敷设。

（12）电气和智能化设备与管线设置及安装

配电箱、智能化配线箱不宜安装在预制混凝土构件上;当大型灯具、桥架、母线、配电设备等安装在预制混凝土构件上时,应采用预留预埋件固定;设置在预制混凝土构件上的接线盒、连接管等应做预留,出线口和接线盒应准确定位;不应在预制混凝土构件受力部位和节点连接区域设置孔洞及接线盒,隔墙两侧的电气和智能化设备不应直接连通设置。

电气管道敷设方式应符合安全和防火要求,管道不应与热水、可燃气体管道交叉。在装配式隔墙夹层敷设电气管道时,应满足管道的安全间距要求。

6）细部和接口设计

（1）连接的通用性要求

装配式内装与主体结构、设备管线、外围护系统连接接口应符合部品与管线之间、部品之间连接的通用性要求,并应符合下列规定:

①接口应做到位置固定、连接合理、拆装方便、坚固耐用及使用可靠。

②各类接口尺寸应符合公差协调要求。

③设在有防水要求部位的接口应有可靠的防水措施。

④不同部品之间衔接,先装部品应为后装部品预留接口。预留接口应与后装部品接口匹配。预留接口的选型应考虑通用性,接口用材应高强耐久。

⑤接口构造形式应考虑部品反复拆装的可操作性,并应满足所在部位的受力、防火、隔声、节能、防水等性能需要。

（2）细部处理

①装配式隔墙面和地面相接部位宜按照先安装隔墙、再安装楼地面的顺序进行设计;如采用隔墙安装于楼地面上的做法,楼地面的强度应能承担隔墙墙体及其附着物的荷载要求,并应满足变形、震动和隔声的要求。隔墙与地面相接部位宜设踢脚或墙裙,便于清洁和维护。

②装配式隔墙与吊顶的连接部位宜按照先安装隔墙、再安装吊顶的顺序进行设计,宜采用收边线角、凹槽的方式进行处理。

③门窗与墙体的连接宜采用配套的连接件进行连接,连接应牢固,连接件宜预留;后安装的连接件不应破坏墙体,门窗框材与轻质隔墙之间的缝隙应填充密实,并宜采用门窗套进行收边。

④集成厨房模块固定安装应根据不同墙体给出安装节点、固定方式和构造设计。厨房模块与墙面、地面、吊顶的交接口应风格协调色彩统一,衔接过渡平顺,收口美观。

⑤集成卫生间地面应与室内地面装修做好衔接处理;集成卫生间与室内墙体收口应风格色彩协调统一,收口美观。

⑥高大轻质隔墙的门窗洞口应采取加强措施,避免门窗开闭引起墙体振动。

⑦分集水器不应设在主要居室的主要墙面上,可结合收纳部品、玄关、吊顶、架空地板等进行布置,暗藏布置的应设计检修口。

⑧管线穿过隔墙的孔洞应采用有效封堵措施,并满足隔声和防火的要求。

⑨楼地面、墙面、吊顶不同材料交接处宜采用收边条进行加强处理,收边条的强度应高于相邻材料。

2. 活动实践

①扫描右侧二维码,学习装配式装修设计。

②实践案例:根据工程案例,编制装配式住宅建筑装修一体化设计流程。

装配式装修设计	工程案例	参考答案

活动5.4.2 装配式装修部品件

1. 基本知识交付

1)部品的概念

部品通过工业化制造技术,将传统的装修主材、辅料和零配件等进行集成加工而成,是在装修材料基础上的深度集成与装配工艺的升华;将以往单一的、分散的装修材料,以工业化手段,融合、混合、结合、复合成的集成化、模数化、标准化的模块构造,以满足施工干式工法、快速支撑、快速连接、快速拼装的要求。

在装配式建造的大趋势下,部品要优于种类多、装修作业工序复杂的传统装修材料,部品不再依靠安装人员手艺水平,非职业工种人员只需参照装配工艺手册,使用简单的工具即可组合安装完成。例如,石膏、腻子、壁纸、胶等都是现场必须湿作业的传统装修材料,在工厂中预先加工成模块化的带有壁纸饰面的墙板,运输至装修现场以后,可以快速拼装,使得现场没有裁切,取消了批腻子、打磨等基层找平,取消了手工现场裱糊壁纸,从而装修成果绿色环保、质量有保证,不会因为裱糊工手艺差异呈现不同的装修结果。这种集找平、支撑、饰面于一体的集成墙板就是一个装修部品。

无论是部品的内涵还是部品的组合功能,都比单一而分散的石膏、腻子、壁纸、胶材料要强大。部品要具备符合构造安全、经济耐用和可持续发展的要求,根据使用场景的不同需具有相应的防火、防水、耐久、环保、重复利用等特性,同时要实现装配、维修过程中免开凿、免开孔、免裁切、安装快、可拆卸、宜运输等要求。装配式装修正是基于装修部品的基础上实现的,是装修产业在供给侧的创新,推进施工现场的工业化思维及其全体系解决方案,将工厂化的服务触角延伸至装配现场,将现场视为移动工厂的总装车间去可控地管理。

2)装配式隔墙部品

装配式隔墙的核心在于采用装配式技术快速进行室内空间分隔,在不涉及承重结构的前提下快速搭建、交付、使用,为自饰面墙板建立支撑载体。装配式隔墙部品主要由组合支撑部件、连接部件、填充部件、预加固部件等组成(图 5.145)。

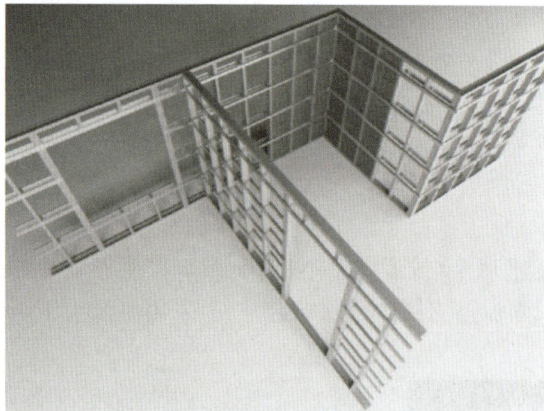

图 5.145　装配式隔墙部品

(1)组合支撑部件

隔墙由轻钢龙骨支撑,具体由天地轻钢龙骨(装配式装修部品编码 30-15.55.20.10)、竖向轻钢龙骨(装配式装修部品编码 30-15.55.20.20)和横向轻钢龙骨(装配式装修部品编码 30-15.55.20.30)连接做支撑体(图 5.146)。根据使用场合不同,其分为 50 系列和 100 系列。居住建筑主要应用 50 系列轻钢龙骨支撑;办公建筑主要应用 100 系列轻钢龙骨支撑。所有龙骨横截面都固定,长度根据空间尺寸可定制。以居住建筑 50 系列轻钢龙骨为例,天地轻钢龙骨横截面规格为 50 mm×45 mm×0.6 mm,竖向轻钢龙骨横截面规格为 50 mm×35 mm×0.6 mm,横向轻钢龙骨横截面规格为 38 mm×10 mm×0.8 mm。

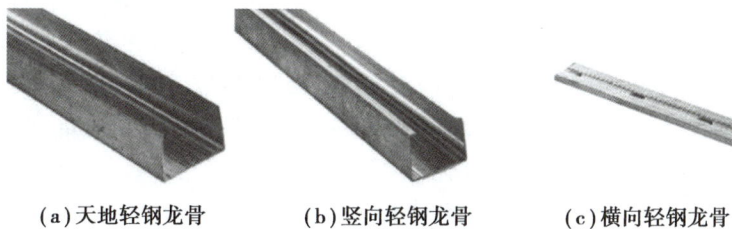

(a)天地轻钢龙骨　　　(b)竖向轻钢龙骨　　　(c)横向轻钢龙骨

图 5.146　组合支撑部件

(2)连接部件

轻钢龙骨与墙顶、地面等结构体的连接,通常采用塑料胀塞螺丝(装配式装修部品编码 30-15.85.20.25);龙骨之间的连接,通常采用磷化自攻螺丝(装配式装修部品编码 30-15.85.20.05),如图 5.147 所示。

(3)填充部件

隔墙内填充岩棉板主要起到吸音、降噪作用(图 5.148),居住建筑主要采用 50 系列容重 80 的岩棉,基本规格为 400 mm×1 200 mm×50 mm;办公建筑主要采用 100 系列、容重 80 的玻璃棉,基本规格为 400 mm×1 200 mm×100 mm。

(a)塑料胀塞螺丝   **(b)磷化自攻螺丝**

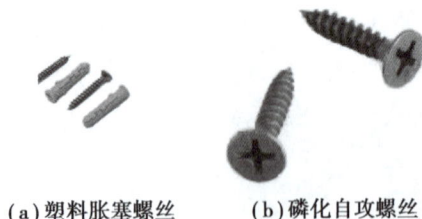

图 5.147 连接部件

图 5.148 填充部件(岩棉板)

（4）预加固部件

隔墙上需要吊挂超过 15 kg 或者即使不足 15 kg 却产生振动的部品时,需要根据部品安装规格预埋加固板。加固板与支撑体牢固结合,一般采用不低于 9 mm 带有防火涂层的木质多层板。

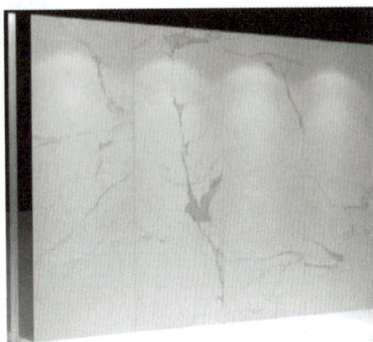

图 5.149 装配式墙面部品

3）装配式墙面部品

装配式墙面部品是在既有平整墙面、轻钢龙骨隔墙或者不平整结构墙上等墙面基层上,采用干式工法现场组合安装而成的集成化墙面,由自饰面硅酸钙复合墙板和连接部件等组成(图 5.149)。

（1）自饰面板

自饰面硅酸钙复合墙板(装配式装修部品编码 30-15.50.20.20)可以根据使用空间要求,进行不同的饰面复合技术处理,表达出壁纸、布纹、石纹、木纹、皮纹、砖纹等各种质感和肌理的饰面,也可以根据客户需要定制深浅颜色、凹凸触感、光泽度。具体应用在各类建筑中,根据不同空间的防水、防潮、防火、采光、隔声要求,特别是视觉效果以及用户触感体验,可以选择相适应的自饰面墙板。自饰面硅酸钙复合墙板在工厂整体集成,在装配现场不再进行墙面的批刮腻子、裱糊壁纸或涂刷乳胶漆等湿作业即可完成饰面。自饰面硅酸钙复合墙板厚度通常为 10 mm,宽度通常为 600 mm 或 900 mm 的优化尺寸,高度可根据空间定制。自饰面板如表 5.14 所示。

表 5.14 自饰面板

T-UV 涂装系列饰面层目录								
适用范围:地板、厨卫墙板、造型主题墙			适用范围:地板、厨卫墙板、造型主题墙			适用范围:地板、厨卫墙板、造型主题墙		
序号	企业编号	图片	序号	企业编号	图片	序号	企业编号	图片
1	T-石纹-1 银灰洞		1	T-木纹-1 条格黄松		1	T-马赛克-1 乌金石	

续表

序号	企业编号	图片	序号	企业编号	图片	序号	企业编号	图片
2	T-石纹-2 意大利木纹灰		2	T-木纹-2 条格樱桃纹		2	T-马赛克-2 贝母棕	
3	T-石纹-3 爱马仕灰		3	T-木纹-3 条格红樱桃		3	T-马赛克-3 孔雀鱼	

B 壁纸、壁布、墙纸系列饰面层目录								
适用范围:客厅、餐厅、卧室墙面			适用范围:客厅、餐厅、卧室墙面			适用范围:客厅、餐厅、卧室墙面		
序号	企业编号	图片	序号	企业编号	图片	序号	企业编号	图片
1	B-麻布纹-1 咖色		1	B-麻线纹-1 深咖		1	B-直纹-1 棕咖	
2	B-麻布纹-2 浅灰		2	B-麻线纹-2 乳白		2	B-直纹-2 棕白	
3	B-麻布纹-3 米黄		3	B-麻线纹-3 鹅黄		3	B-直纹-3 灰绿	

当墙板需要装配在不平整结构墙上或必须留有管线的墙上时,需要在墙面预装支撑构造,通常用横向轻钢龙骨(装配式装修部品编码30-15.55.20.30)与钉形塑料调平胀塞(装配式装修部品编码30-15.80.20.10)在结构墙基层固定(图5.150、图5.151)。考虑到墙面偏差较大及调整方正的需要,钉型塑料调平胀塞有50 mm、70 mm、100 mm、120 mm等系列可以选择。

图5.150　横向轻钢龙骨

图5.151　钉形塑料调平胀塞

(2)连接部件

墙板与墙板之间采用工字形铝型材(装配式装修部品编码30-15.85.10.10)进行暗连接;需要体现板缝装饰效果的,可配合土字形铝型材(装配式装修部品编码30-15.85.10.15)做明连接;在转角处,可以分别使用钻石阳角铝型材(装配式装修部品编码30-15.85.10.40)和组合阴角铝型材(装配式装修部品编码30-15.85.10.50)进行阳角、阴角的连接。钻石阳角铝型材和组合阴角铝型材的表面,都可以通过复合技术处理成与墙板一致的壁纸或者其他金属色。所有铝型材都通过十字平头燕尾螺丝(装配式装修部品编码30-15.85.20.20)固定在平整墙面或轻质隔墙龙骨上。装配式墙面连接部件如图5.152所示。

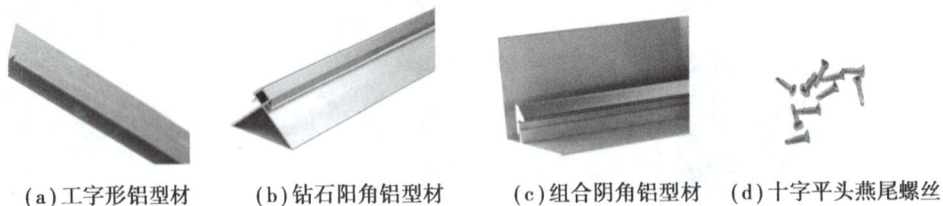

(a)工字形铝型材　　(b)钻石阳角铝型材　　(c)组合阴角铝型材　(d)十字平头燕尾螺丝

图5.152　装配式墙面连接部件

4)装配式吊顶部品

目前,对于居室顶面,由于用户审美习惯和消费心理因素,尚不能广泛应用A级耐火等级、快速安装且没有拼缝的模块化部品。没有拼缝就意味着不能完全工厂化、集成化、模块化,因而目前居室顶面最适宜的方式还是涂刷乳胶漆。在厨卫空间,有各种成熟体系的装配式吊顶解决方案。装配式吊顶部品如图5.153所示。

(1)自饰面板

自饰面硅酸钙复合顶板(装配式装修部品编码30-15.50.20.30)可以根据使用要求,进行不同的饰面复合技术处理,表达出壁纸、布纹、石纹、木纹、皮纹、砖纹等各种质感和肌理的饰面。硅酸钙复合顶板(图5.154)厚度通常为5mm,宽度通常为600 mm,长度可根据空间定制。在顶板上,可根据设备配置需要,预留换气扇、浴霸、排烟管、内嵌式灯具等各种开口。

图 5.153 装配式吊顶部品

图 5.154 硅酸复合顶板

(2)连接部件

当墙面为硅酸钙复合墙板时,在跨度小于 1 800 mm 的空间安装硅酸钙复合顶板,可以免去吊杆吊件,通过几字形铝型材(装配式装修部品编码 30-15.85.10.35)搭设在硅酸钙复合墙板上,利用墙板为支撑构造。硅酸钙复合顶板之间沿着长度方向,用上字形铝型材(装配式装修部品编码 30-15.85.10.30)以明龙骨方式浮置搭接[图 5.155(a)]。当顶板采用包覆饰面技术时,几字形铝型材和上字形铝型材可以复合相同饰面材质[图 5.155(b)],增强统一感。

(a)上字形铝型材 (b)几字形铝型材

图 5.155 连接部件

5)装配式架空地面部品

装配式装修楼地面处理的目标是在规避抹灰湿作业的前提下,实现地板下部空间的管线敷设、支撑、找平、地面装饰。其中,架空模块实现将架空、调平、支撑功能三合一;自饰面硅酸钙复合地板材质偏中性,性能介于地砖和强化复合地板之间,并兼顾两者优势,地板可免胶安装。装配式架空地面部品主要由型钢架空地面模块、地面 PVC 调整脚、自饰面硅酸钙复合地板和连接部件构成(图 5.156)。

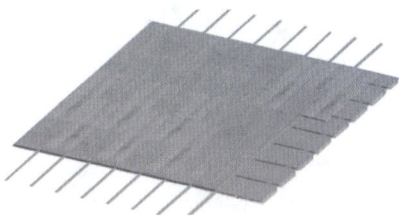

图 5.156 装配式架空地面部品

(1)组合支撑部件

型钢架空地面模块(装配式装修部品编码 30-15.80.10.10)是以型钢与高密度硅酸钙板基层定制加工的模块。根据空间厚度需要,可以定制高度 20 mm、30 mm、40 mm 系列的模块,标准模块宽度为 300 mm 或 400 mm,长度可以定制。点支撑地面 PVC 调整脚(装配式装修部品编码 30-15.80.20.60)是将模块架空起来,形成管线穿过的空腔。根据处于的位置,调整脚分为短边调整脚和斜边调整脚,斜边调整脚在模块靠近墙边时使用。调整脚底部配有橡胶垫,起到减震和防侧滑功能。组合支撑部件如图 5.157 所示。

(a)型钢架空模块H40系列　　　　(b)斜边调整脚　　　　(c)短边调整脚

图 5.157　　组合支撑部件

（2）自饰面板

图 5.158　　自饰面硅酸钙复合地板

自饰面硅酸钙复合地板（装配式装修部品编码 30 - 15.50.20.10）应用于不同的房间（图 5.158），可以选择石纹、木纹、砖纹、拼花等各种质感和肌理的饰面，也可以根据客户需要定制深浅颜色、凹凸触感、光泽度。硅酸钙复合墙板厚度通常为 10 mm，宽度通常为 200 mm、400 mm、600 mm，长度通常为 1 200 mm、2 400 mm，也可以根据优化房间尺寸定制。

（3）连接部件

模块连接扣件（装配式装修部品编码 30-15.85.20.40）将一个个分散的模块横向连接起来，保持整体稳定。连接扣件与 PVC 调整脚使用米字头纤维螺丝（装配式装修部品编码 30-15.85.20.40）连接，地脚螺栓调平对 0 ~ 50mm 楼面偏差有强适应性。边角用聚氨酯泡沫填充剂（装配式装修部品编码 30-15.65.40.10）补强加固。地板之间采用工字形铝型材（装配式装修部品编码 30-15.85.10.10）暗连接；需要做板缝装饰的，可配合土字形铝型材（装配式装修部品编码 30-15.85.10.15）做明连接，成为一个整体。连接部件如图 5.159 所示。

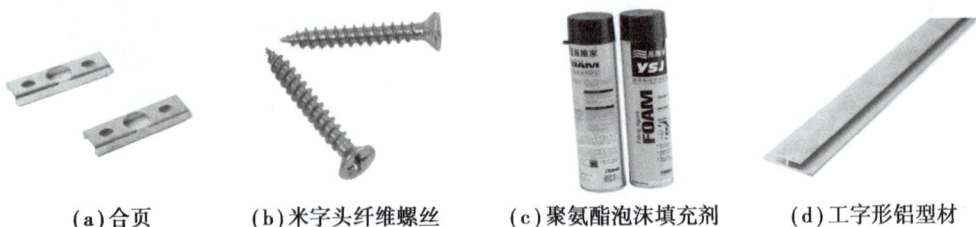

(a)合页　　　(b)米字头纤维螺丝　　　(c)聚氨酯泡沫填充剂　　　(d)工字形铝型材

图 5.159　　连接部件

6）装配式集成门窗部品

集成门窗部品实际上是集成套装门、集成窗套、集成垭口三类部品的统称。它们共同的特征是主要基于硅酸钙板和镀锌钢板的复合制造技术，让触感和观感都达到实木复合套装门及窗套的效果表达，带给用户高品质、长寿命的使用体验。与此同时，工厂预装配工作准备充分，如合页与门套集成安装、门扇引孔预先加工、门锁锁体预先安装、窗套手指扣预先加工，使装配现场减少操作程序与内容。以下从门扇、门套与垭口套、窗套、门上五金进行阐述。

（1）门扇

铝-硅酸钙板复合套装门（装配式装修部品编码30-13.10.30.40），由门扇（图5.160）、门套及集成五金件组成。门扇以铝合金框架与自饰面硅酸复合板集成，工厂化手段预留引孔，预装锁体，减少现场测量开孔带来的不确定性。根据房间是否需要采光，可以分为无玻璃和嵌玻璃两种；根据开启方式，可以分为平开门和推拉门。基于轻质隔墙空腔的优势，设置在轻质隔墙的推拉门，可以采用内藏式，最大限度提升空间效率。采用木纹饰面门板时，可以体现凹凸手抓纹的立体效果。门上可以镶嵌石材、玻璃、有机玻璃等点缀性装饰材质，也可以根据空间需要采用平面雕刻、立体雕刻等工艺。铝-硅酸钙板复合套装门的门扇厚度通常为42 mm，宽度通常为700 mm、800 mm、900 mm，高度通常为2 100 mm、2 400 mm，也可以根据优化房间尺寸定制。特别是办公空间要求，可以随隔墙高度安装套装门。

图5.160 门扇

（2）门套与垭口套

铝-硅酸钙板复合套装门中，与门扇匹配的是型钢复合门套（图5.161）与垭口套（装配式装修部品编码30-13.10.30.50）。该门套采用镀锌钢板成型压制，门套预留注胶孔，便于施工；门套自带静音条，增强隔声效果；门套底部配置防水靴，从根本上杜绝了地面存水浸湿门套导致的门套膨胀、锈蚀、变色、开裂等传统木门的质量缺陷。型钢复合门套与垭口套可以根据墙体厚度定制宽度，宽度超过200 mm的门套内侧增加硅酸钙板以增强其整体刚性。门套上集成了合页。

图5.161 型钢复合门套

（3）窗套

由型钢复合窗台（装配式装修部品编码30-17.15.35.20）和型钢复合窗套（装配式装修部品编码30-17.15.40.10）共同连接围合成窗套部品（图5.162）。一般窗套宽度不宜超过300 mm。窗套饰面可以做成木纹或混油效果。四个面通过手指扣相互咬合连接。

（a）窗套

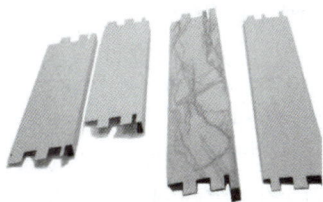

（b）扣件

图5.162 型钢复合窗套

（4）门上五金

套装门的合页已经与门套集成在一起，需要现场安装的五金主要有门锁执手和门顶（图5.163）。

7) 装配式集成卫浴部品

集成卫浴部品由干式工法的防水防潮构造、排风换气构造、地面构造、墙面构造、吊顶构造以及陶瓷洁具、电器、功能五金件组成（图5.164）。其中，最为突出的是防水防潮构造。

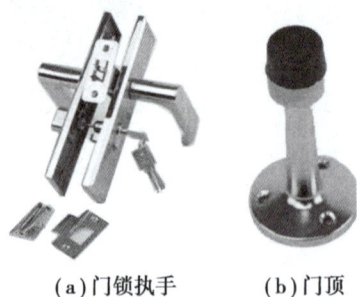

(a)门锁执手　　(b)门顶

图5.163　门上五金

图5.164　集成卫浴部品

（1）防水防潮构造

装配式防水防潮构造由整体防水构造、防潮构造和止水构造组成。集成卫生间墙面四周满铺 PE 防水防潮隔膜，板缝承插工字形铝型材，墙板也具备防水功能，可以三重防水。地面整体防水采用热塑复合防水底盘（装配式装修部品编码 30-15.95.10.10），底盘自带 50 mm 立体返沿，与防潮层、防水墙板形成搭接，底盘颜色和表面凹凸造型可以进行多种选择与设计。防潮构造是在墙板内平铺一层 PE 防水防潮隔膜（装配式装修部品编码 30-15.95.30.10），以阻止卫浴内水蒸气进入墙体。PE 膜表面形成冷凝水导回到热塑复合防水底盘，协同整体防水防潮构造。止水构造是集成卫浴收边收口位置采用补强防水措施，具体有过门石门槛（装配式装修部品编码 30-15.95.20.10）、止水橡胶垫（装配式装修部品编码 30-15.95.20.50）、防水胶粒（装配式装修部品编码 30-15.95.20.60）。防水防潮部品如图 5.165 所示。

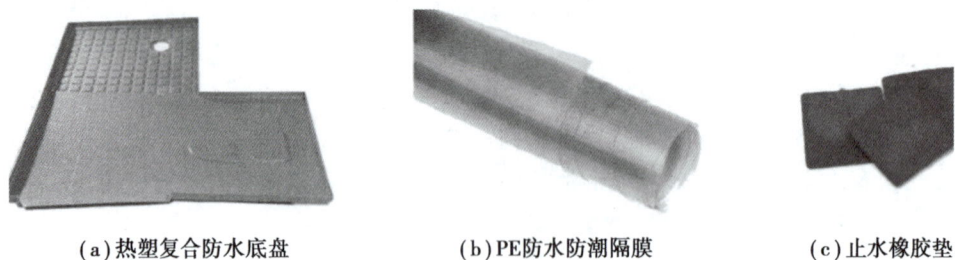

(a)热塑复合防水底盘　　　　(b)PE防水防潮隔膜　　　　(c)止水橡胶垫

图5.165　防水防潮部品

（2）排风换气构造

排风换气主要由两部分组成：一是在卫浴设置排风扇或带有排风功能的浴霸（图5.166），将卫浴内的气体强制抽到风道；二是卫浴的门下预留 30 mm 空隙，保证补充来自卫浴外部的空气，避免卫浴内空气负压导致地漏水封功能下降。

（3）地面构造

集成卫浴的地面下部有排水管，保证排水畅通的前提要求是架空空间足够大，在不与居室地面完成面形成高差的目标之内，集成卫浴架空地面要薄而耐久可靠，可采用20 mm厚的薄法型钢架空地面模块（装配式装修部品编码30-15.80.10.10），如图5.167所示。在不降板的情况下，可在最低架空高度120 mm实现淋浴、洗衣机、洗脸盆排水管同层排放。地面面层可铺贴硅酸钙复合板、地砖、花岗岩等材料。

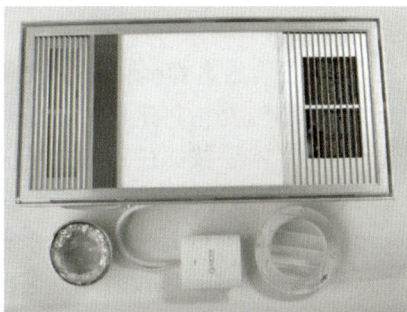

图5.166 带有排风扇功能的浴霸　　图5.167 薄法型钢架空地面模块（H20系列）

集成卫浴的墙面构造、陶瓷洁具、电器、五金件等都是通用的工业化供应部品，可以采用广泛接口，并不需要定制，此处不再赘述。

8）装配式集成厨房部品

集成厨房部品（图5.168）是由地面、吊顶、墙面、橱柜、厨房设备及管线等通过设计集成、工厂生产、干式工法装配而成的厨房，重在强调厨房的集成性和功能性。集成厨房的墙面构造、吊顶构造、地面的要求、橱柜、电器、功能五金件等都是通用的工业化供应部品，可以采用广泛接口，并不需要定制，此处不再赘述。重点关注排烟构造、吊柜加固构造。

（1）排烟构造

装配式装修的集成厨房一般不再设置室内排烟道，以避免公共串味出现。采用二次净化油烟直接通过吊顶内铝箔烟道排出室外，为避免倒烟，在外围护墙体上安装不锈钢风帽（装配式装修部品编码30-43.40.30），如图5.169所示。配置90%以上净化效率的排油烟机是关键控制点。

图5.168 集成厨房部品　　　　　　图5.169 不锈钢风帽

（2）吊柜加固构造

由于装配式装修的集成墙面有架空层，对超过15 kg的厨房吊柜需要预设加固横向龙骨,龙骨能够与结构墙体或者竖向龙骨支撑体连接。对于排油烟机、热水器等大型电器设备,在结构墙体或者竖向龙骨支撑体上应预埋加固板。

9)装配式集成给水部品

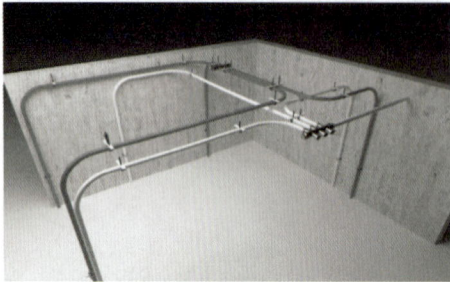

图 5.170　集成给水部品

本书介绍的装配式装修集成给水部品是铝塑复合管的快装技术部品,由卡压式铝塑复合给水管、分水器、专用水管加固板、水管卡座、水管防结露部件等组成(图 5.170)。

卡压式铝塑复合给水管(装配式装修部品编码 30-31.10.30.05)是指将定尺的铝塑管在工厂中安装卡压件。水管按照使用功能分为冷水管、热水管、中水管,出于防呆防错的考虑,分别按照白色、红色、绿色进行分色应用。水管卡座根据使用部位的不同可分为座卡(装配式装修部品编码 30-31.10.30.45)和扣卡(装配式装修部品编码 30-31.10.30.55)。采用橡塑保温管(装配式装修部品编码 30-45.10.15.10)防止水管结露。集成给水部品部件如图 5.171 所示。

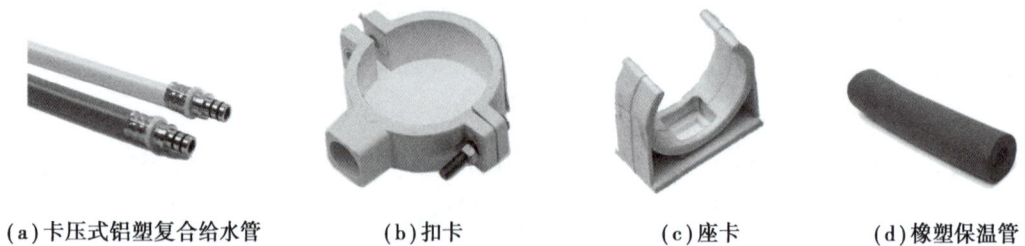

(a)卡压式铝塑复合给水管　　(b)扣卡　　(c)座卡　　(d)橡塑保温管

图 5.171　集成给水部品部件

给水管的连接是给水系统的关键技术,应能够承受高温、高压并保证 15 年寿命期内无渗漏,尽可能减少连接接头。本系统采用分水器装置(装配式装修部品编码 30-31.10.30.10)并将水管并联。为快速定位给水管出水口位置,设置专用水管加固板,根据应用部位细分为水管加固双头平板(装配式装修部品编码 30-31.10.30.20)、水管加固单头平板(装配式装修部品编码 30-31.10.30.25)、水管加固 U 形平板(装配式装修部品编码 30-31.10.30.30),如图 5.172 所示。

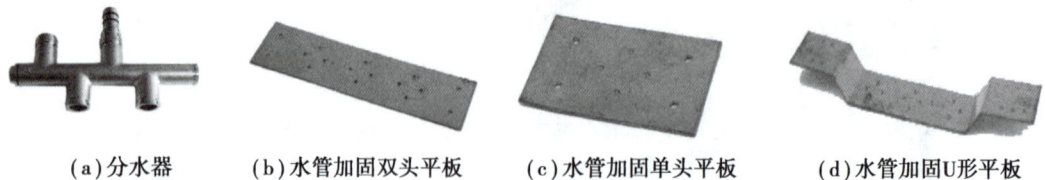

(a)分水器　　(b)水管加固双头平板　　(c)水管加固单头平板　　(d)水管加固U形平板

图 5.172　连接构造部件

10)装配式薄法同层排水部品

本书介绍的装配式装修配置的排水系统是基于主体结构不降板的薄法同层排水部品。整个卫生间排水系统分成两个部分:一部分是架空地面之上的坐便器后排水,匹配 110 mm 排水管,尽可能短地通向公区排水立管;另一部分是架空地面之下的 50 mm 排水管,将地漏、淋浴、洗面盆、洗衣机等排水在卫生间整体防水底盘之下的薄法空间横向同层排至公区管井。装配式装修集成卫浴的薄法同层排水系统由承插式排水管、同排地漏、水管支架、积水排除器等组成。集成厨房的排水是在橱柜的地柜内直接用软管排至竖向立管。

本书重点介绍装配式装修集成卫浴的薄法同层排水系统。薄法架空的防水与专用地漏连接使用密封圈和专用螺栓固定,地漏深度满足防止反味与瞬间集中排水的需要。专用地漏包括同层排水专用淋浴地漏(装配式装修部品编码 30-32.20.10.10)和同层排水专用洗衣机地漏(装配式装修部品编码 30-32.20.10.30)。在同排空腔设置同层排水排出器(装配式装修部品编码 30-32.30.10.10),将可能出现的漏水引流至公区管井。薄法同层排水部件如图 5.173 所示。

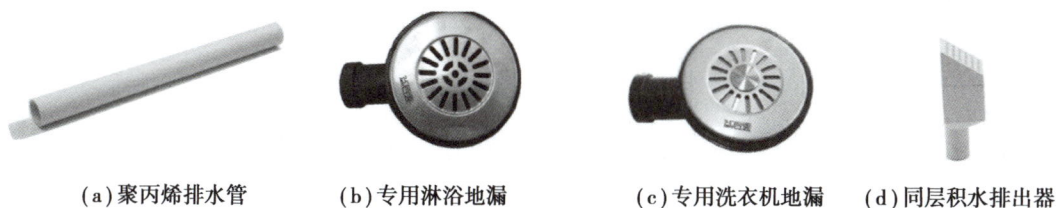

| (a)聚丙烯排水管 | (b)专用淋浴地漏 | (c)专用洗衣机地漏 | (d)同层积水排出器 |

图 5.173 薄法同层排水部件

(1)连接构造

PP(聚丙烯)排水管(装配式装修部品编码 30-32.10.20.30)旋切连接口承插连接,并安置密封圈,减少排水管连接处的漏水。

(2)支撑构造

使用同层排水管可调座卡(装配式装修部品编码 30-32.30.10.30)固定排水管,一方面可调高度,以便排水管找坡;另一方面,支架与地面采用非打孔方式固定,规避对结构防水层的破坏。支撑部件如图 5.174 所示。

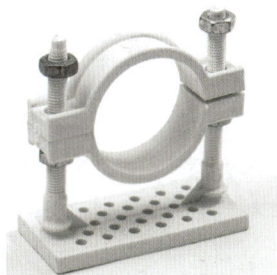

图 5.174 支撑部件(同层排水可调座卡)

11)装配式集成采暖部品

本书介绍的集成采暖部品是在基于装配式架空地面基础上的进一步集成。本部品的重点在于高度集成性,在原有的模块结构中增加采暖管和带有保温隔热的挤塑板,就可以实现地面高散热率的地暖地面,形成型钢复合地暖模块(装配式装修部品编码 30-15.60.20.10)。集成采暖部品如图 5.175 所示。

图 5.175 集成采暖部品

（1）发热块

发热块主要由支撑镀锌钢板架空部件、阻燃聚苯板保温部件、高密度硅钙板保护部件、地暖管部件以及相应的地脚扣件等配套部件组成（图5.176）。发热块定宽为400 mm。

图5.176　型钢复合地暖模块

（2）非发热块

除不含有地暖管部件外，其他部件完全同发热块。非发热块的长度、宽度均可非标。运至现场的非标块，应固定好保护板。

（3）地脚

模块专用调整地脚分为平地脚（中间部位用）和斜边地脚（边模块用）两种，并匹配调节螺栓（50 mm、70 mm、100 mm、120 mm、150 mm 5种规格），每个调节螺栓底部均设置橡胶垫。橡胶垫具有防滑和隔声功能，安装时不能遗失。连接部件如图5.177所示。

（a）斜边地脚　　　（b）塑料调整脚　　　（c）模块连接扣件　　　（d）米字纤维螺钉

图5.177　连接部件

（4）分集水器

按照房间单元，将若干支路的地暖管汇集到一个区域，通过滑紧连接分集水器（装配式装修部品编码30-42.10.15.20）与地暖热源水管连接，并匹配相应的控制阀分集水器，如图5.178所示。

图5.178　分集水器

2. 活动实践

实践案例：根据工程案例，确定该项目会用到哪些装配式装修部品部件。

工程案例　　　参考答案

活动 5.4.3　装配式装修施工工艺

1. 基本知识交付

现代化的装修装饰工程,不再只是注重视觉上的感受,开始更加关注装修装饰的材料绿色环保。传统装修流程繁琐,需要多道工序,如铲墙、刮腻子、底漆、面漆、水泥砂浆等,会产生大量的装修垃圾,释放有害气体。而装配式施工所有装饰构件,均在工厂加工完成,越来越多的装饰构件会选择绿色环保型材料,从装修源头杜绝了甲醛、苯、TVOC 等污染物,再进行现场制作拼装,从而减少装修垃圾产生,避免因现场施工造成噪声、有害气体扬尘等危害环境的现象发生,达到保护环境、降低施工噪声的目的,符合现代智慧、绿色建筑的装修要求。

传统装修施工受天气和工艺的影响。同样的材料,在不同的气候环境和不同的师傅操作下,最终的施工质量不一样,也就造成了施工质量不稳定。另外,部分装修装饰企业会因为想要谋取利益,在接到装修装饰工程后,偷工减料或者使用不达标的材料,这就使施工质量不到保障。现代化的装配式施工对精确测量、深化设计、工厂化定尺加工、现场安装设备等都提出了较高的技术要求,标准化施工使装修装饰施工中的材料安全性和质量更稳定、可控,从而出现杜绝以上现象。另外,在装修装饰过程中使用装配式的零部件都是通过厂家生产,在装修过程中只需要根据说明书进行安装,对装修企业的技术要求更低。

目前,装配式装修既是精装批量交付的最佳解决方案,也是对装配式建筑的最好补充。由于装配式建筑的发展耗资大、难度高、应用的灵活性低,因此,装配式内装填补装配式建筑无法快速普及的区域,有助于推动住宅工业化进程。

1) 装配施工技术应用方法分析

(1) 预制装配式墙板定位技术

首先,预制装配式墙板吊装准备就绪后,以放好的楼层控制线为依据,通过拧出或拧入底部可调斜撑杆,将室内外方向墙体的位置垂直度先行确定。其次,将预制墙板上的标高线与预制装配式墙板两侧墙柱钢筋对准,借助调整件将其高度调节至相同,每 5 块预制装配式墙板需进行一次水准仪架设扫视。然后,由于预制装配式墙板侧移方向并没有调整件,通常是用撬棒顶推偏出方向一侧,以楼层与构件上预先确定的侧向定位线为根据,将构件侧向位置确定。最后,将所有预制装配式墙板准确校正定位后,扣紧斜撑杆上下螺丝。

(2) 墙面装配式施工

现代建筑装饰装修过程中,墙面作为全屋装修的重要组成部分,装配式内装墙面系统更加重要。装配式墙面采用多种健康、环保、美观的材料(轻钢龙骨石膏板隔墙、玻璃隔墙、悬挂式墙体饰面、金属踢脚线、成品门窗等)进行装配式构件的重组,实现装配式墙面标准化快装,缩短装修时间,可节省大量人工成本。例如,集成墙面施工不受天气影响,全年均可正常施工,只需一道工序拼装。同时,其具有防潮、易擦洗等优点,能克服墙纸、涂料等传统墙面容易发霉、难清洁的弊端,不需要频繁地翻新,使用寿命更长。

(3) 地面装配式施工

地面装配式施工中,常用以下两种装配式方案:

①地板铺贴方案:采用自流平方式在先进行自流平找平后,地板防潮垫铺装后进行地板铺贴。

②构件类铺贴方案:采用地脚+龙骨+饰面层进行拼装作业。整个地面装配式在施工过程中均为干法施工,相比传统的湿作业,地面施工更加环保、节能、高效。

(4)管线装配式施工

埋设管线也是整个装饰工程的重点环节。在装配式施工中,有以下3种常用的装配式方案:

①进行标准化、模块化的设计,从而将其集成到建筑 PC 构件中。

②采用电气配管与建筑结构体系分离做法,利用建筑墙体与内装饰面之间的缝隙敷设电气配管,从而省去在建筑结构体内预留预埋电气配管的要求。

③采用集成楼盖(双层楼板)的电气配管技术,利用预制密肋板作为楼板结构受力体系,结构上下板和肋板都采用预制,利用上下板之间的空腔安装机电管线。

2)装配式房间施工工艺展示

以一般家庭住房面积80 m² 左右为施工案例,预计施工作业人员共6 名,工期为5 天。按先墙面、再顶面、最后地面的施工顺序进行(图5.179)。

图5.179　装配式建筑装修施工顺序

装配式墙面系统安装方式有悬挂式、承插式。两种系统都有明缝和暗缝两种不同的装饰效果。悬挂式墙板系统是按竖龙骨固定、放置专用卡件、墙面悬挂安装的步骤完成(图5.180)。

图5.180　装修龙骨

前3天进行墙面系统施工,首先进行阴角条施工,其次固定下部墙板,然后安装墙板水平卡件龙骨,最后安装上部墙板。墙板竖向采用专用拼缝卡件龙骨施工,以此类推直至墙板安装完成。

第4天进行装配式吊顶板施工、风口和灯具施工。首先施工吊顶、四周造型吊顶,造型吊顶通过专用卡件连接(图5.181)。

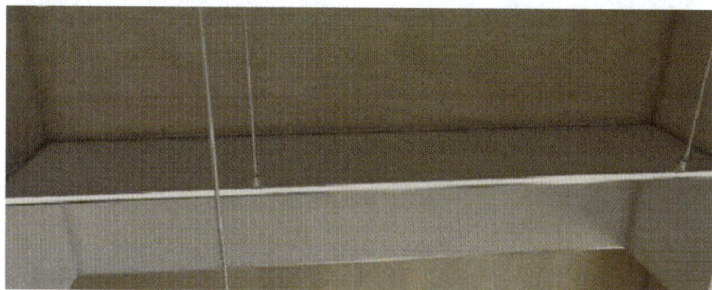

图5.181 装配式吊顶

第5天进行装配式踢脚线施工、地面施工、收尾清理。踢脚线通过专用卡件固定在装配式墙板下方,最后进行地毯铺设。至此,房间装修完成。

3)装配式卫生间施工工艺展示

按照一般家庭卫生间面积 6~8 m² 布局,安排作业人员2名,工期2天。前期水电管线均敷设在装配式轻质隔墙板中,现场安装可以按照先地面、再墙面、最后顶面的施工顺序进行。

第1天施工内容包括整体防水底盘施工、大理石地面施工、装配式踢脚线施工、装配式墙板施工。首先对地漏、下水空洞进行测量定位,然后在PVC防水底盘开洞,并焊接PVC管(图5.182)。接着安装PVC防水底盘,底盘距离四周墙体 10~20 mm,密封管道接口,在防水底盘上铺设地面大理石。然后处理大理石地面拼缝,装配式踢脚线施工,将装配式踢脚线固定在防水底盘边沿上。卫生间地面需要做保温层和地板。卫生间墙板一般采用超薄大理石墙板和瓷砖或者中空转印板,也可以使用竹木纤维板(图5.183)。最后在阳角处采用专用阳角条安装墙板,墙板安装完成。

(a)卫生间防水层与重型架空层　　　(b)卫生间PVC管

图5.182 卫生间装饰

(a) 卫生间地面做法　　　　　　　(b) 卫生间竹木纤维板

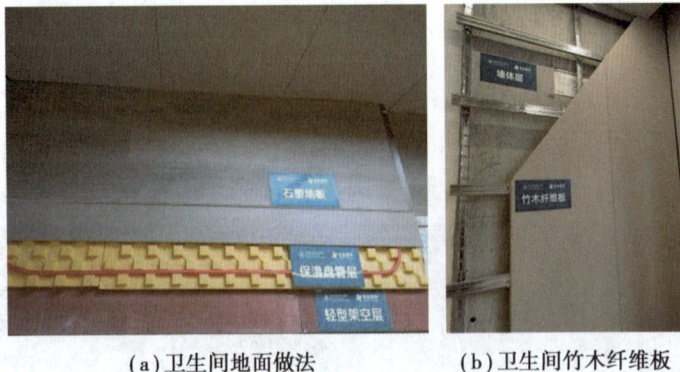

图 5.183　卫生间地面与墙面

第 2 天,吊顶板及灯具安装风口安装、门窗套及门槛石施工、卫生洁具安装。首先进行吊顶四周龙骨卡件施工,然后吊杆施工、主龙骨施工、吊顶板施工(图 5.184)。最后进行门槛石施工、门窗套安装、灯带条、风口及卫生洁具安装(图 5.185)。到此,卫生间施工完成。

图 5.184　装配式卫生间吊顶施工　　　图 5.185　卫生间淋浴设备

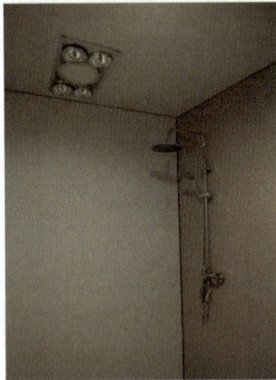

4) 装配式装修的优势

装配式装修将是装修行业的一次革新,也将是今后装修行业发展的一大趋势,可应用于公共建筑类、住宅类等,覆盖传统装修墙面、顶面、地面所有装饰内容。所有传统装饰材料均可用装配式方式体现,并且相较于传统装修工工艺,其突出特点如下:

①只需水电工和安装工,取消了瓦工、木工、油漆工等传统工种。

②面层材料选择多样性且能回收再利用。

③工期可以缩减 60% 以上,实现"零甲醛""装完即用"。

装配式装修为行业创造了效率,在资源的有效使用、用工成本降低、从业人员价值的获取、改善供需矛盾方面的作用显著。

此外,使用装配式方法得到的装修结果更加稳定,采用工业化生产,产品品质不再由每个施工人员的技术决定。最重要的是,这种装修方式会让居住的舒适度更高,装修更加健康、环保,入住后的修缮和改动的难度降低;随意更换的零部件也符合时下新消费群体对家居生活丰富性的追求。

2. 活动实践

①扫描右侧二维码,学习装配式房间施工工艺及集成部品(卫浴)。

②实践案例:根据工程案例,编制装配式房间(不含卫浴和家具)施工工艺。

装配式房间施工工艺展示

装配式集成部品(卫浴)

工程案例

参考答案

任务 5.5　防水工程施工

活动 5.5.1　屋面防水施工

1. 基本知识交付

可扫描右侧二维码学习。

2. 活动实践

实践案例:根据工程案例,回答相关问题。

基本知识交付

工程案例

参考答案

活动 5.5.2　地下防水施工

1. 基本知识交付

可扫描右侧二维码学习。

2. 活动实践

实践案例:根据工程案例,回答相关问题。

基本知识交付

工程案例

参考答案

活动 5.5.3　厨卫防水施工

1. 基本知识交付

可扫描右侧二维码学习。

2. 活动实践

实践案例:根据工程案例,回答相关问题。

基本知识交付

工程案例

参考答案

项目6 智能检测

【教学目标】掌握混凝土部品部件的检测内容及方法,了解混凝土实体检测的原理;掌握混凝土实体检测的方法,了解钢结构检测的内容,掌握钢结构检查的方法;建立重视构件质量和安全的意识。

任务6.1 混凝土结构工程检测

活动6.1.1 混凝土部品部件检测

1.基本知识交付

1)装配式混凝土部品部件检测

根据《装配式混凝土建筑用预制部品通用技术条件》(GB/T 40399—2021),对于装配式建筑用的预制混凝土柱、预制混凝土梁、预制混凝土楼板、预制混凝土墙板、预制混凝土楼梯、预制混凝土阳台等预制混凝土部品,起吊和运输前应检验混凝土强度,符合设计要求和规范规定时,方可进行脱模吊装和运输。混凝土建筑部品的混凝土保护层厚度应满足设计要求。合格的混凝土建筑部品应建立标识系统,并出具合格证,方可交付使用单位。

(1)质量要求及试验方法

①外观质量:混凝土建筑部品的外观质量应符合表6.1的规定。

表6.1 混凝土建筑部品的外观质量

序号	项目	现象	质量要求
1	露筋	钢筋未被混凝土完全包裹	不应有
2	蜂窝	混凝土表面石子外露	不应有
3	孔洞	混凝土中孔洞深度和长度超过保护层	不应有
4	外形缺陷	缺棱掉角、表面翘曲	表面不应有清水,表面不宜有混水

序号	项目	现象	质量要求
5	外表缺陷	表面麻面、起砂、掉皮、污染、门窗框材划伤、破损	表面不应有清水,表面不宜有混水,不应有影响结构性能的破损,不影响结构性能和使用功能的破损不宜有
6	连接部位缺陷	连接钢筋、拉结件松动	不应有
7	裂缝	裂缝贯穿保护层到达部品内部	不应有影响结构性能的裂缝,不影响结构性能和使用功能的裂缝不宜有

混凝土建筑部品的外观质量按表6.2规定的方法检验。

表6.2　混凝土建筑部品的外观质量检验方法

序号	项目	检验方法
1	露筋	观察、量测
2	蜂窝	观察、量测
3	孔洞	观察、量测
4	外形缺陷	观察、量测
5	外表缺陷	观察、量测
6	连接部位缺陷	观察、量测
7	裂缝	观察、量测

②尺寸允许偏差。

a.外形尺寸允许偏差:混凝土建筑部品的外形尺寸允许偏差应符合表6.3的规定。

表6.3　混凝土建筑部品的外形尺寸允许偏差

序号	项目			允许偏差/mm
1	长度	楼板、梁、柱、桁架	<12 m	±5
			≥12 m 且<18 m	±10
			≥18 m	±20
		墙板		±4
2	宽度、高(厚)度	楼板、梁、柱、桁架截面尺寸		±5
		墙板的高度、厚度		±5
3	表面平整度	楼板、梁、柱、墙板内表面		≤5
		墙板外表面		≤3
4	侧向弯曲	楼板、梁、柱		≤L/750 且≤20
		墙板、桁架		≤L/1 000 且≤20

续表

序号	项目		允许偏差/mm
5	翘曲	板	≤L/750
		墙板	≤L/1 000
6	对角线差	楼板	≤10
		墙板、门窗口	≤5
7	挠度变形	板、梁、桁架设计起拱	±10
		板、梁、桁架下垂	0
8	预留孔	中心线位置	≤5
		孔尺寸	±5
9	预留洞	中心线位置	≤10
		洞口尺寸、深度	±10
10	门窗口	中心线位置	≤5
		宽度、高度	±3
11	预埋件	预埋件锚板中心线位置	≤5
		预埋件锚板与混凝土面平面高差	−5～0
		预埋螺栓中心线位置	≤5
		预埋螺栓外露长度	−5～10
		预埋灌浆套筒、螺母中心线位置	≤2
		预埋灌浆套筒、螺母与混凝土面平面高差	−5～0
		线管、电盒、木砖、吊环在部品平面的中心线位置偏差	≤20
		线管、电盒、木砖、吊环与部品表面混凝土高差	−10～0
12	预留钢筋	中心线位置	≤3
		外露长度	−5～5
13	键槽	中心线位置	≤5
		长度、宽度、深度	±5
14	混凝土保护层厚度	柱、梁	−5～10
		楼板、墙板、楼梯、阳台板等	−3～5

注:L为模具与混凝土接触面中最长边的尺寸。

混凝土建筑部品外形尺寸允许偏差按表6.4规定的方法检验。

表6.4　混凝土建筑部品尺寸允许偏差检验方法

序号	项目			检验方法
1	长度	楼板、梁、柱、桁架	<12 m	尺量检查
			≥12 m 且<18 m	
			≥18 m	
		墙板		
2	宽度、高(厚)度	楼板、梁、柱、桁架截面尺寸		钢尺量一端及中部，取其中偏差绝对值较大处
		墙板的高度、厚度		
3	表面平整度	楼板		2 m靠尺和塞尺检查
		墙板外表面		
4	侧向弯曲	楼板、梁、柱		钢尺量最大侧向弯曲处
		墙板、桁架		
5	翘曲	楼板		调平尺在两端量测
		墙板		
6	对角线差	楼板		钢尺量两个对角线
		墙板、门窗口		
7	挠度变形	楼板、梁、桁架设计起拱		拉线、钢尺量最大侧向弯曲处
		楼板、梁、桁架下垂		
8	预留孔	中心线位置		尺量检查
		孔尺寸		
9	预留洞	中心线位置		尺量检查
		洞口尺寸、深度		
10	门窗口	中心线位置		尺量检查
		宽度、高度		
11	预埋件	预埋件锚板中心线位置		尺量检查
		预埋件锚板与混凝土面平面高差		
		预埋螺栓中心线位置		
		预埋螺栓外露长度		
		预埋灌浆套筒、螺母中心线位置		
		预埋灌浆套筒、螺母与混凝土面平面高差		

续表

序号	项目		检验方法
11	预埋件	线管、电盒、木砖、吊环在部品平面的中心线位置偏差	尺量检查
		线管、电盒、木砖、吊环与部品表面混凝土高差	
12	预留钢筋	中心线位置	尺量检查
		外露长度	
13	键槽	中心线位置	尺量检查
		长度、宽度、深度	
14	混凝土保护层厚度	柱、梁、楼板、墙板、楼梯、阳台板等	保护层厚度可采用深度游标卡尺,在产品中部同一断面的3处不同部位测量,精确至0.1 mm;也可以采用电磁法或雷达法无损检测仪测量,测量方法应符合《混凝土中钢筋检测技术标准》(JGJ/T 152—2019)的有关规定,精确至1 mm

b. 预留钢筋、灌浆套筒、预埋件和预留孔洞定位偏差。混凝土建筑部品上预留钢筋、灌浆套筒、预埋件和预留孔洞的规格、数量应符合设计要求,定位偏差及检验方法应符合表6.5的规定。

表6.5　混凝土建筑部品上预留钢筋、灌浆套筒、预埋件和预留孔洞定位偏差

序号	项目		定位偏差/mm	检验方法
1	预留钢筋	中心线位置	≤5	钢直尺检查
		外露长度	0~5	
2	灌浆套筒	中心线位置(柱、梁、墙板)	≤3	钢直尺检查
		中心线位置(楼板)	≤5	钢直尺检查
		安装垂直度	≤$L/40$	拉水平线、竖直线,钢直尺测量两端差值
3	预埋件(插筋、螺栓、吊具等)	中心线位置	≤5	钢直尺检查
		平整度	≤3	拉水平线、竖直线测量两端差值
		安装垂直度	≤$L/40$	拉水平线、竖直线,钢直尺测量两端差值
4	预留孔洞	中心线位置	≤5	钢直尺检查
		尺寸	0~8	钢直尺检查

注:L 为模具与混凝土接触面中最长边的尺寸。

c.外装饰尺寸允许偏差。混凝土建筑部品外装饰尺寸允许偏差及检验方法应符合表6.6的规定。

表6.6　混凝土建筑部品外装饰的尺寸允许偏差

序号	外装饰种类	项目	允许偏差/mm	检验方法
1	通用	表面平整度	≤2	2 m 的靠尺或塞尺检查
2	石材、面砖	阳角方正	≤2	用托线板检查
3		上口平直	≤2	拉通线用钢尺检查
4		接缝平直	≤3	用钢尺或塞尺检查
5		接缝深度	±5	用钢尺或塞尺检查
6		接缝宽度	±2	用钢尺检查

d.门窗框安装位置允许偏差。门窗框安装位置的允许偏差及检验方法应符合表6.7的规定。

表6.7　门窗框安装位置的允许偏差

序号	项目	允许偏差/mm	检验方法
1	门窗框定位	±1.5	钢直尺检查
2	门窗框对角线	±1.5	
3	门窗框水平度	±1.5	

③混凝土强度。非预应力混凝土建筑部品的混凝土强度等级不应低于C30;预应力混凝土建筑部品的混凝土强度等级不宜低于C40。混凝土强度检验按《混凝土物理力学性能试验方法标准》(GB/T 50081—2019)规定的方法进行。

④结构性能:

a.混凝土建筑部品的结构性能应符合设计要求。

b.混凝土建筑部品应按下列规定进行结构性能检验:

● 混凝土建筑部品和允许出现裂缝的预应力混凝土部品进行承载力、挠度和裂缝宽度检验;

● 不允许出现裂缝的预应力混凝土建筑部品进行承载力、挠度和抗裂检验;

● 对设计成熟、生产数量较少的大型混凝土建筑部品,当采取加强材料和制作质量检验措施,并有可靠的实践经验时,可不做结构性能检验,仅做挠度、抗裂或裂缝宽度检验;

● 结构性能检验应按设计单位提供的技术参数进行。

混凝土建筑部品的承载力、挠度和裂缝宽度等试验方法按《混凝土结构工程施工质量验收规范》(GB 50204—2015)中附录B有关规定进行。

(2)检验规则

①出厂检验:

a.检验项目:外观质量、尺寸允许偏差的全部规定项目,以及混凝土强度等级、混凝土保护层。

b. 组批与抽样。检验组批与抽样数量应按表6.8进行。

表6.8　检验组批与抽样

序号	项目	组批	抽样
1	外观质量	同类型产品不超过1 000件为一批	全数检查
2	尺寸允许偏差	同类型产品不超过1 000件为一批	全数检查
3	混凝土强度等级	同类型产品不超过1 000件为一批	按同批预留样块进行检验,每批抽取次数不应少于1次,每次制作预留样块不应少于3组
4	混凝土保护层厚度	同类型产品不超过1 000件为一批	每批随机抽取2%,且不应少于5件

c. 判定规则。当以下各项目检验均为合格时,则判定该批产品合格:

• 外观质量检验判定:表6.1中序号1~6项目全部符合要求时,判定该件产品合格,否则该件产品。不合格并剔除;表6.1中序号7项目符合要求时,判定该件产品合格,否则该件产品不合格并修补至合格。

• 尺寸允许偏差检验判定:全部符合表6.2至表6.8要求时,判定该件产品合格,否则该件产品不合格并剔除。

• 混凝土强度等级检验判定:全部合格时,判定该批产品混凝土强度等级合格,否则该批产品不合格。

• 混凝土保护层厚度检验判定:合格率不低于90%时,判定该批产品混凝土保护层厚度合格;合格率低于90%但不低于80%时,可再抽取同样数量产品进行检验,两次抽样批总和计算的合格率不低于90%时,判定该批产品混凝土保护层厚度合格,否则逐件检验并剔除不合格品。

②型式检验:

a. 有下列情况之一时,应进行型式检验:新产品定型鉴定时;正式生产后,材料、配比、结构或工艺等有较大变化,可能影响产品性能时;正常生产连续两年;停产一年以上,恢复生产时;出厂检验结果与上次型式检验结果有较大差异时。

b. 检验项目为项目6全部规定项目。

c. 抽样:在出厂检验合格的同类型产品中随机抽取3件。

d. 判定规则:全部抽样的所有检验项目均符合要求时,判定型式检验合格,否则判定为不合格。

(3)标识和产品合格证

①标识:

a. 产品脱模后,应在表面醒目位置,按产品制作图要求对每件产品进行编码或设置电子信息标签。

b.产品编码系统应包括部品型号、质量情况、使用部位、外观、生产日期(批次)及(合格)字样。

c.产品编码所用材料宜为水性环保涂料或贴膜材料。

②产品合格证:

a.生产企业应按有关标准规定或合同要求,对供应的产品签发产品质量证明书,明确重要技术参数;有特殊要求的产品还应提供安装说明书。

b.产品合格证应包括合格证编号、产品编号,产品数量,产品型号,质量情况,生产企业名称、生产日期、出厂日期,检验员签名或盖章。

2.活动实践

实践案例:根据工程案例,分析原因及防治措施。

工程案例　　参考答案

活动6.1.2　混凝土实体检测

1.基本知识交付

目前,装配式混凝土结构在我国装配式建筑中占主导地位。当预制结构构件存在重大缺陷时,其将影响装配式建筑的结构整体安全性。混凝土预制构件缺陷分为外观质量缺陷和内部缺陷。外观质量缺陷主要包括露筋、蜂窝、孔洞、夹渣、疏松、裂缝、缺棱掉角、棱角不直、翘曲不平等外形缺陷和表面麻面、掉皮、起砂等外表缺陷。内部缺陷主要包括部品部件内部的孔洞、疏松、不良结合面及裂缝等。其中,外观质量缺陷很容易被发现并及时修复和维修。内部缺陷常常更具危险性,但却无法通过肉眼直接观察到。因此,本活动主要针对预制混凝土构件内部缺陷检测方法进行介绍。

1)预制混凝土构件检测

目前,混凝土内部缺陷检测法主要有超声检测法、相控阵超声检测法、探地雷达检测法、冲击回波法、红外热成像法等。现对应用较多的超声检测法做详细阐述。

超声波法检测混凝土缺陷主要是用低频超声仪测量超声脉冲纵波在结构混凝土中的传播速度、首波幅度和接收信号频率等声学参数。当混凝土结构中存在缺陷或损伤时,超声脉冲通过缺陷时产生绕射,传播的声速要比相同材质无缺陷混凝土的传播声速要小,声时偏长。由于在缺陷界面上产生反射,因而能量显著衰减,波幅和频率明显降低,接收信号的波形平缓甚至发生畸变。综合声速、波幅和频率等参数的相对变化,对相同条件下的混凝土进行比较,判断和评定混凝土的缺陷和损伤情况。

(1)混凝土裂缝检测

混凝土裂缝分为浅裂缝和深裂缝。

对于结构混凝土开裂深度小于或等于500 mm的裂缝,可用平测法或斜测法进行检测。结构的裂缝部位只有一个可测表面时,可采用平测法检测,也就是将仪器的发射换能器和接收换能器对称布置在裂缝两侧,如图6.1所示。

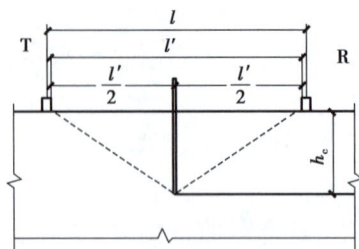

图6.1　平测法检测裂缝深度

裂缝深度按下式计算：

$$h_c = \frac{l}{2}\sqrt{\left(\frac{t_0}{t}\right) - 1} \tag{6.1}$$

式中　h_c——裂缝深度，mm；

　　　t、t_0——测距为 l 时不跨缝、跨缝平测的声时值，μs；

　　　l——平测时的超声传播距离，mm。

实际检测时，可进行不同测距的多次测量，取 h_c 的平均值作为该裂缝的深度值。当结构裂缝部位有两个相互平行的测试表面时，可采用斜测法检测。如图6.2所示，将两个换能器分别置于对应测点 1、2、3…的位置，读取相应声时值 T_i、波幅值 A_i 和频率值 f_i。当两个换能器连线通过裂缝时，则接收信号的波幅和频率明显降低。对比各测点信号，根据波幅和频率的突变，可以判定裂缝的深度及是否在平面方向贯通。

在检测时，裂缝中不允许有积水或泥浆。当结构或构件中有主钢筋穿过裂缝且与两个换能器连线大致平行时，测点布置应使两个换能器连线与钢筋轴线至少相距1.5倍的裂缝预计深度，以减小量测误差。

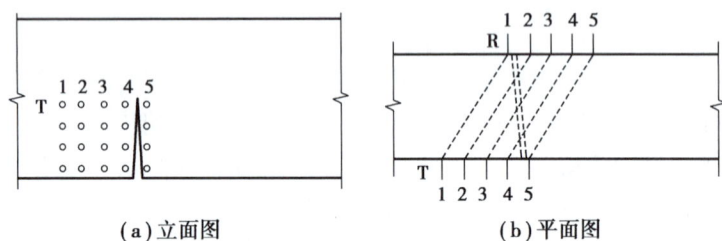

（a）立面图　　　　　　　　　（b）平面图

图6.2　斜测法检测裂缝

（2）深裂缝检测

对于混凝土结构中预计深度在50 mm以上的深裂缝，采用平测法和斜测法不便检测时，可进行钻孔探测，如图6.3所示。在裂缝两侧钻两孔，孔距宜为2 m。测试前，向测孔中灌注清水，作为耦合介质，将发射和接收换能器分别置入裂缝两侧的对应孔中，以相同高程等距由上至下同步移动，在不同的深度上进行对测，逐点读取声时和波幅数据。绘制换能器的深度和对应波幅值的 d-A 图，如图6.4所示。波幅值随换能器下降的深度逐渐增大，当波幅达到最大并基本稳定的对应深度，便是裂缝深度 d_c。测试时，可在混凝土裂缝测孔的一侧另钻一个深度较浅的比较孔，测试同样测距下无缝混凝土的声学参数，与裂缝部位的混凝土对比，进行判别。

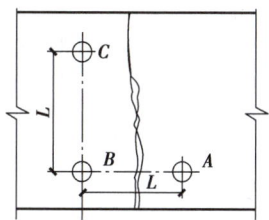

（a）平面图（C为比较孔）　　（b）立面图

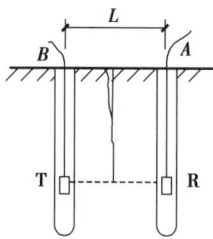

图 6.3　钻孔检测裂缝深度

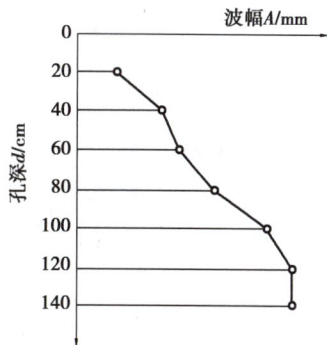

图 6.4　裂缝深度和波幅值的 d–A 图

（3）混凝土内部空洞缺陷检测

超声波检测混凝土内部的空洞是根据各测点的声时、声速、波幅或频率值的相对变化，确定异常测点的坐标位置，从而判定缺陷的范围。对具有两对互相平行测试面的结构可采用对测法。在测区的两对相互平行的测试面上，分别画出间距为 200~300 mm 的网格，确定测点的位置，如图 6.5 所示。对只有一对相互平行测试面的结构可采用斜测法。在测区的两个相互平行的测试面上，分别画出交叉测试的两组测点位置，如图 6.6 所示。

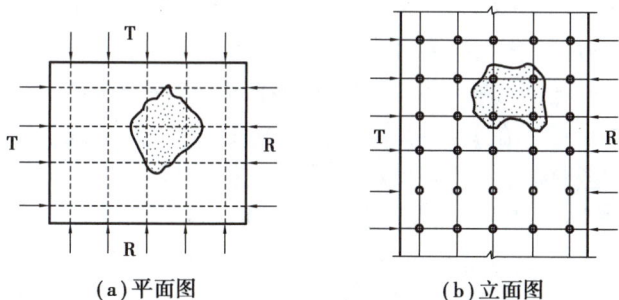

（a）平面图　　（b）立面图

图 6.5　混凝土缺陷检测对测法测点布置

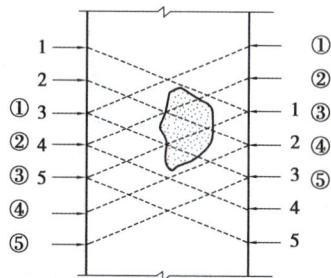

图 6.6　混凝土缺陷斜测法测点布置

当结构测试距离较大时，可在测区的适当部位钻出平行于结构侧面的测试孔，直径为 45~50 mm，其深度根据测试具体情况而定。测点布置如图 6.7 所示。通过对比同条件混凝土的声学参量，可确定混凝土内部存在不密实区域和空洞的范围。

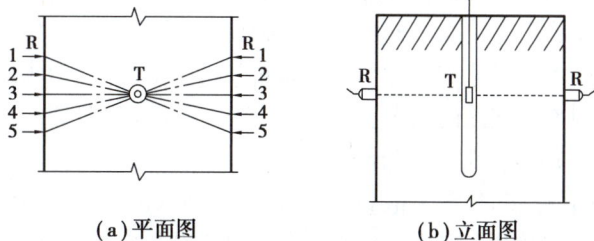

（a）平面图　　（b）立面图

图 6.7　混凝土缺陷检测钻孔法测点布置

当被测部位混凝土只有一对可供测试的表面时，混凝土内部空洞尺寸可根据式（6.2）估算，如图 6.8 所示。

$$r = \frac{l}{2}\sqrt{\frac{t_h}{t_{ma}} - 1} \qquad (6.2)$$

式中　r——空洞半径,mm;

　　　l——检测距离,mm;

　　　t_h——缺陷处的最大声时值,μs;

　　　t_{ma}——无缺陷区域的平均声时值,μs。

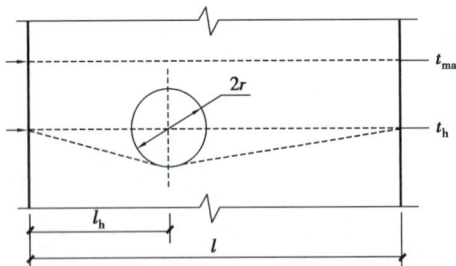

图 6.8　混凝土内部空洞尺寸估算

2)连接接头质量检测

(1)装配式混凝土结构节点常见连接形式

在现有装配式混凝土结构工程中,节点连接位置主要在梁与柱、柱与柱以及叠合梁等部位。构件节点连接可分为水平接缝连接和竖向接缝连接,还可根据施工工法分为湿法连接和干法连接两大类。

①干法连接:预制构件制作时,预埋好可靠的连接部件,待安装的构件吊装到位后通过机械或焊接等方式进行有效连接。这种连接方法不需要再次浇筑混凝土,是一种节点简便快捷的连接类型。干法连接主要通过焊接连接、机械连接等,其显著特点是施工便捷、易于操作,但其施工精度要求较高且整体抗动力荷载能力相对较差。故目前,国内市场大型建筑使用干法连接的工程实例较少,干法连接工法研究突破发展缓慢。

②湿法连接:目前装配式混凝土结构施工中构件连接的常用形式,在预制构件端部预留一定数量的连接钢筋或型钢,钢筋或型钢进行有效连接后在节点区域浇筑混凝土或在预留灌浆套筒中注浆实现构件有效连接。这种连接方式与现浇结构性能接近,可保证装配式结构体系具有良好的受力协同性和整体稳定性。在现阶段,钢筋套筒灌浆连接是装配式混凝土结构中应用最为广泛的连接技术,也是目前公认能够有效保证节点性能的连接工艺。所以,此处主要就钢筋套筒灌浆连接方式的连接接头质量检测展开详细阐述。

(2)钢筋套筒灌浆连接技术

钢筋套筒灌浆连接技术是在钢筋灌浆套筒中插入带肋钢筋,并灌注高性能灌浆料拌合物,拌合物硬化后,将带肋钢筋和钢筋灌浆套筒牢固胶黏在一起形成整体,实现传力的对接连接,其原理是通过带肋钢筋螺纹和钢筋套筒内侧凹凸槽之间灌浆料握裹来实现力的传递。

现有钢筋套筒灌浆连接接头根据灌浆套筒结构形式可分为全灌浆套筒和半灌浆套筒。全灌浆套筒两端均采用套筒灌浆连接,较多应用于预制柱、梁主筋间的连接,由于其适用性广,是目前使用最广泛的一种套筒灌浆接头形式。半灌浆套筒是全灌浆套筒演变而成的另外一种套筒形式,一端采用套筒灌浆连接,另一端则直接采用机械连接方式连接。相较于全灌浆套筒,半灌浆套筒具有尺寸和质量小及灌浆量使用少等优点,但半灌浆套筒对套筒材料要求较高,且对预制端连接钢筋的要求也比较严,成本高于全灌浆套筒。

(3)钢筋套筒灌浆连接接头质量检测

采用钢筋套筒灌浆连接时,灌浆饱满度、连接钢筋插入深度和灌浆料强度均是影响连接接头质量及传力性能的关键因素,决定着装配式混凝土结构的承载能力和抗震性能。

目前,已成功研发连接接头质量检测的成套检测技术有成孔内窥测量法检测灌浆饱满度、内窥测量法检测钢筋插入深度、表面回弹法检测灌浆料实体强度。实验室和工程现场实测结果表明,该套检测方法具有可行性,且简单、实用、精度高,可在实际工程中推广应用。

①成孔内窥测量法检测灌浆饱满度：

a.检测原理：利用三维立体测量内窥镜的尺寸测量技术，在灌浆不饱满的情况下，通过预留的检测孔道将侧视三维立体测量镜头送至套筒内腔，可以直观、清晰地观察套筒内腔并精准地测量灌浆缺陷长度，从而计算灌浆饱满度。

b.检测方法及测试效果。首先用辅助工具伸入检测孔道内，对检测孔道末端的薄膜进行破膜。如果薄

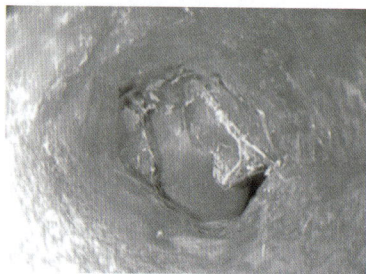

图6.9 薄膜戳破

膜能够被戳破，先将前视观察镜头安装在内窥镜探头上并对检测孔道内部进行观察，观察被戳破处内侧的空腔情况(图6.9)，为下一步进行侧视测量做准备。

如果薄膜不能被戳破，则使用钻铰刀顺着检测孔道进入至检测孔道末端，而后继续往套筒内部钻孔。对于半灌浆套筒，考虑到下段连接钢筋可能存在偏位，钻入深度为 7~10 mm 或钻孔至与连接钢筋接触；对于全灌浆套筒，由于套筒顶部密封圈的限位作用，上段连接钢筋基本不存在偏位，因此直接钻孔至与连接钢筋接触。孔道清理完成后，将前视观察镜头安装在探头上并对检测孔道内部进行观察，判断是否密实，如图6.10所示。如果密实(图6.11)，则判定灌浆饱满，如果不密实则进行下一步。

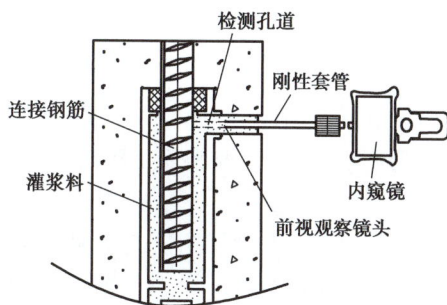

图6.10 前视镜头观察孔道

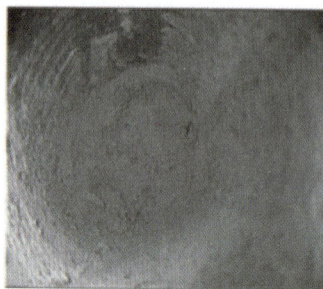

图6.11 灌浆饱满情况

②内窥测量法检测连接钢筋插入深度：

a.检测原理：在预制构件现场拼接完成后、套筒灌浆施工前，连接钢筋的插入深度即已固定，且便于进行内窥镜检测，利用套筒尺寸精度高的特点，将测量连接钢筋的插入深度转化为测量连接钢筋插入段末端与半灌浆套筒出浆口中心位置或全灌浆套筒中部限位挡卡的相对距离，通过三维立体测量内窥镜准确测量上述相对距离，计算出连接钢筋的插入深度。

b.检测方法及测试效果。此处主要介绍全灌浆套筒钢筋接头中连接钢筋插入深度的检测方法，并以全灌浆套筒灌浆口端钢筋的插入深度检测为例。

如图6.12所示，采用直径 4 mm 的前视三维立体测量镜头，将三维立体测量内窥镜的探头直接从预制构件表面的出浆口伸入出浆孔道内，在出浆孔道与套筒的交接位置弯曲向下，利用出浆

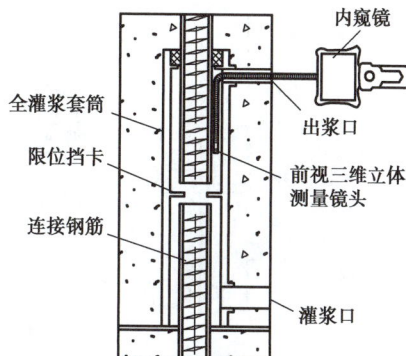

图6.12 灌浆口端钢筋插入深度检测示意图

口端钢筋与套筒内壁之间8 mm左右宽的间隙继续向下推进伸入,控制探头导向弯曲寻找成像位置,并通过三维立体测量内窥镜对套筒内的限位挡卡及其下方的灌浆口端钢筋进行成像。当选择位置的成像清晰时,拍摄得到3D图像,如图6.13(a)所示。选择图像中限位挡卡上表面的3个点,将选择的3个点形成的平面定义为基准平面,接着选择第4个点,第4个点定位在灌浆口端钢筋插入段的末端表面,计算末端表面到基准平面的垂直距离,如图6.13(b)所示。通过限位挡卡上表面至灌浆套筒底部的距离与上述垂直距离之差得到灌浆口端钢筋的插入深度。

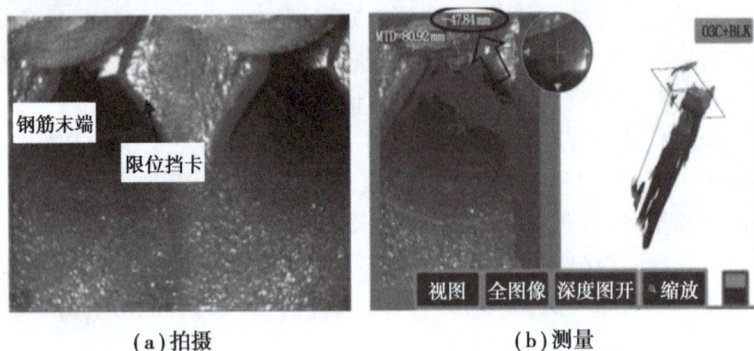

（a）拍摄 （b）测量

图6.13 内窥镜拍摄测量钢筋末端相对位置

③表面回弹法检测灌浆料实体强度:

a.检测原理:利用灌浆料抗压强度与其表面硬度存在一定的相关关系,采用里氏硬度计对灌浆孔道或出浆孔道内的灌浆料外端面进行硬度测试,获取表面里氏硬度值,再根据建立的测强曲线推定灌浆料的抗压强度。

b.检测方法:对预制构件中的套筒进行灌浆施工,待灌浆孔道或出浆孔道有浆料流出后,采用兼作灌浆料检测面成型模具的橡胶塞进行封堵,橡胶塞应具有平整的塞入端端面,如图6.14所示。在灌浆连接施工完成并达到规定龄期后,将橡胶塞从孔道中取出,橡胶塞取出后露出孔道内的浆料面,将该浆料面作为灌浆料检测面,并记录为测点。检查孔道内灌浆料检测面的表观质量,如果浆料饱满、表面光洁、平整且无明显气孔,则进行下一步检测操作,否则更换测点。采用DL型里氏硬度计对灌浆料检测面进行测试(图6.15),获取表面里氏硬度值,再根据建立的测强曲线推定灌浆料的抗压强度。

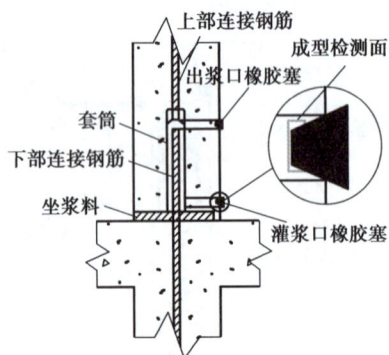

图6.14 灌浆料检测面成型

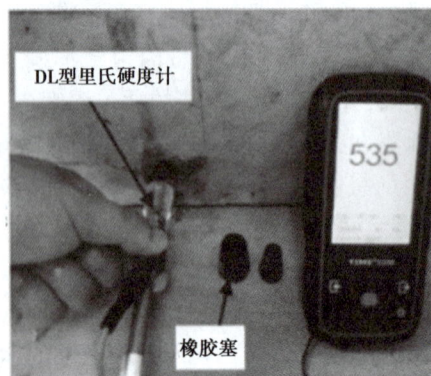

图6.15 表面硬度回弹测试

在现阶段,我国装配式混凝土结构市场尚处于起步阶段,前期研究工作主要在连接的施工工艺、质量控制及套筒性能等方面,缺少对钢筋灌浆连接整体技术研究。因此,后期可以加强钢筋灌浆套筒的结构性能、加工工艺、连接工作机理以及灌浆料性能等方面的研究,使钢筋套筒灌浆连接技术在装配式混凝土结构中得到更加广泛的运用。

2.活动实践

实践案例:根据工程案例,分析裂缝出现的原因及措施。

工程案例

参考答案

任务 6.2　钢结构检测

1.基本知识交付

1)钢结构检测分类

钢结构现场检测分为钢结构工程质量检测和既有钢结构性能检测。

当遇有下列情况时,应进行钢结构工程质量检测:相关标准规定或相关行政主管部门要求的检测;在钢结构材料检查或施工验收过程中,需了解质量状况;施工质量送样检验或有关方自检的结果未达到设计要求;对工程质量或材料质量有怀疑或争议;建设过程中停工后恢复建设的结构;未按规定进行施工质量验收的结构;工程质量保险要求实施的检测;发生工程质量或安全事故。

当遇有下列情况时,应进行既有钢结构性能检测:钢结构的可靠性鉴定;钢结构的安全性和抗震鉴定;钢结构大修前的鉴定;钢结构改变用途、改造、加层或扩建前的鉴定;钢结构达到设计使用年限要继续使用的鉴定;钢结构受到自然灾害、环境侵蚀或其他灾害等影响的鉴定;发现紧急情况或有特殊问题的鉴定。

2)钢材力学性能检测

钢材的力学性能检测可分为屈服强度、抗拉强度、伸长率、冷弯性能、冲击韧性和抗层状撕裂等项目。

所选检测项目应根据结构和材料的实际情况及检测目的确定。存在下列情况时,应对钢材进行力学性能检测:钢材存在分层、层状撕裂、非金属夹杂或夹层、明显偏折等外观质量缺陷;钢材检验资料缺失或对检验结果有异议;对钢材质量有怀疑;受到灾害的影响,为鉴定灾后的结构性能;发生质量或安全事故。

钢材力学性能检测应优先采用现场取样的方法进行试验检测。钢材力学性能检测部位应布置在具有代表性的部位,且应避开钢结构有可能受切割火焰、焊接等热影响的部位。当有与结构同批的钢材时,可以直接对其取样;当没有与结构同批的钢材时,可在结构构件上取样。当现场在结构构件上直接取样难度较大时,也可采用非破损检测方法检测钢材强度。在钢结构构件上截取钢材试件,应符合下列规定:

①截取钢材时,应采取必要措施确保受检构件和结构的安全。

②钢材截取位置宜选在应力较小的部位。

③钢材试件的尺寸和数量应满足试验方法的要求。

④应记录取样的具体位置、样品的尺寸、构件表面原始状态等信息。

钢材力学性能检测用钢材试件的取样数量应符合下列规定：

①屈服强度、抗拉强度和伸长率检测每检验批不应少于 1 个。

②冲击韧性检测每检验批不应少于 3 个。

③抗层状撕裂性能检测每检验批不应少于 3 个。

④其他性能检测每检验批应符合现行国家标准的有关规定。

钢材试件的力学性能试验方法应符合下列规定：

①屈服强度、抗拉强度和伸长率检测应符合《金属材料　拉伸试验　第 1 部分：室温试验方法》（GB/T 228.1—2010）的有关规定；

②冷弯性能检测应符合《金属材料　弯曲试验方法》（GB/T 232—2010）的有关规定；

③冲击韧性检测应符合《金属材料　夏比摆锤冲击试验方法》（GB/T 229—2020）的有关规定；

④抗层状撕裂性能检测应符合《厚度方向性能钢板》（GB/T 5313—2023）的有关规定；

⑤其他性能检测应符合现行国家标准的有关规定。

钢材试件力学性能检测结果应按《碳素结构钢》（GB/T 700—2006）、《低合金高强度结构钢》（GB/T 1591—2018）、《建筑结构用钢板》（GB/T 19879—2015）、《厚度方向性能钢板》（GB/T 5313—2023）的有关规定进行评定。

未知牌号钢材的抗拉力学性能应采用现场取样的方法进行试验确定，每个检验批不应少于 3 个，并应根据试验结果最小值确定可参考的钢材牌号。当根据试验结果无法确定钢材牌号时，该检验批钢材的强度设计值可按屈服强度试验结果最低值的 85% 确定。

钢材强度的非破损检测方法可采用摆锤敲入法、里氏硬度法等。摆锤敲入法检测钢材强度的检测设备、检测数量、检测操作及检测结果应符合《摆锤敲入法检测钢材屈服强度技术规程》（T/CECS 964—2021）的有关规定；里氏硬度法检测钢材强度的检测设备、检测数量、检测操作及检测结果应符合《建筑结构检测技术标准》（GB/T 50344—2019）的有关规定。

用于现场检测钢材强度的里氏硬度计宜为 D 型冲击装置，其主要技术指标应符合表 6.9 的规定。

表 6.9　D 型冲击装置主要技术指标

项目	技术指标
冲击体的质量/g	5.5±0.2
标称冲击能量/（N·mm）	11.0
冲击体球头直径/mm	3.0±0.004
球头顶端碳化钨球硬度/HV	≥1 500
冲击体的顶端表面粗糙度/μm	≤0.4
使用时环境温度/℃	0～40
使用时环境相对湿度	≤90%

3）焊缝连接质量检测

焊缝连接质量检测可分为焊缝外观质量、焊缝外观尺寸、焊缝内部缺陷等项目。焊缝连接质量检测时,检验批的划分如下:

①焊缝处数的计数方法应符合下列规定:工厂制作焊缝长度不大于1 000 mm时,每条焊缝应为1处;长度大于1 000 mm时,以1 000 mm为基准,每增加300 mm焊缝数量应增加1处;现场安装焊缝每条焊缝应为1处。

②可按下列方法确定检验批:制作焊缝以同一工区(车间)按300~600处的焊缝数量组成检验批;多层框架结构以每节柱的所有构件组成检验批;安装焊缝以区段组成检验批;多层框架结构以每层(节)的焊缝组成检验批。

焊缝连接质量检测前,清除检测部位表面的油污、浮锈及其他附着物。当焊缝冷却至环境温度后,可进行焊缝外观质量与外观尺寸检测。焊缝内部缺陷的无损检测应在焊缝外观质量与外观尺寸检测合格后进行;在施焊24 h后,对低合金结构钢等有延迟裂纹倾向焊缝的钢种进行检测。

(1)焊缝外观质量检测

焊缝外观质量包括裂纹、未焊满、根部收缩、咬边、电弧擦伤、接头不良、表面气孔和表面夹渣等项目。现场检测时,宜对受检范围内焊缝外观质量进行全数检测;当不具备全数检测条件时,应注明未检测的构件或区域。

焊缝外观质量的检测应采用目视检测或辅以放大镜、焊缝量规和钢尺检查;目视检测应在焊缝清理完毕后进行,焊缝及焊缝附近区域不得有焊渣和飞溅物;直接目视检测时,眼睛与被检焊缝表面的距离不宜大于600 mm,视线与被检焊缝表面所成的夹角不宜小于30°,并宜从多个角度对其进行观察;被测焊缝表面的照明亮度不宜低于160 lx;当对细小缺陷进行鉴别时,照明亮度不宜低于540 lx。

当存在下列情况之一时,应对焊缝进行外观质量的无损检测:对焊缝有疲劳验算要求时;设计文件或委托方要求进行;检测人员认为有必要进行;既有钢结构的焊缝存在裂纹时进行。

焊缝外观质量无损检测方法有渗透检测、磁粉检测。对铁磁性材料表面和近表面缺陷的检测,宜选用磁粉检测;对表面开口性缺陷的检测,可选用渗透检测。焊缝外观质量检测结果应按《钢结构工程施工质量验收标准》(GB 50205—2020)的有关规定进行评定。

(2)焊缝外观尺寸检测

焊缝外观尺寸检测包括焊缝长度、焊脚尺寸、焊缝余高和对接焊缝错边等项目。焊脚尺寸和焊缝余高检测时,应沿焊缝长度方向均匀选择3个测点进行检测,并取3个测点的平均值作为检测结果。对于角焊缝焊脚尺寸检测,尚应在垂直焊缝长度的2个方向进行检测,并取2个方向检测结果的较小值作为焊脚尺寸检测结果。钢结构焊缝外观尺寸检测结果的允许偏差应按《钢结构工程施工质量验收标准》(GB 50205—2020)的有关规定执行。

(3)焊缝内部缺陷检测

焊缝内部缺陷检测应考虑被检焊缝的材质、焊接方法、表面状态等,预计可能产生的缺陷种类、形状、部位和方向等因素。全熔透的一、二级焊缝应采用超声波进行内部缺陷的检测;对不适合超声检测的缺陷,可采用射线检测。

根据质量要求,超声检测的检验等级可按下列规定划分为 A、B、C 3 级:

①A 级检验:采用一种角度探头在焊缝的单面单侧进行检验。只对能扫查到的焊缝截面进行探测。一般可不要求做横向缺陷的检验。母材厚度大于 50 mm 时,不得采用 A 级检验。

②B 级检验:采用一种角度探头在焊缝的单面双侧进行检验。当受构件的几何条件限制时,应在焊缝单面单侧采用两种角度的探头(两角度之差大于 15°)进行检验;母材厚度大于 100 mm 时,应采用双面双侧检验,当受构件的几何条件限制时,可在焊缝的双面单侧采用两种角度的探头(两角度之差大于 15°)进行检验。应对整个焊缝截面进行探测。条件允许时,应做横向缺陷的检验。

③C 级检验:至少应采用两种角度探头在焊缝的单面双侧进行检验。同时,应做两个扫查方向和两种探头角度的横向缺陷检验。母材厚度大于 100 mm 时,宜采用双面双侧检验。

钢结构焊缝质量的超声波探伤检验等级应根据工件的材质、结构、焊接方法、受力状态选择。当结构设计和施工无特别规定时,钢结构焊缝质量的超声波探伤检验等级宜选用 B 级。

对于母材厚度不小于 8 mm、曲率半径不小于 160 mm 的碳素结构钢和低合金高强度结构钢对接全熔透焊缝,可使用 A 型脉冲反射法手工超声波的质量检测。这种方法具有操作简便、检测精度高的特点,能有效发现焊缝内部的潜在缺陷。

母材壁厚为 4 ~ 8 mm、曲率半径为 60 ~ 160 mm 钢管对接焊缝与相贯节点焊缝的超声检测内部缺陷应符合《钢结构超声波探伤及质量分级法》(JG/T 203—2007)的有关规定。

既有钢结构焊缝的内部缺陷无损检测时,抽样检测结果的判定应符合下列规定:

①抽样检测的焊缝数不合格率小于 2% 时,该批验收合格。

②抽样检测的焊缝数不合格率大于 5% 时,该批验收不合格。

③除第⑤条情况外,抽样检测的焊缝数不合格率为 2% ~5% 时,应加倍抽检,且必须在原不合格部位两侧的焊缝延长线各增加 1 处,在所有抽检焊缝中不合格率不大于 3% 时,该批验收合格;大于 3% 时,该批验收不合格。

④批量验收不合格时,应对该批余下的全部焊缝进行检测。

⑤检测发现 1 处裂纹缺陷时,应加倍抽查;在加倍抽检焊缝中未再检查出裂纹缺陷时,该批验收合格;检测发现多于 1 处裂纹缺陷或加倍抽查又发现裂纹缺陷时,该批验收不合格,应对该批余下焊缝的全数进行检查。

射线检测应符合《金属熔化焊焊接接头射线照相》(GB/T 3233—2005)的有关规定:射线照相的质量等级不应低于 B 级的要求,一级焊缝评定合格等级不应低于 Ⅱ 级的要求,二级焊缝评定合格等级不应低于 Ⅲ 级的要求。

4) 紧固件连接质量检测

紧固件连接质量检测可以分为普通螺栓、扭剪型高强度螺栓、高强度大六角头螺栓、钢网架螺栓球节点用高强度螺栓及射钉、自攻钉、拉铆钉等紧固件性能及连接质量检测。

紧固件连接质量检测时,检验批的划分应符合《钢结构工程施工质量验收标准》(GB

50205—2020)的有关规定。

紧固件连接质量检测前,应清除检测部位表面的油污、浮锈和其他杂物。紧固件连接质量检测时,有损伤的连接节点应全数检测。

(1)紧固件性能检测

紧固件性能检测可分为普通螺栓实物最小拉力载荷、高强螺栓连接副的螺栓楔负载、螺母保证载荷、螺母和垫圈硬度、高强度大六角头螺栓连接副扭矩系数、扭剪型高强度螺栓连接副紧固轴力、钢网架螺栓球节点用高强度螺栓的拉力载荷、高强度螺栓连接摩擦面的抗滑移系数等项目。

按检验批检测时,高强度螺栓连接摩擦面的抗滑移系数抽样数量为每批3组,其他紧固件性能检测项目抽样数量为每批8套。

普通螺栓实物最小拉力载荷的检测方法和检测结果的判定规应符合《紧固件机械性能 螺栓、螺钉和螺柱》(GB/T 3098.1—2010)的有关规定,且应符合下列规定:

①应采用专用卡具将螺栓实物置于拉力试验机上进行拉力试验,为避免试件承受横向载荷,试验机的夹具应能自动调正中心,试验时夹头张拉的移动速度不应超过25 mm/min;

②螺栓实物的抗拉强度应按螺纹应力截面积(A_s)计算确定,其取值应按《紧固件机械性能 螺栓、螺钉和螺柱》(GB/T 3098.1—2010)的规定取值;

③进行试验时,承受拉力载荷的末旋合的螺纹长度应为6倍以上螺距;当试验拉力达到《紧固件机械性能 螺栓、螺钉和螺柱》(GB/T 3098.1—2010)中规定的最小拉力载荷($A_s\sigma_b$)(σ_b为抗拉强度)时,不得断裂;当超过最小拉力载荷直至拉断时,断裂位置应发生在杆部或螺纹部分,不应发生在螺头与杆部的交接处。

高强螺栓连接副的螺栓楔负载、螺母保证载荷、螺母和垫圈硬度的检测方法和检测结果的判定规则应符合《钢结构用高强度大六角头螺栓、大六角螺母、垫圈技术条件》(GB/T 1231—2006)、《钢结构用扭剪型高强度螺栓连接副》(GB/T 3632—2008)和《钢网架螺栓球节点用高强度螺栓》(GB/T 16939—2016)的有关规定。

高强度大六角头螺栓连接副扭矩系数的检测方法和检测结果的判定规则应符合《钢结构用高强度大六角头螺栓、大六角螺母、垫圈技术条件》(GB/T 1231—2006)的有关规定。扭剪型高强度螺栓连接副紧固轴力的检测方法和检测结果的判定规则应符合《钢结构用扭剪型高强度螺栓连接副》(GB/T 3632—2008)的有关规定。钢网架螺栓球节点用高强度螺栓的拉力载荷的检测方法和检测结果的判定规则应符合《钢网架螺栓球节点用高强度螺栓》(GB/T 16939—2016)的有关规定。

高强螺栓连接摩擦面的抗滑移系数检测应符合下列规定:

①抗滑移系数试验应采用双摩擦面的二栓拼接的拉力试件(图6.16)。试件与所代表的钢结构构件应为同一材质、同批制作、采用同一摩擦面处理工艺和具有相同的表面状态(含有涂层),在同一环境条件下存放,并应用同批同一性能等级的高强度螺栓连接副。

试件钢板的厚度 t_1、t_2 应考虑在摩擦面滑移之前,试件钢板的净截面始终处于弹性状态;宽度 b 可参照表6.10规定取值。L_1 应根据试验机夹具的要求确定。

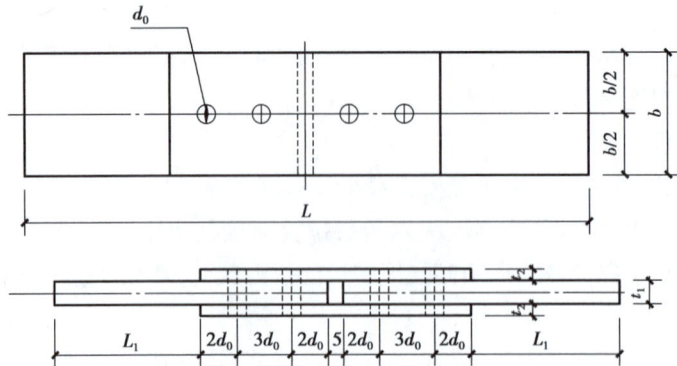

图 6.16　抗滑移系数试件的形式和尺寸($2t_2 \geqslant t_1$)

L—试件总长度;L_1—试验机夹紧长度

表 6.10　试件板的宽度　　　　　　　　　　　　　　单位:mm

螺栓直径 d	16	20	22	24	27	30
板宽 b	100	100	105	110	120	120

②试验用的试验机误差应在1%以内。试验用的贴有电阻片的高强度螺栓、压力传感器和电阻应变仪应在试验前用试验机进行标定,其误差应在2%以内。

③紧固高强度螺栓分为初拧、终拧。初拧应达到螺栓预拉力标准值的50%左右。终拧后,每个螺栓的预拉力值应在 $0.95P \sim 1.05P$ 范围内(P 为高强度螺栓设计预拉力值)。

④加荷时,应先加10%的抗滑移设计荷载值,停 1 min 后,再平稳加荷,加荷速度为 $3 \sim 5$ kN/s。直拉至滑动破坏,测得滑移荷载 N_v。抗滑移系数 μ 应根据试验所测得的滑移荷载 N_v 和螺栓预拉力 P 的实测值,按下式计算:

$$\mu = \frac{N_V}{n_f \sum_{i=1}^{m} P_i} \tag{6.3}$$

式中　N_v——由试验测得的滑移荷载,kN;

　　　n_f——摩擦面面数,$n_f = 2$;

　　　$\sum_{i=1}^{m} P_i$——试件滑移一侧高强度螺栓预拉力实测值之和,kN;

　　　m——试件一侧螺栓数量,取 $m = 2$。

高强螺栓连接摩擦面的抗滑移系数检测结果应满足设计要求。当设计无具体要求时,应符合表6.11的规定。

表 6.11　钢材摩擦面的抗滑移系数 μ

连接处构件接触面的处理方法	构件钢材牌号		
	Q235	Q345 或 Q390	Q420 或 Q460
喷硬质石英砂或铸钢棱角砂	0.45		

续表

连接处构件接触面的处理方法	构件钢材牌号		
	Q235	Q345 或 Q390	Q420 或 Q460
抛丸(喷砂)	0.40		
钢丝刷清除浮锈或未经处理的干净轧制面	0.30	0.35	—

注:连接件采用不同钢材牌号时,μ 按较低钢材牌号取值。

(2)紧固件连接质量检测

紧固件连接质量检测项目分为紧固件的尺寸和构造,紧固件的变形和损伤,射钉、自攻钉、拉铆钉等与连接钢板的连接质量,永久性普通螺栓、高强度螺栓连接副的终拧质量,高强度螺栓连接摩擦面的外观质量等。

进行紧固件的尺寸和构造检测时,采用观察的方法检查射钉、自攻钉、拉铆钉的数量、外观排列方式;采用尺量的方法检测紧固件及连接板的规格、孔径,尺寸、构造、间距、边距和端距等;连接钢板采用的螺栓或和铆钉的间距、边距和端距容许值应符合表6.12的规定。

表6.12　螺栓或铆钉的间距、边距和端距容许值

名称	位置和方向			最大容许间距 (取两者的较小值)	最小容许 间距
中心间距	外排(垂直内力方向或顺内力方向)			$8d_0$ 或 $12t$	$3d_0$
	中间排	垂直内力方向		$16d_0$ 或 $24t$	
		顺内力方向	构件受压力	$12d_0$ 或 $18t$	
			构件受拉力	$16d_0$ 或 $24t$	
	沿对角线方向			—	
中心至 构件边缘 距离	垂直内 力方向	顺内力方向		$4d_0$ 或 $8t$	$2d_0$
		剪切边或手工切割边			$1.5d_0$
		轧制边、自动气 割或锯割边	高强度螺栓		$1.5d_0$
			其他螺栓或铆钉		$1.2d_0$

注:d_0 为螺栓或铆钉的孔径,对槽孔为短向尺寸;t 为外层较薄板件的厚度。

紧固件的变形和损伤检测采用观察的方法检查断裂、弯曲、脱落、松动、滑移、腐蚀及连接板栓孔挤压破坏等。

射钉、自攻钉、拉铆钉等与连接钢板的连接质量检测,一般采用观察的方法检查连接板栓孔挤压破坏情况;采用小锤敲击的方法检查紧固密贴情况。永久性普通螺栓终拧质量检测,一般采用观察的方法检查螺栓外露丝扣,外露丝扣不应少于2扣;采用小锤敲击的方法检查紧固是否牢固、可靠。高强度螺栓连接副的终拧质量检测,一般采用观察的方法检查螺栓外露丝扣数。外露丝扣应为2~3扣,其中允许有10%的螺栓丝扣外露1扣或4扣;对于扭剪型高强度螺栓,采用观察的方法检查螺栓尾部的梅花头;除因构造原因无法使用专用扳

手拧掉梅花头者外，未在终拧中拧掉梅花头的螺栓数不应大于该节点数的5%；对于在建钢结构的高强度大六角头螺栓连接副、不能用专用扳手拧紧的扭剪型高强度螺栓及尾部梅花头未被拧掉的扭剪型高强度螺栓，应进行高强度螺栓连接副的终拧扭矩检测。

高强度螺栓连接副的终拧扭矩检测应符合下列规定：

①终拧扭矩检测应在终拧后1 h后、48 h内完成。

②抽样方法应符合下列规定：高强度大六角头螺栓连接副按节点数抽查10%，且不应少于10个，每个被抽查节点按螺栓数抽查10%，且不应少于2个；对于不能用专用扳手拧紧的扭剪型高强度螺栓，按节点数抽查10%，且不应少于10个，每个被抽查节点按螺栓数抽查10%，且不应少于2个；被抽查到的尾部梅花头未被拧掉的扭剪型高强度螺栓连接副应全数检测。

③终拧扭矩检测分为扭矩法检测和转角法检测两种，原则上检测方法与施工方法应相同。

④扭矩法检测应先用小锤（约0.3 kg）敲击螺母对高强度螺栓进行普查，检查是否有漏拧、未拧紧的情况；应在小锤敲击检查合格后进行扭矩法检测。先在螺杆端面和螺母相对位置画线，然后将螺母拧松60°左右，再用扭矩扳手重新拧紧，使两线重合，测定此时的扭矩。扭矩应在0.9～1.1Tch（Tch为高强度螺栓检查扭矩）。

⑤转角法检测应检查初拧后在螺母与相对位置所画的终拧起始线和终止线所夹的角度是否达规定值；在螺杆端面和螺母相对位置画线，然后全部卸松螺母，在按规定的初拧扭矩和终拧角度重新拧紧螺栓，观察与原画线是否重合。终拧转角偏差应在±30°以内。

⑥对应检查用的扭矩扳手，应该保证相对误差应为±3%，且宜具有峰值保持功能；扭矩扳手的最大量程应根据高强度螺栓的型号、规格进行选择。工作值宜控制在被选用扳手的测量限值的20%～80%；扭矩扳手经使用后应擦拭干净放入盒内；长期不用的扭矩扳手，在使用前应先预加载3次，使内部工作机构被润滑油均匀润滑。

高强度螺栓连接副的终拧扭矩检测可通过检测高强度螺栓连接副轴力的方法对扭矩值进行验证。高强度螺栓连接摩擦面的外观质量检测，一般对全数螺栓采用观察的方法检查高强度螺栓连接摩擦面的外观质量。摩擦面应保持干燥、整洁，不应有飞边、毛刺、焊接飞溅物、焊疤、氧化铁皮、污垢等。除设计要求外，摩擦面不应涂漆。

2. 活动实践

1）H型钢构件组装验收实训

按现行规范要求，对H型钢构件组装进行验收，给定具体1组3个构件（轻钢门式刚架H型钢构件）结合图纸按照要求对构件进行检验，并填写钢结构（构件组装）分项工程检验批质量验收记录表（考虑实际教学情况，验收记录表已精简构件组装分项工程检验批质量验收要素）。

（1）拼接对接焊缝检查

给定图纸与焊缝超声波探伤报告，学生识读图纸，明确H型钢构件对接时所采用的焊缝质量等级。图纸上未标明时，会进行焊缝等级判定：当设计无要求时，应采用质量等级不低于二级的熔透焊缝；对直接承受拉力的焊缝，应采用一级熔透焊缝。对焊缝进行外观检查，并查阅检查超声波探伤报告,对焊缝做出评价。

(2)焊接 H 型钢组装精度检查

焊接 H 型钢组装尺寸的允许偏差应符合表 6.13 的规定。采用钢尺、角尺、塞尺等对构件进行尺寸检查。

表 6.13　焊接 H 型钢组装尺寸的允许偏差　　　　　　　单位:mm

项目		允许偏差	图例
截面高度 h	h<500	±2.0	
	500<h<1 000	±3.0	
	h>1 000	±4.0	
截面宽度 b		±3.0	
腹板中心偏移 e		2.0	
翼缘板垂直度 Δ		b/100, 且不应大于 3.0	
弯曲矢高		L/1 000, 且不应大于 10.0	—
扭曲		h/250, 且不应大于 5.0	—
腹板局部平面度 f	t≤6	4.0	
	6<t<14	3.0	
	t≥14	2.0	

注:L 为 H 型钢长度。

（3）焊接组装精度检查

用钢尺、角尺、塞尺等检查 3 组构件，焊接连接组装尺寸的允许偏差应符合表 6.14 的规定。

表 6.14　焊接连接组装尺寸的允许偏差　　　　　　　　　　单位：mm

项目		允许偏差	图例
对口错边 Δ		$t/10$，且不大于 3.0	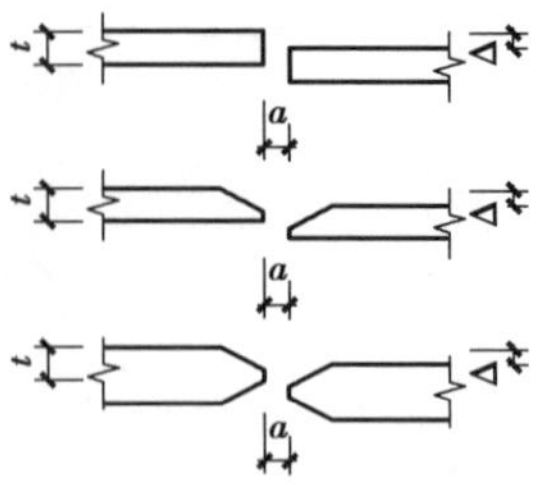
间隙 a		1.0	
搭接长度 a		±5.0	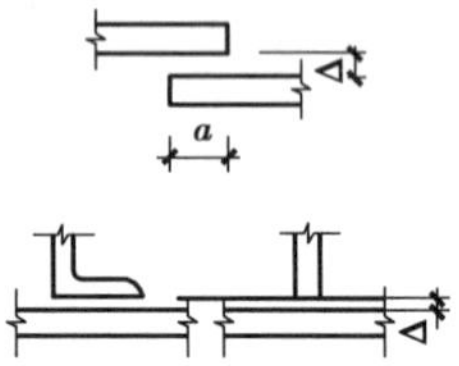
缝隙 Δ		1.5	
高度 h		±2.0	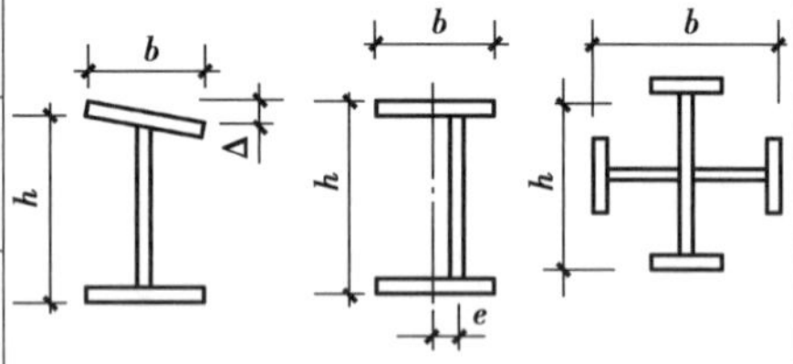
垂直度 Δ		$b/100$，且不大于 3.0	
中心偏移 e		2.0	
型钢错位 Δ	连接处	1.0	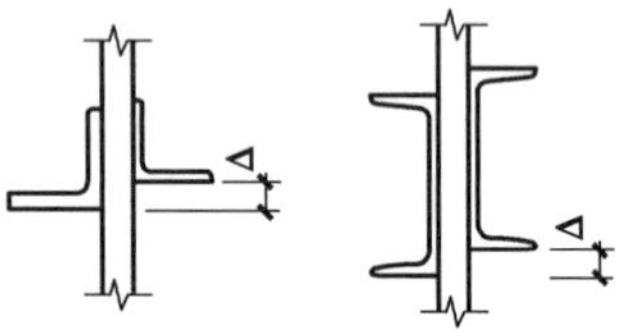
	其他	2.0	

（4）顶紧接触面检查

用 0.3 mm 塞尺检查全数检查顶紧接触面，其塞入面积应小于 25%，边缘最大间隙不应大于 0.8 mm。设计要求顶紧的接触面应有 75% 以上的面积密贴，且边缘最大间隙不应大于 0.8 mm。

通过以上检测，填写钢结构（构件组装）分项工程检验批质量验收记录表（表 6.15）。

表6.15　**钢结构(构件组装)分项工程检验批质量验收记录**

单位(子单位) 工程名称		分部(子分部) 工程名称		分项工程名称	
施工单位		项目负责人		检验批容量	
分包单位		分包单位 项目负责人		检验批部位	
施工依据			验收依据		
序号	验收项目		最小/实际 抽样数量	检查记录	检查结果
1	拼接对接焊缝检查				
2	焊接H型钢组装精度检查				
3	焊接组装精度检查				
4	顶紧接触面检查				
施工单位 检查结果		专业工长： 项目专业质量检查员： 年　　月　　日			
监理单位 验收结论		专业监理工程师： 年　　月　　日			

参考文献

[1] 丁烈云.数字建造导论[M].北京:中国建筑工业出版社,2019.

[2] 袁烽,阿希姆·门格斯.建筑机器人:技术、工艺与方法[M].北京:中国建筑工业出版社,2020.

[3] 刘英,朱银龙.机器人技术基础[M].北京:机械工业出版社,2022.

[4] 徐卫国.数字建筑设计理论与方法[M].北京:中国建筑工业出版社,2019.

[5] 李辉,黄敏.建筑施工技术[M].4版.重庆:重庆大学出版社,2023.

[6] 黄敏,吴俊峰.装配式建筑施工与施工机械[M].2版.重庆:重庆大学出版社,2021.

[7] 焦莹莹,张运楚,绍新.智慧工地与绿色施工技术[M].北京:中国矿业大学出版社,2019.

[8] 龚剑,房霆宸.数字化施工[M].北京:中国建筑工业出版社,2019.

[9] 孙福英,赵元,杨玉芳.智能检测技术与应用[M].北京:北京理工大学出版社,2020.

[10] 孔明,孙啸涛,吴蒙,等.基于BIM的智能放样技术在激光小镇钢结构施工中的应用[J].建筑技术,2023,54(2):145-148.

[11] 毛超,刘贵文.智慧建造概论[M].2版.重庆:重庆大学出版社,2024.

[12] 林成行.地面三维激光扫描技术在道路工程测绘中的应用[J].工程技术研究,2023,8(20):222-224.

[13] 王文才,李治.机载三维激光扫描技术在公路地形测量中的应用研究[J].河南科技,2024,51(4):9-13.

[14] 傅冬华.三维激光扫描技术在建筑物竣工测量中的应用研究[J].测绘与空间地理信息,2023,46(11):177-179.

[15] 周彬,何林,陈冬云.三维激光扫描在输电铁塔变形观测中的应用[J].电视技术,2023,47(5):203-206.

[16] 孙建梅.某三层钢结构厂房施工方案[C]//住房和城乡建设部科技发展促进中心.2013年全国钢结构技术学术交流会论文集:钢结构,2013:3.